"十二五"普通高等教育本科国家级规划教材

数字印前原理与技术

（第二版）

刘　真　张建青　朱　明　顾　翀　王晓红　著

中国轻工业出版社

图书在版编目（CIP）数据

数字印前原理与技术/刘真等著. —2版. —北京：中国轻工业出版社，2023.7

"十二五"普通高等教育本科国家级规划教材

ISBN 978-7-5184-1954-8

Ⅰ.①数… Ⅱ.①刘… Ⅲ.①数字印刷-印前处理-高等学校-教材 Ⅳ.①TS803.1

中国版本图书馆 CIP 数据核字（2018）第 093825 号

责任编辑：杜宇芳

策划编辑：林　媛　杜宇芳　责任终审：滕炎福　封面设计：锋尚设计
版式设计：霸　州　　　　　责任校对：吴大鹏　责任监印：张　可

出版发行：中国轻工业出版社（北京东长安街 6 号，邮编：100740）

印　　刷：三河市国英印务有限公司

经　　销：各地新华书店

版　　次：2023 年 7 月第 2 版第 4 次印刷

开　　本：787×1092　1/16　　印张：14.5

字　　数：320 千字　　插页：1

书　　号：ISBN 978-7-5184-1954-8　　定价：44.80 元

邮购电话：010-65241695

发行电话：010-85119835　　传真：85113293

网　　址：http://www.chlip.com.cn

Email：club@chlip.com.cn

如发现图书残缺请与我社邮购联系调换

230979J1C204ZBW

前　言

本书经教育部专家组评审，入选"十二五"普通高等教育本科国家级规划教材，是对第一版"十一五"国家级规划教材的改版。数字印前技术是计算机图形、图像处理技术、激光技术和互联网技术在印前领域中的应用。印前全数字化包括印前图文信息内容的数字化处理和印前流程的数字化集成控制。前者利用计算机软硬件设备实现图文信息的数字化处理，并将处理后的图文信息在输出设备上输出，后者利用计算机软硬件设备实现印前流程集成管理，使其实现全数字化。

随着科技的发展和行业发展的需求，数字印前领域中使用的软硬件设备以及其原理技术都在不断地推陈出新，其外延和内涵都在发生着变化。本科教学需要紧跟行业发展形势，教材也要实时更新，这是本教材编写的初衷。同时，本教材的编写得到了上海理工大学科技发展项目"基于跨媒体的颜色再现研究"的支持。

本教材第一章、第四章、第六章（除第四节外）和第七章由上海健康医学院张建青副教授撰写；第五章和第八章由河南工程学院朱明副教授撰写；第二章和第六章的第四节由天津科技大学顾翀副教授撰写；第三章由上海理工大学王晓红教授撰写。刘真教授和张建青副教授对全书进行了认真仔细的统稿。

第二版教材沿用第一版的布局结构，保留了第一版中精髓部分及经典的原理性的内容，吸取了该领域国内外最新研究成果。编写过程中，以目前数字印前流程中应用的技术和原理为依据，对教材内容进行了更新和删除。

总体上，在对第一版的修订中，主要进行了下列内容的更新和扩展：

◇ 数字印前系统的组成；

◇ 半色调图像和色彩管理后图像的质量评价；

◇ 可变数据排版技术；

◇ 合版印刷拼版技术；

◇ 数字页面描述；

◇ 色彩管理技术的最新研究成果；

◇ PPF 文件的应用。

除上述内容外，对全书各章的文字描述和部分插图进行了修改和完善。

在修订过程中，虽然全体作者投入了较多精力对教材内容进行了严格认真的编写，但限于作者能力有限，难免存在不足。全体作者期望读者和专家们能够不吝指教，在此致以谢意。

作　者

2017 年 11 月

目　　录

第一章　传统印前和数字印前概述

印刷工程是一门综合性应用性较强的工程专业。由于生产印刷品的全过程可以划分为三个子过程：印前（Pre-press）、上机印刷（Press）和印后（Post-press），所以从印刷全过程分阶段的角度，印刷工程技术可以相应地划分为印前技术、上机印刷技术和印后加工技术。印前技术指与印刷图文信息输入、处理和高质量输出相关的技术。学习、应用和研究印前技术除需要与印前工艺相关的专业知识外，还需要具备相关基础知识是印刷色彩学知识和计算机科学与技术的理论基础知识。上机印刷技术指与操作印刷设备生产出合格印刷品相关的技术；印后加工技术指印刷书刊的各种装订技术、印品表面加工技术以及纸质容器的加工成型技术。

第一节　印　前　范　畴

在传统印刷流程中，印前阶段是以制作出合格的印刷版为最终产品的过程。

一、印刷流程中的印前

1. 印刷流程中的印前阶段

印刷工程中，需要完成的印刷产品通常称为活件；完成印刷产品的全过程称为工艺流程或流程；流程是由工序组成的，图 1-1 是传统印刷流程的示意图，图中的"原稿准备"、"排版"等指一个个工序，矩形框中标出的是每个工序提交给下一个工序的阶段性产品，传统的印前阶段如图 1-1 所示，从原稿准备到生产出印版为止，它由多个工序组成。

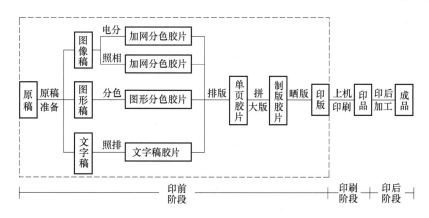

图 1-1　传统印刷全过程流程示意图

2. 印前技术处理的对象

印前的最终产品是印刷版。利用各种技术和方法，采集来自不同信息源的图文信息，经过图文处理和组合，制作成能上印刷机印刷的印版是印前阶段必须完成的任务。

在印前图文处理中，根据处理技术不同，可以将印刷品上的图文信息分为三类：图像、图形和文字。图像（Image）是利用摄影或类似的技术，获得灰度或颜色深浅连续变化的自然景观影像，如果是彩色图像，其色彩也是连续变化的（如图 1-2）。图形（Graphics）通常是由人工创作绘制或由计算机软件设计绘制生成，它是由一个个相互独立的点、线、面、体几何元素和填充色组成（如图 1-3）。图像、图形和文字这三类不同的印刷页面要素，必须采用不同的处理方法和技术，所以在印前图文采集和处理的前期对它们一直是分别处理，直到输出前才组合到一个印刷版面上（如图 1-4）。

图 1-2　印刷页面中的图像对象

图 1-3　印刷页面中的图形对象

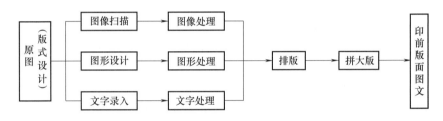

图 1-4　图像、图形、文字对象的印前处理示意图

二、印前范畴

1. 传统印前范畴

传统印前利用类似拷贝的方法制作印版，即利用制版胶片和感光版密接曝光晒制方法获得印版。从图 1-4 所示的印刷流程可以看到：首先是将图像、图形和文字原稿通过分别处理，获得符合制版要求的分类底片；然后按照版式的要求，利用排版方法，将同一页面的三类要素组合成单页；由于印刷机的版面一次可以容纳多个页面，单张页面必须通过拼大版的方法，将多个页面拼合在一张与印刷机可印刷幅面同样大小的胶片上（这张胶片称为制版胶片或晒版胶片）；最后利用制版胶片晒制印版。

如图 1-4 所示的流程可以看出：在传统印前流程中，图像、图形和文字的处理基本上都是通过照相或光学拷贝的方法实现。排版和拼大版也是通过将单独处理后的三类要素的分类底片，利用手工拼贴的方法按照版式的要求，贴合在一起，所以理解传统印前范畴内涵时应该注意的关键点有：

① 传统印前的主要支撑技术是照相技术和银盐感光材料处理技术，关键技术是如何将彩色图像原稿通过分色加网照相处理获得符合制版要求的制版胶片。

② 由于传统印前的单页图文混合排版和拼大版通常是采用手工拼合的方法，将应该组合在一个版面上的图文要素贴合在一起实现，所以传统印前的关键技术和工作难点是在对各种原稿的初期处理阶段，即在单页图文混合排版之前。

③ 传统印前的最终产品——印版是利用拼大版之后的制版胶片晒制而成。

2. 数字印前范畴

数字印前是利用计算机处理后的数字信号驱动输出设备输出制版胶片，或直接输出印版，也可直接输出印品。如图 1-5 所示是计算机在印刷工程中应用的印刷流程图。图像原稿、图形原稿和文字原稿在数字印前中也是通过不同的方法获取；然后可以在同一台计算机中利用不同的处理软件分别完成对这三类要素的处理，并利用排版软件组合成页面；最后利用拼大版软件拼合成大版文件；大版文件可以根据需要分别输出成制版胶片，印版或印品。

图 1-5 计算机在印刷工程中应用的印刷流程图

由于计算机在印刷工程中的应用，印前图像、图形和文字的处理都数字化了。所以在理解数字印前范畴的内涵和外延时应该注意的关键点有：

① 数字印前的主要支撑技术是计算机技术、数字图像技术、计算机图形技术和各种图文处理的软件技术。

② 由于数码相机、计算机以及其附件扫描仪和打印机的普及，对于各种原稿的初期处理，如图像的扫描输入、图形的创意设计和文字的录入编排，很多作者个人都可以方便地实现，不一定在印刷企业中完成。与此相反的是，各种原稿初期处理后的图文混合排版和拼大版以及输出过程，由于要使用不十分普及的专用软件，并需要熟悉印刷输出的各种设置，通常必须由印刷技术人员来实现。因此，与传统印前相比，印刷人员应该掌握的关键技术拓展了。

③ 在数字印前发展的过程中，计算机直接输出的最终产品从制版胶片扩展到直接制版，甚至直接输出印品，所以与传统印前相比，数字印前的范畴外延了。

3. 跨媒体中的印前技术

在计算机和数字出版时代，由于印刷复制信息内容的制作和准备阶段，如文字的输入和编辑、图形的设计和制作、图像的处理以及版式的创意和组合等，与电子出版和网络出版信息内容的准备阶段相同，所以也可以认为：印刷产品和各种电子出版以及网络出版具有相同的印前过程，区别仅仅在于输出方式的不同，即各种信息源经过印前处理，同样可以用于电子出版和网络出版。我们称这一现象为跨媒体（Crossmedia）出版，数据统一处理阶段被称为先导媒体（Premedia）阶段，如图 1-6 所示。跨媒体出版技术除以计算机技术为关键支撑技术外，与网络技术、电子技术、信息传输技术都紧密相关。

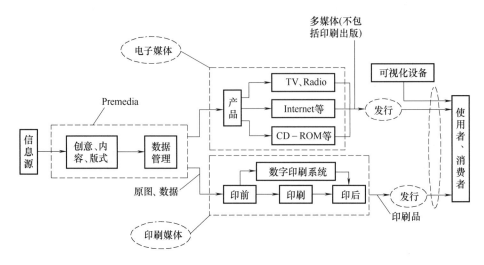

图 1-6　跨媒体出版示意图

第二节　传统印前技术

计算机数字印前图文信息处理技术发展到今天已经很普及了，传统印前处理技术逐渐退出，但为了阐明印前原理和技术，本节仍然简要地介绍一部分传统印前图文信息处理技术，循着印前技术发展的路线，可以更深入理解并掌握数字印前的基本原理和新技术。

一、传统印前文字处理

印前文字处理过程，是指利用文字信息处理设备对文字稿根据版面设计的要求，组成规定版式的工艺过程。

1. 印前文字处理的主要内容

首先确定合适的字体、字号、行距、字距、版式等，然后依据这些确定好的要求将文字原稿上的文字排列组合。

（1）选择字体　字体是具有相同形态风格的文字或图形符号的集合。不同的字体代表不同的风格，因此在排版时，酌情选用不同字体对印刷品的外观和质量有重要作用。常用于中文教材、书刊或正式公文的汉字字体有：宋体、黑体、楷体、仿宋体等；而广告、包装设计、各种产品标签常使用的字体有：隶书体、魏碑体、姚体和美术体等。

（2）选择合适的字号　文字排版时，要根据内容、版式选用大小适当的文字进行组合。不同的排版方法，表示文字大小的规格单位是不同的。常用计量文字大小的方法有号数制和点数制，国际上通用点数制，中国现在采用的是号数制为主，点数制为辅的混合制。中文书刊的正文文本字号通常选用五号字。

（3）版面设计与排版规格　排版之前，设计人员需进行版面设计。以书刊为例，主要设计内容有：版面的大小；各级标题和正文的字体和字号；页边距、行间距以及段落和章节之间的距离；插图的位置以及是否有书眉和脚注等。绘制出所设计的版面格式，排版人员根据版面设计的要求进行操作。

2. 传统印前文字处理技术

传统印前文字处理技术以手工为主。

（1）活字排版　早期采用的是活字排版，活字是用铅合金铸成的单字，文字部分凸起，空白部分下凹。按原稿和版式排列的要求选择活字进行组合排版。印版的着墨部分由活字、各种标点符号、数学物理化学等专业符号、铅线、书边线、装饰线、花边和头花等按照版式按需组合而成；印版的非着墨部分，即空白部分，由空铅和铅条按需组合而成，非着墨部分的材料高度都低于活字。活字版用完后可进行拆版，拆版后的材料和活字归类后可以重复使用。

（2）照相排版　照相排版简称照排，是利用光学摄影成像原理获得排版后的文字胶片。供照相排版的设备为照排机，照排机上除了有专供拍摄的镜头、光源外，还安装有各种字体的字模底版，类似于字模底片。排版时，按原稿和版式排列的要求，照排机通过对各种文字的字模进行摄影曝光，将文字成像在感光材料上，曝光后的感光材料通过冲洗加工获得排版后的文字胶片，感光片上文字字体变换靠选择不同的字模实现，文字大小变换靠变换镜头实现。

二、传统印前图像处理

印前图像处理的目的是将彩色原稿图像变成可供印刷机印刷的印刷图像，这样才能通过上机印刷的方式复制出大量符合客户要求的印刷品。

1. 印前图像处理原理

将彩色图像原稿变成可供印刷机印刷的印刷图像，其关键技术包括：彩色图像分色技术和图像加网技术。

（1）彩色分色原理

① 颜色分解合成原理。由于印刷一次只能印一种颜色，所以彩色复制过程中的彩色图像必须经过色彩的"分解"和"合成"两个过程。颜色分解过程是将待复制的彩色图像分解为多张原色影像的过程，分解后的原色影像用于制成原色印版，在印刷时，一块原色印版上一种原色的油墨，通常分别是：青、品红、黄、黑（C、M、Y、K）四种油墨，颜色的合成过程在印刷中完成，通过四次叠印"合成"再现彩色图像，如图1-7所示。

② 颜色空间转换原理。无论是传统的照相制版技术还是先进的数字印前图像处理技术，原图的信息采集都是获取原图反射或透射的红、绿、蓝（R、G、B）色光信号，而印刷过程是用油墨或色料的黄、品红、青、黑四种原色油墨叠印出彩色图像。因此采集到的由红、绿、蓝三原色表示的彩色原图必须转换为青、品红、黄、黑表示的彩色输出图像，才能用印刷的方式输出，在印刷色彩与色度学中称之为RGB颜色空间到CMYK颜色空间的转换。

传统照相分色技术中，这一转换过程是在滤色镜分色照相的过程中完成的。如图1-7所示（见彩色插页），以红滤色镜为例。它允许红光通过，吸收红光的补色光——青光，在这种状态下拍摄的感光片上，凡是对应原图的青色部位都因为青色光被滤色镜吸收而无法感光形成影像，因此形成青分色阴片，拷贝成阳片后正好相反，凡是对应原图的青部位都有影像，所以获得了青阳片。如图1-7所示同时可以知道，对应红、绿、蓝分色滤色

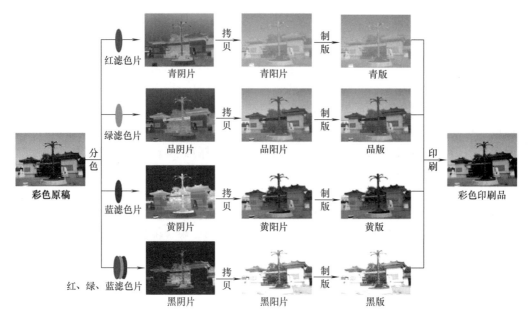

图 1-7　彩色图像的复制工艺图

镜，分别可以获得青、品红、黄分色阴片。由此可见，传统的照相制版分色是利用分色滤色镜吸收补色光，通过同色光的感光成像原理，完成从红、绿、蓝颜色空间到青、品红、黄颜色空间的转换。为了改善青、品红、黄油墨印刷色彩的反差和印刷过程优化的考虑，印刷原色中通常要增加黑色油墨原色［参见第四章第五节数字印前图像输出技术，一、图像分色技术，2.四色印刷数字分色技术，（1）黑版技术］。对于黑版，通常采用红、绿、蓝滤色镜分段曝光的方法获得，即曝光黑版分色阴片的过程中，光路中不只是加一种滤色片，而是轮流加入红、绿、蓝滤色镜曝光。

（2）图像加网印刷原理　区别于人工设计绘制的图形，图像的深浅是连续变化的。对于印刷复制方式来说，如果要表示深浅连续变化的图像阶调，可以通过墨层的厚薄变化或单位面积内着墨面积率的变化两种方法。除凹版印刷外，其他印刷方式从印版转移至承印物上的油墨层厚薄是一致的，印刷后的印品上只有上墨（着墨）和不上墨（不着墨）两种可能，也就是说不可能利用不同的油墨层厚度表示不同的颜色深浅，从而对应连续变化图像的深浅。因此，在图像印刷复制中，绝大多数情况下采用的方法是：改变图像单位面积内着墨面积率的大小，对应地表示图像的深浅等级，如图 1-8 所示。

图 1-8　网目调图像示意图

网目调图像：也称为半色调图像，指加网处理之后的加网图像，它利用单位面积内着墨面积率的变化模拟图像深浅的连续变化。放大镜下的网目调图像，是由一个个大小不同的网点群（或大小相同，密集程度不同的网点群）组成，图像中网点大的部位（或网点密集部位）颜色深，为暗调；网点小的部位（或网点稀疏部位）颜色浅，为亮调。当网点小到在明视距离处人眼无法识别单个网点的状态时，网目调图像的观察效果就跟连续调图像一样。单位面积内的着墨面积率简称网点面积率或网点面积，其变化范围为 0～100％，不同的网点面积率对应连续调图像不同的深浅，0 为无油墨处，表示最亮处；100％为油墨全覆盖处，也称为实地，表示最暗处。

2. 传统印前图像处理技术

传统印前图像处理的原稿是实物原稿，如拍摄的彩色照片、彩色反转片、印刷的彩色图片等，有反射原稿，也有透射原稿。这些图像原稿需要通过照相摄影的方法处理。

（1）单色连续调原稿的照相　单色连续调原稿在照相工艺过程中，需要完成的主要图像处理内容有：图像的放大与缩小；图像的加网；若是反射稿还需要将其转换为透射稿。总之，通过照相，可以将比例尺大小不符合印刷要求的连续调原稿，转换为符合印刷要求的可供光学制版的网目调图像底片。如图 1-9 所示是供图像传统印前处理的制版照相机，它的工作原理与一般的照相机相同。在原稿架上将需要处理的图像原稿固定好，在暗盒中放置好感光材料，就可以通过曝光及曝光后的冲洗加工处理获得对应于原稿图像的底片。连续调原稿图像转换为网目调图像底片的实现，是通过在制版照相机的光路中（在感光片的前面）加网屏，使得连续调原稿反射（反射稿）或透射（透射稿）的光影通过网屏光线分割后，形成了网目调影像，这一技术也被称为加网技术。对于复制图像放大缩小处理是通过摄影过程中调节制版照相机的相距和物距实现。

（2）彩色连续调原稿的照相　彩色连续调原稿要进行印刷复制，不仅需将连续调变为网目调，而且需进行分色，获得 C、M、Y、K 4 张网目调分色底片。彩色连续调原稿的色分解是通过在摄影光路中加 R、G、B 滤色镜完成的，即照相获得底片的过程必须重复 4 次，每次选择不同的滤色镜。若在分色、加网同时完成摄影过程，就要在摄影光路中既加滤色镜又加网目屏，这种分色、加网同时进行的方法被称为直接加网工艺法；

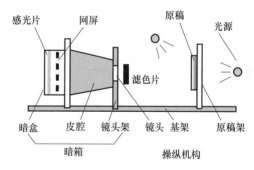

图 1-9　加网照相

亦可在摄影时完成色分解，获得连续调分色底片，在拷贝过程中完成加网，分步完成色分解与加网的工艺方法被称为间接加网工艺法。

由彩色连续调原稿的复制技术知道，印刷品上连续调原稿的色彩还原是通过 CMYK 不同网点面积率的网点叠印而成，这种由原色网点叠印还原原稿色的工艺方法称为原色印刷（Process Color Printing）。

三、传统印前图形处理

图像的特点是色彩和阶调的变化都是连续的，而图形是由点、线、面、体等几何元素和填充色、填充图案等构成，不同色彩和不同等级的明暗之间往往有明显的界限，所以在传统印前处理时，图形要素的处理原理也不同于图像要素。

1. 印前图形处理原理

图形印前处理的过程中，色彩信息也必须经历"分解"和"合成"过程，但是由于图形原稿中色彩的区分与图元的区分是对应的，不同色彩之间往往有明显的界限，所以在传统的图形分色中，不同于连续调原稿的照相分色，色彩信息往往不是利用滤色镜分色原理将其分解为原色，而是人工手涂分色。通常是在阴片上，用不透明的涂料将其他颜色的图元涂去，仅留下用一种颜色表示的图元，从而制成单一颜色的分色片，用于制版印刷，如图 1-10。也可以将同一图形原稿的不同颜色图元分别绘制在不同的分色片上，直接绘制成分色片，这样可以减少人工手涂分色的工作量。

2. 传统印前图形处理技术

图 1-10 图形图像

以图 1-10 为例（见彩色插页），小狗是由红色（嘴）、黑色（耳朵和轮廓）以及淡黄色三种颜色组成，所以只要制作这三个颜色的分色印版，印刷的过程中分别将油墨配制成这三种颜色，叠印就可以还原小狗原稿的颜色。这种用已经调配好的油墨对印刷对象进行填色还原原稿色的印刷方式称为专色印刷（Spot Color Printing）。与原色印刷输出不同，专色是一个颜色制作一张分色片，有几个专色就制作几张分色片，所以专色印刷通常适用于印刷色数较少的图形，对于颜色复杂图形原稿建议仍采用原色印刷工艺流程的原理复制。但是若原稿是由细小的线划组成，使用原色叠印出图形中的细小点和线条是很困难的，所以对细小图形组成的原稿最好还是选择专色印刷工艺流程。

在实际印刷工艺中，根据需要，可以将原色印刷和专色印刷合成使用。如可以首先用原色印刷的工艺流程印刷出连续调图像原稿，再根据需要在该印品上进一步叠印刷页面中的专色部分。这种方法不仅可以利用专色油墨准确地重现超出原色印刷色域以外的颜色，而且色彩复制质量较高，可以复制出高质量的彩色印刷品，但是需要的印版数量较多，往往是五色、六色，甚至多达近十色印刷。

四、传统印前的排版与拼大版

传统印前文字、图像和图形处理的主要目的是：首先获得符合印刷要求的制版胶片，然后晒制印版。排版过程是将页面上的所有元素按照设计人员设计的页面版式，组合成一个单页底片的过程，然后通过拼大版将多张页面底片拼合成制版胶片。

1. 排版与拼大版的内容

排版的内容包括：依照版式的要求首先完成的文字排版；然后将一个单页上原先分开处理的图文混排组合。组合中主要关注的是分色底片的套准，包括处理好拼合在同色页面底片中的不同页面要素的相互关系；需要通过叠印再现的彩色页面要素所对应的各分色版的套准，这样才能保证在印刷时准确叠印复制彩色图像和页面版式。

由于印刷机的印刷幅面通常为 4 开、对开甚至全开大小，一个印版上可以排列多个单页。拼大版过程则是按照一定规则将多个单页组合成一个印版大小的制版胶片的过程。这些规则通常包括：根据印刷机的幅面和单页的开数进行版面最大利用率的排列页面；根据书籍或杂志的页面排序以及印后折页的方式排列页面；需要叠印或套印的分色片要保证叠印或套印时的准确套合；正反双面印刷时，要保证双面印刷内容的准确位置；印版上还需要排列印刷或印后处理所必须的各种标记符号和质量控制图标。

2. 排版与拼大版工艺

在实际操作中排版和拼大版都是图文定位组合工作，所以常常没有严格的界限。传统印前的文字排版在文字处理，如照排过程中已经完成，图文混排和手工拼大版可以合在一起完成，操作是在下面装有光源的透明玻璃工作台上进行。首先，准备一张已经晒制好各种标记线的透明胶片，然后根据标记线的控制，将各页面要素的透射稿——粘贴在准确的位置上。通过排版和拼大版获得制版胶片。

五、传统印前制版

传统印前制版是利用制版胶片作为底片，与可以制成印版的感光版密接曝光，再对曝光后的感光版进行后处理获得印版，这一过程也被称为晒版过程。不同类型的印刷，使用不同的感光版，曝光之后的后处理方法不同。

1. 柔性版制版

柔性版制版都是采用光聚合交联型感光树脂版，有液体感光树脂版和固体感光树脂版，感光物质经曝光之后聚合交联呈固化状态，从而形成图文凸起的印版，而未见光部位是非印刷部位，树脂可以在后处理过程中去除，形成下凹的印刷时不上墨的部位，图1-11是柔版感光版的制版过程示意图。

2. 平版制版

平版制版使用最多的是将光分解型感光树脂涂布在铝板表面制成的感光版，俗称PS版。制作印版的过程中，见光部位的感光层可在显影时利用稀碱溶液去除，露出氧化铝亲水层，形成印版的空白部分。未见光的部位感光层不发生变化，不溶于稀碱溶液，仍留在版面，形成印版的印刷部分。图1-12是阳图型PS感光版的制版过程示意图。

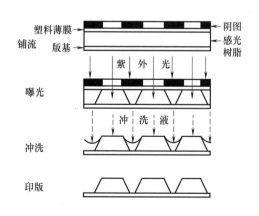

图 1-11　液体感光树脂柔性版制版工艺

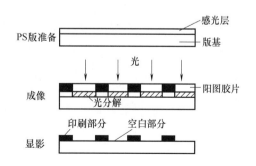

图 1-12　阳图型 PS 感光版的制版过程示意图

3. 凹版制版

凹版印版与印版滚筒实际为一体，需经过镀镍、镀底层铜壳（为 2～3mm，可供多次使用）、浇注隔离层、镀外层铜壳（仅为 0.13～0.15mm，只供一次印刷用）以及磨光等加工工艺制成。准备好的凹版滚筒截面如图 1-13 所示。

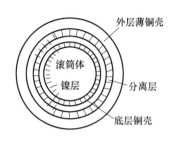

凹版晒版时表面使用的是由明胶与重铬酸盐制成的感光层，该感光层见光部位硬化后形成附着在铜表面的保护部位，未见光处的感光层可以用热水除去，使铜层裸露，在腐蚀过程中被腐蚀下凹。最后将硬化的保护层去除形成凹版。

4. 丝网印版

丝网印版是将丝网绷在专门的框架上，在其上涂布感光胶形成膜层，经曝光晒版后，去除印刷部分的胶膜而制成的。丝网制版大多使用重氮盐感光剂再增加其它适量助剂制成的重氮感光胶。见光部位的感光胶硬化后形成硬化膜层，使该部位的油墨无法渗漏到承印物上，没有见光部位的感光胶仍具有可溶性，在显影时被去除，施加在该部位上的油墨则可渗漏到承印物上形成印迹。

图 1-13　凹版滚筒截面示意图

第三节　数字印前技术的形成和发展

随着 20 世纪 80 年代以来计算机科学与技术的发展，现代印刷技术发生了翻天覆地的变化。几乎计算机科学技术中的每一个变革都会带来印刷技术的一个飞跃。

一、传统印前技术到数字印前技术的过渡

20 世纪 70 年代，出现了电子分色扫描机，简称电分机。电分机是数字印前技术的前奏。它利用光电转换装置，将从原稿获得的彩色光信号转换成分通道的电信号，再利用辉光管将经过处理的电信号转换成光信号对感光胶片进行曝光成像。虽然在电分机时期，分通道的电信号仍然采用模拟方法进行色彩信号处理，但此时的图像处理技术已经从照相制版阶段的整幅原稿一次性曝光成像处理到逐点扫描处理，从对色彩信号的完全定性处理到可以在一定的范围内进行定量处理。值得一提的是，在电分机发展的过程中，数字加网方式产生了。电分机时期，文字与图像的处理仍然是分开在不同的设备中进行，通过电分机获得的图像分色加网底片和通过照排机获得的文字胶片还是依靠手工方式拼接组合成图文并茂的页面，再经过拷贝获得制版胶片。

二、数字印前技术的形成

计算机在印刷技术中的应用，首先是从印前开始。处理图像要素的电分机和处理文字要素的照排机系统独立发展延续了近二十年，到 20 世纪 80 年代末期，计算机图文合一的处理技术已经日趋完善，开始进入了使用阶段。这种进步一方面归功于计算机技术在存储容量和计算速度上的飞速发展，使实时图像信息的处理成为可能；另一方面也归功于印刷领域在图文合一软件和硬件的开发研制和完善方面作的不懈努力。这样，不仅可以在同一个计算机系统中完成图像和文字的处理，而且可以进行图文排版，完成一直由手工完成的复杂图文排版和拼大版的操作，最终的数字页面可以由激光照排机输出分色制版胶片，也可以直接输出印版，甚至还可以直接输出印刷品。

三、数字印前技术的发展

计算机在印刷技术中的应用，首先是从印前开始。从图 1-14 中可以看出：随着科技的发展，数字链在印刷流程中不断延伸，开始仅仅完成印前图文信息的获取和处理，最终发展到了全流程。当今的数字印刷技术（数码印刷技术）可以称为全数字化印刷技术，数字印刷技术将整个印刷的处理过程浓缩为一个高度智能化的数字印刷系统，系统中囊括了印前处理的所有功能和操作，所有的中间产品都以数字方式存储和流通。将信息源与这个系统相连接，就可以得到所需的印刷品。

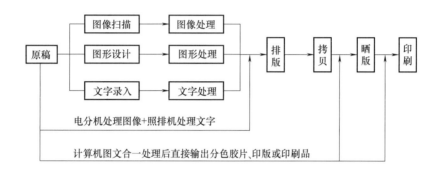

图 1-14　计算机在印前技术中的应用

数字链不仅仅只是沿着整个印刷流程线性延伸，实际上是在整个印刷工程中网状扩展。如果说在印刷数字化工作流程中，仅印刷数据的获取、处理与输出使用了数字化，那么在计算机集成印刷技术中，印刷企业的管理信息，出版物的流通信息都使用了数字化，而且，两个数字化的过程是有机地融合在一起的。

现代印刷业是现代信息产业的一个重要的组成部分，是以图像、图形和文字为主要对象的信息产业，其主要任务是将数字式信息网络中的图文信息高速度、高质量、低成本地转换输出成人们所需的以纸为载体的视觉信息。

习　题

1. 传统印刷流程中，印前阶段主要包括哪些工序？
2. 理解传统印前范畴内涵时应该注意的关键点有哪些？
3. 理解数字印前范畴内涵时应该注意的关键点有哪些？
4. 在印前图文处理中，根据处理技术不同，可以将印刷品上的图文信息分为几类？它们各自的特点是什么？
5. 彩色原图复制的过程中为什么要进行分色？传统印前分色是如何实现的？
6. 什么是原色印刷工艺流程？什么是专色印刷工艺流程？它们各适用于什么样的彩色原稿复制需求？
7. 连续调图像在复制的过程中为什么要进行加网处理？
8. 传统印刷中使用的平版印刷版是怎样获得的？

参 考 文 献

[1] 谢普南，王强主译. 印刷媒体技术手册 [M]. 广州：新世纪出版公司，2004.

[2] 刘真，邢洁芳，邓术军. 印刷概论 [M]. 北京：印刷工业出版社，2008.

[3] 浦嘉陵. 从技术发展和演变角度论印刷学科属性和技术架构 [J]. 中国印刷与包装研究，2009 (1)：32-46.

[4] 陈昕，胡惠林. 全球化：中国出版业的挑战与机遇 [N]. 文汇报，2009-10-17 (6).

[5] 浦嘉陵. 数字印刷在中国的发展与市场 （一）[J]. 印刷工业，2009 (10)：20-23.

[6] 浦嘉陵. 数字印刷在中国的发展与市场 （二）[J]. 印刷工业，2009 (11)：31-35.

[7] Andrew Wheatcroft. 数字印刷技术对出版业目前和未来的影响 [J] 数码印刷，2009 (10)：20-20，22，23.

第二章 数字印前系统的组成

数字印前系统是以通用硬件和软件为基础的一种开放式计算机信息处理系统。它以工作站或微型计算机为核心，配有标准接口及标准界面，可以与各类通用的办公输入设备和输出设备连接，也可以与专用的印前输入设备和输出设备连接，加上相应的印刷应用软件，便组成了可以满足各类印刷出版用户要求的不同档次和功能的印前系统。

第一节 数字印前的基本结构

数字印前流程，是指印刷品从设计制作到印刷之前所涉及的所有过程，由原图的输入、编辑、排版、拼版、输出等技术环节组成。在数字印前发展的过程中，计算机直接输出的最终产品从制版胶片扩展到直接制版，甚至直接输出印品，与传统印前相比，数字印前的范畴外延了。随着硬件及软件技术的发展，数字印前系统也在不断进步，基本趋势是工艺流程的高效化和一体化。

一、数字印前工作流程

数字印前系统技术主要由信息的输入、编辑、排版、拼版、输出等环节组成。数字印前普遍使用的技术流程如图 2-1 所示。

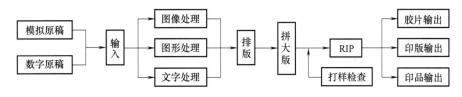

图 2-1　数字印前的工艺流程

数字印前系统是以通用硬件和软件组合为基础，加上相应的印刷应用软件和印刷输入输出设备构建而成。为了满足不同档次、不同需求的印刷客户要求，可以选用不同类型的输出设备和印刷软件。

二、硬　件　组　成

完整的数字印前硬件系统应包括能采集文字、图形、图像的输入设备，能有效处理和传递数字文件的网络化计算机或计算机工作站，能显示高保真色彩的显示系统，能保存大量数据信息的存储器，能输出黑白或彩色样张的各类打印机，能输出分色胶片的激光照排机，输出印版的计算机直接制版机或直接输出印品的数字印刷机，如图 2-2 所示。

1. 输入设备

输入设备是能将文字、图形、图像信息输入计算机的设备，即将文字、图形和图像模拟原稿转换为数字数据的设备。

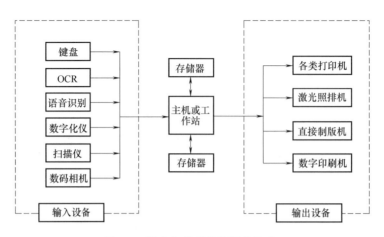

图 2-2　数字印前系统的硬件组成

（1）文字输入设备

① 键盘。键盘是最常用也是最主要的输入设备，通过键盘可以将英文字母、数字、标点符号等输入到计算机中，从而向计算机发出命令、输入数据等。

② OCR（Optical Character Recognition）光学字符识别器。针对印刷体字符，采用光学的方式将纸质文档中的文字转换成为黑白点阵的图像文件，并通过识别软件将图像中的文字转换成文本格式，供文字处理软件进一步编辑加工。

③ 语音识别。通过语音识别器的识别和理解过程把语音信号转变为相应的文本或命令的方法。

（2）图形和图像输入设备

① 数字化仪。数字化仪是将图形的连续模拟量转换为离散数字的装置，是在专业应用领域中一种用途非常广泛的图形输入设备。使用者在电磁感应板上移动游标到指定位置，并将十字叉的交点对准数字化的点位时，按动按钮，数字化仪则将此时对应的命令符号和该点的位置坐标值排列成有序的一组信息，然后通过接口（多用串行接口）传送到主计算机。简单来说，数字化仪就是一块超大面积的手写板，用户可以通过用专门的电磁感应压感笔或光笔在上面写或者画图形，并传输给计算机系统。

② 扫描仪。扫描仪是利用光电技术和数字处理技术，以扫描方式将图形或图像信息转换为数字信号的装置。扫描仪是常用的计算机外部仪器设备，通过捕获图像并将之转换成计算机可以显示、编辑、存储和输出的数字化输入设备。

③ 数码相机。数码相机是利用电子传感器把光学影像转换成电子数据的照相设备。光线通过镜头或者镜头组进入相机，通过数码相机成像元件转化为数字信号，数字信号通过影像运算芯片储存在存储设备中。数码相机的成像元件是 CCD 或者 CMOS，该成像元件的特点是光线通过时，能根据光线的不同转化为电子信号。

2. 主机或工作站

数字印前系统的计算机部分是系统的核心。数字印前主要处理的是图形和图像数据。由于数据量比较大，因此对计算机的配置要求较高。早期常用的是工作站和 Mac 电脑，现在随着 PC 机性能的提高，PC 机在印前环节也已经普及。

3. 输出设备

输出设备的主要作用是将印前处理的数字图文信息进行可视化输出。目前，常用的输出设备有激光照排机、计算机直接制版机、数字打印机和数字印刷机。如果从"可视化"输出的角度来说，显示器也可以看作是一种输出设备。

激光照排机用于将数字印前系统生产的数字页面以胶片的形式输出，输出的胶片可以直接通过晒版机晒制成印刷版；计算机直接制版机则是将数字页面信息直接以印版的形式输出，省去了出胶片和晒版工序；数字打印机在印前阶段常被用于打印数字样张，它和数字印刷机都是将数字页面以印刷品的形式进行输出的设备，成像原理也基本相同，但数字打印机的速度较慢，连续工作能力不足，而数字印刷机的输出速度更快，图像质量更高。

三、软　件　构　成

数字印前系统所需的软件分为操作系统软件和应用软件两大类：操作系统软件用于管理计算机本身和应用软件，应用软件是为满足用户特定需求而设定的软件，严格地说印前软件仅仅指用于数字印前的应用软件。借助于这些软件的功能，完成印前图文信息的各种处理，生成可以输出符合印刷要求的数字页面数据，并驱动各种输出设备进行输出。

1. 操作系统软件

PC 电脑和苹果电脑（Mac）都是数字印前常用的设备，PC 电脑采用 Windows 系统，如图 2-3 所示；Mac 电脑则采用 OS 系统，目前的最新版本是 MacOS Sierra，如图 2-4 所示。

图 2-3　PC 电脑使用的操作系统　　　　图 2-4　Mac 电脑使用的操作系统

2. 常用的应用软件

印前系统常用的软件包括使用普及性的图像、图形、文字的处理软件和专业性强的排版、拼大版、RIP、流程等专用软件。

（1）图像处理软件　图像处理软件可以完成图像的创建、合成、编辑和处理等，包括图像颜色调整和其他特殊效果等，是印前创意的主要工具。目前，图像处理软件中首屈一指的是 Adobe 公司的 Photoshop 软件，它在印前系统中的主要功能包括：利用 Photoshop 的扫描输入功能，可以驱动扫描仪扫描输入图像原稿；利用 Photoshop 的设计及创意功能来设计创建图像；同时，Photoshop 在图像增强方面还具有功能强大的色彩校正、层次校正、清晰度提高等功能，可以进行各类图像原稿的色彩和阶调的调整；除此之外，Photoshop 还具有较完善的色彩管理功能和印刷输出的专业色彩控制功能，不仅完全可以满足印前图像编辑处理的所有需求，还可以满足印前图像输入和输出的需求。

（2）图形处理软件　图形处理就是利用数学模型绘制基本图形，在对基本图形元素进行布尔运算后，将这些基本图形结合起来组成新的更为复杂的集合图形。常用的图形处理软件有 Illustrator 和 CorelDraw。

AdobeIllustrator 是一种应用于出版、多媒体和在线图像的工业标准矢量插画的软件，广泛应用于印刷出版、海报书籍排版、专业插画、多媒体图像处理和互联网页面的制作等，可以为线稿提供较高的精度和控制，是一款非常好的矢量图形处理工具。

CorelDraw Graphics Suite 是加拿大 Corel 公司出品的矢量图形制作工具软件，这个图形工具给设计师提供了矢量动画、页面设计、网站制作、位图编辑和网页动画等多种功能。该软件提供的智慧型绘图工具以及新的动态向导可以充分降低用户的操控难度，允许用户更加容易精确地创建物体的尺寸和位置，减少点击步骤，节省设计时间。

（3）页面排版软件　页面排版软件的用途是将分别采集或处理的文字、图形和图像等信息，按照一定的版式设计要求，编辑到一个或多个页面内。目前常用的排版软件包括Adobe InDesign、方正飞腾等。

（4）拼大版软件　拼大版软件指那些可以自动按照印刷机幅面，依据拼大版规则自动根据折手等要求进行拼大版的软件，如海德堡公司的 Signastation、柯达公司的 Preps，方正公司的文合等。绝大部分的拼大版软件属于 RIP 前拼大版，主要功能是在已知各项拼大版影响参数的基础上，计算出待拼版的电子文档单页在大版上的准确位置，然后按照计算好的定位将所有单页文件和标记放置到大版的数字页面文件中，并将排列好的大版页面文件通过 RIP 控制输出设备输出。也有一部分软件可以实现 RIP 后拼大版，先将单页文件通过 RIP 输出，再按照计算好的定位将单页文件准确地放到大版的数字文件中。

（5）RIP 软件　RIP（Raster Image Processor），也称为光栅图像处理器，它的主要作用是将计算机制版版面中的各种图像、图形和文字解释成输出设备能够记录的点阵信息（或称为"栅格图像"），并控制输出设备输出。RIP 主要由解释器和控制器组成，解释器负责解释页面信息并转换成对应输出设备的点阵信息；控制器用来控制输出成像部分的运转。

常用的 RIP 软件有海德堡的 Meta Dimension、方正世纪 RIP、佳盟 RIP 等。

（6）数字化工作流程软件　数字化工作流程是在数字化计算机和网络平台上，对与印刷生产相关的内容、过程、控制和管理进行模块化，并按照产品需求灵活关联所需模块而形成的印刷生产系统。换句话说，工作流程软件用数字化的各种生产控制信息把印前、印刷、印后整个过程联系起来，使印刷生产整个过程的进行更顺畅、更高效产品的质量更高。

常用的工作流程软件有海德堡的印通集成管理系统（Prinect）、柯达的印能捷（Prinergy）、方正的畅流、爱克发的 Apogee 流程、网屏的汇智（Trueflow）流程、富士胶片的 XMF 等。

第二节　数字印前系统常用设备

印前系统常用设备包括输入设备、处理设备和输出设备三类。处理设备主要指计算机或工作站，在此不作介绍。本节主要介绍各类输入和输出设备的工作原理、功能以及主要技术参数。

一、输 入 设 备

1. 扫描仪

从图像信息处理角度看，扫描仪的扫描过程实际上是图像信息的数字化采集过程，即对原稿图像信息的采样和量化过程。扫描仪的功能就是捕获原稿的颜色信息，并将其进行分色和数字化。从图像的性质来说，原稿图像是连续的，经过扫描仪扫描捕获的图像则是离散的，由一个个点组成，这些点就是我们常说的像素。每一个像素的颜色由 RGB 三个颜色组成。

扫描仪的扫描过程：光源==>[原稿]==>彩色光线==>光学成像==>分光===>[R/G/B]==>光电转换==>模拟电信号==>模拟/数字转换==>数字电信号==>处理==>接口==>计算机存贮器

按结构和工作方式不同可分为：平台式扫描仪（Flat-bed Scanner）和滚筒式扫描仪（Drum Scanner），如图 2-5 所示。通常，平台式扫描仪使用 CCD 感光器件，滚筒式扫描仪使用 PMT 感光器件。

（1）扫描仪的主要技术性能

① 信噪比。所谓信噪比就是指信号和干扰噪声之间的比例关系，信噪比越高，对有用信号的提取就越准确和清晰。目前平台式扫描仪使用 CCD 作为光电采集器，而影响 CCD 采集精度的最大问题就是噪声。特别是当信号比较弱小的时候。如图 2-6 所示清楚地表示了原稿上不同密度的 A、B 两个相差不

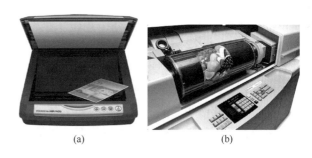

(a)　　　　　　　　(b)

图 2-5　扫描仪类型
（a）平台式扫描仪　（b）滚筒式扫描仪

大的低亮度信号在两种传感器上的输出信号。可以看出，同样是 A、B 两个信号，在 CCD 器件上输出信号的随机分布范围很大，而光电倍增管上这种随机范围就较小，所以，滚筒式扫描仪在暗调部位的采集性能优于平台式扫描仪。

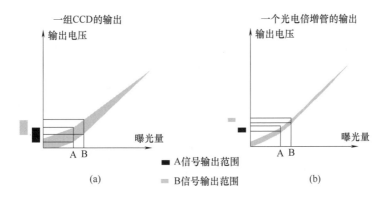

图 2-6　CCD 和 PMT 的信号离散特征
（a）一组 CCD 的输出　（b）一个 PMT 的输出

② 分辨率。扫描仪的分辨率是评价扫描仪质量的重要参数。其含义为在单位尺寸内，扫描仪能够采集图像的像素数。单位为像素每英寸（pixels per inch，ppi），由于可以将像素称为"点"，故分辨率的单位也经常称为"点/英寸"（dots per inch，dpi）。

扫描仪的分辨率有光学分辨率、插值分辨率、扫描分辨率。

a. 光学分辨率（物理分辨率）指扫描仪的光学系统可以采样的实际信息量，表征了由扫描仪的光学、机械和电子硬件共同决定的分辨能力。光学分辨率越高，扫描的图像质量越好，同时它决定了能取样的最小点的大小及能放大原稿的倍数。

对于平台式扫描仪，光学分辨率又分为水平分辨率和垂直分辨率。水平分辨率主要取决于 CCD 的总像素数和扫描的宽度，光学分辨率＝CCD 总像素数/扫描最大宽度（inch）；垂直分辨率是根据扫描仪中的步进电机在机械设计中每进一步的移动距离而确定，它与步进电机和机械传动部分有关。因此水平分辨率更重要，通常所指的光学分辨率是水平分辨率。例如：有 5000 像素 CCD 扫描仪，其最大扫描宽度为 8.3in，则：光学分辨率＝5000/8.3＝600dpi。

对于滚筒式扫描仪，光学分辨率主要取决于扫描线数的宽度，即滚筒转一圈时扫描横向进给的距离，扫描线越细，分辨率越高；反之，分辨率越低。其垂直分辨率是指沿滚筒周向单位长度内采集的点数。

b. 插值分辨率（最大分辨率）是通过扫描仪的驱动软件插值计算得到的分辨率，是以相对较低的光学分辨率获取的像素为基础，经过插值计算，获得与较高分辨率相等数据量图像的过程。插值分辨率并不能真正提高扫描仪的分辨能力。

在选择扫描仪时主要要看扫描仪的光学分辨率，而不能看插值分辨率，因为光学分辨率是获取的原始信息，而插值所产生的新的点是计算得到的，虽然增加了像素，但不会增加细节，当然也不会增加原稿的精细程度。插值分辨率一般是光学分辨率的 2～4 倍，过高则图像虚晕。

c. 扫描分辨率是指扫描仪在扫描时实际设置的分辨率。扫描仪的扫描分辨率由最终输出加网线数、原稿放大尺寸、扫描光学分辨率等因素决定：

扫描分辨率＝加网线数(lpi)×质量因数(1.5～2)×放大倍率(边长缩放倍率)

例如，希望把一张 10cm×15cm 的照片用 150lpi 的网屏按照 20cm×30cm 打印，需要多高的分辨率扫描原稿呢？

扫描分辨率＝150×2×2＝600dpi

③ 动态密度范围。这一指标主要决定扫描仪对图像暗调密度变化的识别能力。它是扫描仪能够产生有效图像信号所对应的原稿密度范围。动态密度范围大，则表征扫描仪能够识别的图像光学密度范围宽。高档扫描仪的动态范围可以在 0.2～4.2，能够胜任彩色反转片原稿的扫描；而低档扫描仪则只能达到 0.2～2.8，仅能满足彩色照片等反射原稿的扫描需要。

④ 每通道位数。每通道位数也被称为"位深度（bit depth）"，它是指每个扫描信号通道的量化位数。绝大多数扫描仪的位深度能够达到 16bit/通道。位深度决定扫描所获得图像信号的层次级数。同时，位深度还对动态密度范围有影响。

⑤ 最大扫描幅面。最大扫描幅面是指扫描仪一次能够扫描的最大图像尺寸。普通办公和商用扫描仪的最大扫描幅面一般略大于 A4，少量能达到 A3；印前领域使用的高档扫

描仪，其最大幅面一般超过 A3，甚至超过 A1。

⑥ 扫描速度。扫描速度表征扫描仪采集图像的快慢。有两种表示方法：其一是用每扫描一条线所用的时间；另一种则用 300dpi 分辨率下平均每小时扫描的图像数量表示。

（2）平台式扫描仪 平台式扫描仪由原稿扫描平台、扫描光源、光学成像系统、光电转换器件、图像信号处理系统等组成。

平台式扫描仪使用的光电转换器件是线阵型电荷耦合器件（CCD＝Charge Coupled Device）。平台式扫描仪的光学分辨率由 CCD 器件阵列的分布密度决定，若 CCD 线性阵列中每英寸有 1200 个，则可认为具有 1200dpi 的分辨率。

平台式扫描仪的工作原理如图 2-7 所示。平台式扫描仪采用线状光源（荧光灯管或光纤束）照明原稿，依靠光源与原稿的相对运动将原稿逐行照亮，从原稿上反射或透射的图像光线被光学系统收集，清晰成像在带红、绿、蓝滤色片光电转换器件（CCD）上。

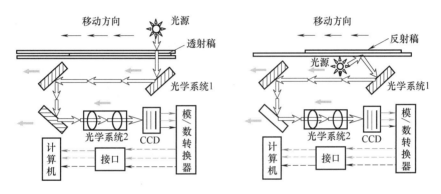

图 2-7 平台式扫描仪的扫描过程

光电转换器件将透过红、绿、蓝滤色片的光线分别转换成红、绿、蓝三种模拟电信号，并经过 A/D 转换器件获得红、绿、蓝三种数字图像信号，图像信号经过图像处理，再通过接口电路，将数字图像信号传送到计算机内。

绝大多数的平台扫描仪采用移动扫描光源、原稿静止的方式进行扫描，但也有扫描仪采用光源静止而移动原稿平台的扫描方式（例如 Screen 公司的 Cezanne），如图 2-8 所示。这种方式的优点是光学系统稳定性高，但扫描仪必须具备容纳原稿平台的空间，占用空间稍大。

另外，为了在整个扫描平台的幅面范围内达到最高光学分辨率，一些厂商在高端扫描仪上采用了"缝合扫描（stitching scanning）"的技术，即将整个扫描幅面分成若干带状区域，用高分辨率分若干次扫描，然后用软件将图像数据组合成一幅完整的高分辨率图像。显然，这种技术对机械、电子、光学系统的精度要求较高。

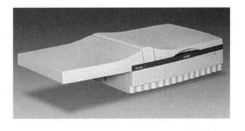

图 2-8 Screen 公司的 Cezanne 扫描仪

（3）滚筒式扫描仪 滚筒式扫描仪是由电子分色机发展而来，其核心技术是光电倍增管和模数转换器。滚筒扫描仪的光电转换器是光电倍增管（PMT Photo Multiplier

Tube），其实就是滚筒式扫描仪的颜色感受器。

滚筒式扫描仪的工作原理如图 2-9 所示。图像原稿贴在滚筒上，滚筒在高速旋转过程中，扫描光源和扫描头沿着滚筒轴线方向移动，形成螺旋线扫描轨迹。扫描光源发出的光线逐点照射原稿，通过原稿反射或透射后光线被扫描镜头接受；接着通过一组干涉滤色片分光形成三束色光；再分别经过红、绿、蓝滤色片分色，并由各自对应的光电倍增管转换成电信号。经放大器放大后的电信号，由各自的 A/D 转换器转换成图像的红、绿、蓝数字信号。最后经过图像处理，通过数据接口传送到计算机存储器。

滚筒式扫描仪相比平台式扫描仪，得到的图像清晰度更为优秀，这是因为滚筒式扫描仪有四个光电倍增管：三个用于分色（红、绿和蓝色），另一个为虚光蒙版，可提高图像的清晰度，使不清楚的物体变得更清晰，而 CCD 则没有这方面的功能。

另外，滚筒式扫描仪较大，可以扫描幅面更大的原稿，而且可以用来扫描透射原稿，但滚筒式扫描仪上仅可以扫描柔软的原稿。平台式扫描仪占用空间小，更容易使用，但是有些低档的平台式扫描仪则只能扫描反射原稿。一般滚筒式扫描仪的光学分辨率比平台式扫描仪高，因此放大倍率可以大一些。

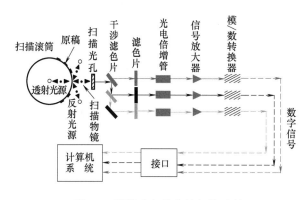

图 2-9　滚筒式扫描仪的扫描过程

（4）网点拷贝技术　在 CTP 制版过程中，有时会需要将传统制版分色胶片转换为电子文件。与一般的透射原稿不同的是：传统制版分色胶片上是分色后的网点二值图像。网点拷贝（Dotcopy）技术就是利用高精度的扫描仪扫描加网分色片，并通过专门的软件处理为可以直接用于拼大版的数字页面电子文件。目前，许多功能强的扫描仪都能胜任网点拷贝工作。

2. 数码相机

数码相机又称数字照相机（Digital Camera），它借助光学成像系统、光电转换系统和 A/D 转换器，将拍摄的景物直接转换成数字图像并存储于数据载体上。由于专业数码相机能够获取高质量的数字图像，因此数码相机是当今印前系统的主要图像输入设备之一。

数码相机由镜头、观景窗、LCD 液晶显示屏、快门、闪光灯、外部输入端口、储存器等部件组成，如图 2-10 所示。

（1）数码相机的工作原理　数码相机属于无胶片图像记录技术中的一种，它以存储器件记录信息替代了感光材料记录信息，即影像光线通过数码相机的镜头、光圈、快门后，并非到达胶片，而是到达光电转换器件 CCD 或 CMOS（Com-

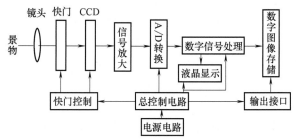

图 2-10　数码相机的结构和原理

plementary Metal-Oxide Semiconductor，互补金属氧化物半导体）上。通过光电转换器件获得的电信号经模拟信号放大、模拟与数字（A/D）的转换、压缩处理后，存储在随机存储器或磁盘上。

数码相机的工作原理类似于扫描仪，但与扫描仪不同的是，数码相机的 CCD 或 CMOS 为面状排列。

（2）数码相机的分类　数码相机可以被分为不可换镜式（消费级）数码相机和可换镜式（单反）数码相机，如图 2-11 所示。

（3）数码相机的主要性能　数码相机同样具有镜头焦距、光圈指数、快门速度、曝光模式（手动/光圈优先/速度优先/程序）、自动测光模式、自动聚焦模式、感光度等普通相机的指标。

① 有效像素数。有效像素数指数码相机拍摄一幅图像所能采集的最大像素数。和扫描仪的分辨率一

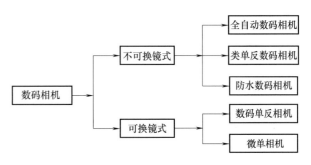

图 2-11　数码相机的分类

样，数码相机的分辨率是拍摄记录景物细节能力的度量。厂家给出的分辨率值常常是数码相机拍摄一幅数字图像中所包含的总像素数值。因为数码相机中的感光元件 CCD 或 CMOS 为面状排列，其成像平面尺寸是定值，因此可以用一次成像时的总像素数来衡量数码相机记录景物细节的能力。常见的数码相机像素数有：1620 万、1800 万、2230 万等。

② 镜头焦距。数码相机的镜头有固定焦距和变焦镜头两种。用固定焦距拍摄图像时，观景窗内看到的景物大小，也就是拍摄下来的图像大小；变焦镜头不仅可调整焦距以获得清晰的影像，还可实现景物的拉近与放大功能。

③ 曝光方式。与普通相机一样，拍摄时根据所摄景物的光线强弱，相机可以选择光圈的大小或快门速度来控制曝光量的大小，从而获得曝光量合适的影像。

④ 感光度。传统相机本身无感光度可言，感光度指的是感光胶片的感光速度。数码相机本身包含用于接收光线信号的 CCD 芯片，因此感光度是数码相机本身的参数。

通常数码相机感光度分布在相当于感光胶片感光度的中、高速范围，多数数码相机的感光度高于 ISO100，有的数码相机的感光度是唯一的，也有的相机给出了一定的感光度调整范围。

⑤ 图像文件格式。图像文件格式是拍摄所获得图像存储的文件数据格式。一般有 JPEG、RAW、TIFF 和 DNG。其中使用最广泛的是 JPEG 格式，RAW 格式文件除保存图像信息外，还能保存摄影设置参数。

⑥存储器种类以及存储能力。数码相机拍摄的数字图像，以文件形式记录在存储器上。数码相机采用的存储器分为内置式存储器和可移动式存储器。大多数数码相机既有内置式存储器又可使用可移动式存储器。

二、输　出　设　备

印前系统将经过处理的数字图文页面数据，通过不同的输出设备进行输出。通过激光

照排机（Imagesetter）输出可供晒制印版的分色加网胶片；通过计算机直接制版机（Platesetter）直接输出可上机印刷的印版，计算机直接制版又可分为计算机脱机直接制版和计算机在机直接制版。通常，CTP（Computer-to-Plate）指计算机脱机直接制版。计算机在机直接制版也称在机直接成像（DI，Direct Imaging）；还可以通过数字打印机或数字印刷机直接输出样张或印品。经过印前处理的数字图文页面数据，由不同的输出设备输出，直至成为印刷品的工艺流程如图 2-12 所示。

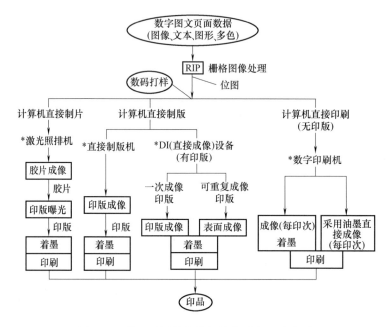

图 2-12　基于不同输出设备的印刷流程示意图

1. 激光照排机

胶片记录设备可以按整机结构分为外鼓式、内鼓式、平台式以及绞盘式结构。目前市面上经常见到的为前两种结构。

（1）外鼓式激光照排机　外鼓式记录设备有一个合金制的滚筒，如图 2-13 所示。信息记录材料贴附在滚筒外表面，在滚筒侧面的记录头上装有多束激光。记录过程中，记录滚筒带动信息记录材料旋转，在记录头电机和丝杆的驱动下，滚筒侧面的记录头沿滚筒轴向移动，使用多束激光对胶片或印版曝光。计算机送来的二值图文数据控制激光束的"通/断"，在信息记录材料上成像，直至按需将版面记录完毕为止。

（2）内鼓式激光照排机　记录材料贴附在滚筒内壁上，滚筒中间有一个转镜，随镜面的转动，激光束投射到记录材料上。照射到转镜上的激光束受二值图文记录数据控制，形成对材料的曝光，记录时转镜每转动一周，沿轴向移动一步，再进行下一周的记录，直至全部图文记录完毕为止，如图 2-14 所示。

（3）胶片记录设备的技术参数　胶片记录输出设备的主要技术参数为：输出分辨率、重复精度、记录精度、输出幅面、记录速度和激光波长等。其中，输出分辨率和重复精度是衡量照排机性能的两个最重要的指标，也是划分激光照排机档次的标准。

① 输出分辨率。输出分辨率又称为记录分辨率，它是指激光照排机在单位长度内可

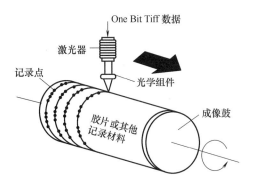

图 2-13　外鼓式照排机原理

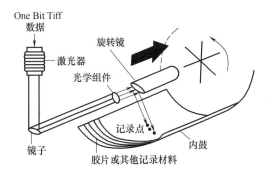

图 2-14　内鼓式照排机原理

以记录的光点数量 dpi 或线数 lpi。输出分辨率越高，激光光点的尺寸就越小，光点的密集程度就越高。在相同的加网线数条件下，输出分辨率越高，组成一个网点的光点数就越多，由网点形成的图像能表示的灰度级也就越多，阶调层次就越丰富。当激光照排机的输出分辨率和输出加网线数确定后，可计算出相应的灰度级，即：

$$灰度级＝(输出分辨率/加网线数)^2＋1$$

提高输出分辨率能够产生更为精细的阶调，层次更为丰富的半色调图像，但这要增加输出的数据量，从而降低照排机的输出速度。为了满足用户协调分辨率高低引起的输出质量和输出速度之间的矛盾，照排机上常有几挡分辨率供选择。

② 记录精度。记录精度是以成像区域内任何一处横向或纵向的 12in 长直线在两张不同软片上的长度之差作为度量方法，差值大，记录精度低；差值小，记录精度高。

③ 重复精度。重复精度是指版面某个点在两次重复输出中是否能精确位于同一位置上的能力。彩色印刷分四色输出，在印刷过程中再叠印形成彩色，其相互套准的精度在很大程度上与重复精度有关。重复精度受纵横两个方向的扫描精度影响。

记录精度和重复精度的区别是：记录精度指将记录点准确地在其对应位置曝光的能力；重复精度指同一颜色像素点在输出的 4 张分色片上准确套合的能力。对于输出分色胶片，关注重复精度比关注记录精度更重要。但记录精度是重复精度的基础，若记录精度差，重复精度也不可能好。

2. 直接制版设备

（1）平版直接制版设备　平版直接制版分为脱机直接制版和在机直接制版。

① 脱机直接制版设备。直接制版机的结构和激光照排机的结构一样，都可以按整机结构分为外鼓式、内鼓式和平台式，不同的是，直接制版机需要根据感光版的类型和性能构建对应波长的专门成像系统。直接制版机的技术参数与激光照排机的也基本一样。

外鼓式直接制版机的优点是激光与印版靠近，不仅降低了对激光质量以及对光学系统对准的要求，而且能量损耗小，加上可采用多束光曝光。既适用于大幅面印版的作业，也适用于需要曝光能量较大的热敏版材。

内鼓式直接制版机，由于其光路长，能量有一定损失，特别对转镜转速较高的设备，需采用更高功率的激光或较高敏感度的印版，多用于记录敏感度较高的印版（如紫激光版材等），少数用于热敏版材。另外，内鼓式直接制版机需要用较大力量弯曲印版边缘，印版处理相对困难，不适合大幅面制版。

CTP 直接制版机的工作原理：由激光器产生的单束原始激光，经多路光学纤维或复杂的高速旋转光学裂束系统分裂成多束（通常是 200～500 束）极细的激光束，声光调制器按计算机中图像信息的亮暗等特征，对激光束的亮暗变化加以调制后，激光束变成受控光束，再经聚焦，几百束微激光直接射到印版表面曝光，在印版上形成图像的潜影。曝光后的版再经显影处理，既可制成可直接用于印刷的印版。

② 在机直接成像制版设备。在机直接成像印刷与传统印刷非常相似，只是印版是在印刷机上采用数字成像方式制成，其后的印刷过程是模拟过程，即传统印刷过程，也就是在机直接制版印刷技术，所以其关键是印版直接成像技术，分为一次性印版直接成像技术和可重复性印版直接成像技术两种。

一次性成像印版技术是指将数字化的图文信息直接在印版表面成像，印版不能够重复使用。这种技术的关键是印版的一次性成像性质，印版表面的成像物质一旦经过成像处理，其性质即被破坏，不能恢复。一次性成像印版技术主要以提高印刷精度与效率为核心，并省去胶片或印版制作以及人工上版过程，当印刷内容改变时，必须重新换版并重新成像制版。

可重复印版技术是采用计算机直接制版的版材，在印刷完成后版表面的图文可以被擦除，还原印版成像前的性质，因而可以重新用来制版。

可重复印版技术的基础是可转换聚合物。可转换是指材料的表面特性为了适应印刷或制版的要求，可从一种状态转化成另一种状态。即在印刷之前印版成像时，其表面基础的亲水斥油的特性能够通过某种物理化学的变化转换成亲油斥水的特性，并在整个印刷过程中保持其性能不变。在印刷结束后印版上的图像又可以被擦除掉，即通过物理化学作用使表面特性恢复到原始状态，并可以反复使用。

印版的这种可重复使用特性和使用寿命取决于材料的性质、内部的物理化学变化以及成像方式。目前常用的可重复成像印版技术有：基于热传递的柔性版直接成像制版、基于烧蚀法凹印滚筒直接成像制版、基于喷墨的直接成像制版、基于磁技术与调色剂的直接成像制版、基于光电效应的直接成像胶印版制版等五种。

随着计算机直接制版技术在胶印印刷领域内取得成功以及相应的光、电、机配套技术和配套设备的研究与应用，计算机直接制版技术在柔印、凹印、网印领域也获得了较大的发展。

（2）柔性版直接制版设备　计算机直接制取柔性版的方式有两种，一种激光成像直接制版系统，另一种是激光雕刻直接制版系统。

激光成像直接制版系统是计算机用数字信号指挥 YAG 激光，产生红外线，在涂有黑色合成膜的光聚版上，通过激光将黑膜进行烧蚀而形成阴图，然后进行与传统制版方法相同的曝光、冲洗、干燥、后曝光等加工步骤，制成柔性版。典型的机器是 Esko 公司的 CDI（Cyrel Digital Imager）计算机直接制版系统。

激光雕刻直接制版系统是以电子系统的图像信号控制激光直接在单张或套筒柔性版上进行雕刻，形成柔性印版。

① CDI 计算机直接制版系统。在数字化工艺流程中，比较典型的是 Esko 公司的 CDI 计算机激光直接制版机，如图 2-15 所示。

　　CDI 是一种外鼓式双激光头的柔性版直接制版机，使用了 60W 的 YAG 激光器产生红外线，可直接在赛丽专用版材上进行曝光。

　　CDI 数字制版工艺流程如下：

　　装版→揭去保护膜→激光成像曝光→背曝光→主曝光→冲洗→烘干→去粘→后曝光

　　曝光前，柔性版材需要安装在可快速转动的滚筒上。当真空吸气装置启动时，操作人员将版材安置在滚筒上，在激光成像之前揭去保护膜，滚筒转动，吸气装置将版材吸附在滚筒

图 2-15　Esko 公司的 CDI Spark 4260
计算机直接制版机

上。版材的连接处用胶粘带密封以达到真空，然后将机盖盖上开始激光成像曝光。

　　由桌面系统输入的数字信号，通过计算机控制柔印直接制版机 CDI 内的 YAG 激光，滚筒旋转，激光头沿着滚筒轴向移动进行曝光。红外线在版材的黑色表层上进行曝光，将需要成像部位（图文部分）的黑色层消融，使图文部分的感光树脂外露，而非图文部分不受影响，保持原状。此时的黑色表层看上去像阴图片，与感光树脂紧密密合。红外激光对感光树脂没有任何作用［感光树脂只对紫外光（UV）敏感］。激光烧灼形成的烟雾与微粒由真空净化装置进行净化，使合成膜消失后不留任何痕迹，如图 2-16 所示。

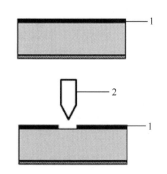

图 2-16　CDI 激光成像示意图
1—黑色保护层　2—激光烧蚀

　　为了保证质量，曝光期间滚筒的转速不能太快。因为，当对厚版材进行曝光时，转速高会产生较大的离心力作用，使版材脱离滚筒。较低分辨率曝光时，激光束聚焦形成的网点较大，且单位面积能量较低。适当的低速可使激光能量重新恢复到原有水平。激光成像后，将印版从 CDI 中取出，放入带有 UV-A 光源的传统曝光机中进行背面曝光，如图2-17所示。激光从版材的背部开始对单聚体进行逐渐曝光。单聚体见光聚合，曝光的时间决定了最终版材的厚度。这是一个非常关键的工序，因为在印刷中版材的厚度直接影响图像网点扩大及网点扩大补偿。

　　图文部分的黑色表层被灼烧洞穿后，就可以进行主曝光了，此时黑色表层遮光材料只是充当底片的作用。又因为黑色遮光材料与树脂层充分复合为一体，所以曝光时不需要抽真空，不会发生真空泄漏现象。主曝光和背曝光时分别使用上下两个光源，无需翻面，因而总曝光时间缩短，避免了不均匀性和烂点现象，从而得到高质量的感光聚合印版，如图 2-18 所示。

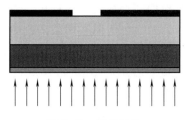

图 2-17　背面曝光

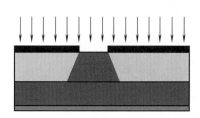

图 2-18　主曝光

UV 曝光后，将印版送入传统洗版机中冲洗，黑色表层遮光材料与未曝光部分的树脂被溶解而冲走，形成凸起的图文部分，如图 2-19 所示。

然后，用热风将印版上的溶剂残余物去除，如图 2-20 所示，再进行充分的 UV 曝光。使残余的光敏聚合物完全硬化，见光聚合反应彻底，降低版材的黏度。最终完成阶段蒸发溶剂残余物，从而维持版材的正常尺寸。

图 2-19　显影冲洗

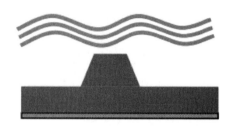

图 2-20　干燥

② 激光直接雕刻制版系统。激光雕刻的柔性版制版系统是一种直接制版（Direct-Digital-Form）系统，以电子系统的图像信号控制激光直接在单张或套筒柔性版上进行雕刻，形成柔性印版，制版过程全数字化。经雕刻完成的印版只需用温水清洗掉灰尘马上就可以上机印刷，体现了高精度简便快速制版过程的优势，具有良好的发展前景。

激光直接雕刻制版系统主要由两大部分组成：桌面出版系统和激光雕刻系统。

通过扫描原稿，用图像信号控制激光束直接在橡皮滚筒上雕刻制成橡胶版，接口采用标准的数据文件格式，可接受桌面系统的数据文件，也具备编辑、校正、连晒和其它预处理功能。操作界面简单灵活，系统也可读取光盘图像文件和网络图像文件。

激光雕刻制版通过计算机输出信号控制 CO_2 激光束在特制的印版材料上进行扫描，受激光扫描部分的材料分子气化形成凹陷的非图文部分，而印版上未被激光扫描的部分将形成印版的图文部分。

柔性版直接雕刻技术具很多优势，主要表现在：①不必干燥冲洗，省掉了冲洗环节，节省大量费用。②由于不必再对印版进行干燥（通常普通柔版干燥时间长达 2～3h），因而可显著缩短制版时间。③雕刻柔版可保证印版质量稳定，而在光聚合物印版的冲洗中，印版膨胀和干燥不良易造成印版厚度偏差。④直接雕刻柔版不再需要数字激光曝光制版系统所需要的一些设备（如曝光机、冲洗机、干燥器和后处理机），可减少投资。⑤整个工作流程全数字化，工艺过程大大简化。

图 2-21　凹版计算机直接制滚筒系统

（3）凹版直接制版设备　自 1985 年起，就能够采用数字控制的雕刻头直接制作凹版滚筒。这意味着印版数据都直接来自计算机，而不是来自对模拟胶片的扫描，因而在凹版印刷中，计算机直接雕刻滚筒技术的使用比平版印刷中计算机直接制版技术要广泛很多。图 2-21 是凹版印刷系统中数字控制的雕刻机。

计算机直接制凹版技术从雕刻的技术手段上可以分为机电式雕刻和能量束雕刻两大类，前者在计算机给出的图文信号的驱动下，用雕刻刀在凹版滚筒上雕刻印版；后者则用高能量的能量束在凹版滚筒上烧蚀印版。

① 机电雕刻制版技术。机电雕刻技术根据驱动方式可以分为电磁式驱动和压电晶体驱动两种。

a. 电磁式驱动雕刻技术。电磁式雕刻机的雕刻对象是镀铜的凹版滚筒。雕刻时，滚筒转动，安装有雕刻刀的雕刻头沿滚筒轴向步进移动或连续移动，形成各圈分离或者螺旋线形的雕刻轨迹。

雕刻刀由电磁场驱动，而电磁场直接受到雕刻信号的控制。雕刻信号是具有某种频率而振幅大小受图文深浅调制的信号。在雕刻过程中，受雕刻信号控制的电磁场驱使雕刻刀按某种频率震动，震动的幅度大小随图文深浅改变。在转动的滚筒表面，雕刻刀尖在震动中切入铜层，使一部分铜被切下，形成网穴，随后进行圆周方向下一个网穴的雕刻。滚筒圆周方向一圈的网穴雕刻完毕，进入下一圈的雕刻，直至整个滚筒雕刻完为止。

电磁式雕刻机雕刻形成的网穴属于"网穴深度和面积都可变"类型，由此实现凹版图文深浅变化的基本要求。

b. 压电晶体驱动雕刻技术。采用压电晶体代替电磁场对雕刻刀进行驱动。在不同电压作用下，压电晶体的伸缩量变形不同，用变形造成的驱动力推动雕刻刀，完成对凹版网穴的雕刻。

② 能量束雕刻制版技术。能量束雕刻制版技术利用能量烧蚀的方式制作凹版印版，分为激光雕刻制版技术和电子束雕刻制版技术。

a. 激光雕刻制版技术。激光直接雕刻金属需要高功率的激光器，尤其是对于反射率高的铜层。在雕刻中，激光的能量将金属急速融化，最终获得网穴。

激光直接雕刻制版方式由于需要非常高的激光能量，使用受到限制，因而采取了另一种激光烧蚀掩膜的技术，该技术同于柔性版制作中激光烧蚀掩膜技术，是一种用激光间接生成凹版网穴的技术。

在镀铜的凹版滚筒表面涂布抗腐蚀层（也称为掩膜），用多路激光烧蚀图文部分的抗蚀涂层，使铜层露出。烧蚀完毕，对露出图文的滚筒进行腐蚀和后续处理，即可获得凹版滚筒。

用这种方式制作的凹版应属于"网穴面积率可变而网穴深度相同"的"网点凹版"。烧蚀的分辨率可以很高（最高可达 5090dpi），因此，文字和图形的精细程度高于普通的机电式雕刻。

b. 电子束雕刻制版技术。利用高能电子流烧蚀凹版网穴的技术。电子束雕刻机的雕刻频率达到 150000 个网穴/s，直接烧蚀铜层，形成面积和深度双调制的网穴。这种雕刻技术需要在真空仓内进行，设备体积大，成本高。

（4）丝网直接制版设备　与平版、凹版、柔性版直接制版一样，制作丝网版也可以借助专门的直接丝网印版设备，将计算机中的数字丝网页面数据直接输出制作丝网印版。采用喷墨技术直接制丝网印刷的设备如图 2-22 所示。

工作原理如图 2-23 所示：激光喷墨打印机在印前图文数据的控制下，将图文喷印在预先涂好感光胶的网版上，然后用紫外光对网版进行全面曝光，喷墨部分是图文区域不透光，无化学反应，未喷墨部分是空白区域，感光胶发生固化，接着与传统制版一样，进行冲洗、显影，形成丝网印版。

图 2-22 采用喷墨技术的直接制丝网印版的设备

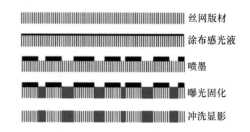

图 2-23 采用喷墨技术直接制丝网印版示意图

3. 数字印刷机

数字印刷是将数字页面数据直接转换成印刷品的一种印刷复制过程。在数字印刷中，数字化已从输出制版胶片或印版延伸到直接输出印刷品。数字印刷技术的定义为：由数字信息直接在非脱机的影像载体上生成逐印张可变的图文影像后，利用呈色物质将该图文影像传递到承印物形成印刷品，并满足批量生产要求的印刷技术。

数字印刷也称为按需印刷或可变数据印刷，因为在每次印刷输出之前都必须重新成像，可以根据用户需求印刷出逐印张内容不同的印刷品。数字印刷机采用的主要成像机理有：喷墨成像、静电成像、离子成像、热敏成像、电凝聚成像、磁记录成像等，如图 2-24所示。其中静电成像、喷墨成像应用最为广泛。

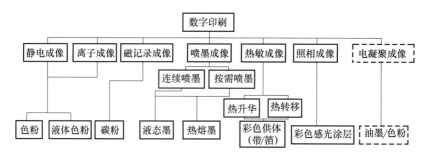

图 2-24 数字印刷的分类

（1）喷墨成像式数字印刷机 喷墨成像印刷时油墨从微细的喷嘴喷射到承印物上，通过油墨与承印物的相互作用，使油墨在承印物上形成稳定的影像。为使油墨具有足够的干燥速度，并使印刷品具有足够高的印刷密度和分辨率，一般要求油墨中的溶剂能够快速渗透进入承印物，而油墨中的呈色剂（一般多为染料）应能够尽可能固着在承印物的表面。所以一般的喷墨印刷系统都必须使用专用配套的油墨和承印材料（纸张），使用的油墨必须与承印物匹配，以保证良好的印刷质量。

从机理上讲，喷墨打印属于高速成像体系，根据喷射方式的不同，墨滴的产生速度可以在每秒钟数千滴到数十万滴的范围内变化。为了加快打印速度，通常采用线阵列多嘴喷头的体系。

喷墨印刷有多种喷墨方式，总体上分为连续式喷墨方式和按需喷墨方式两大类，如图2-25所示。有时，不同的喷墨方式决定其可采用的油墨，如连续喷墨方式和热泡式喷墨方式只能采用液体油墨，而压电式喷墨方式还可以采用热熔油墨。

① 连续喷墨印刷。连续喷墨印刷是指喷墨印刷系统在印刷过程中，其喷嘴连续不断地喷射出墨滴，用一定的技术方法将联续喷射的墨滴进行"分流"，使对应图文部分的墨滴直接喷射到承印物上，形成图像，对应非图文部分的墨滴被偏转喷射方向，喷射到回收槽中转移回收。

连续喷墨印刷又分为二值连续喷墨和多值连续喷墨印刷，如图 2-26 和图 2-27 所示。多值连续喷墨喷射到承印物上的墨

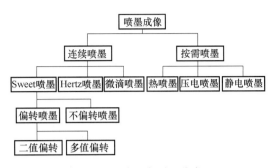

图 2-25　喷墨印刷的分类

滴会根据给出图像信号的大小不同带上不同的电荷值，在偏转电极的作用下偏转不同的角度，从而到达承印物上不同的位置。

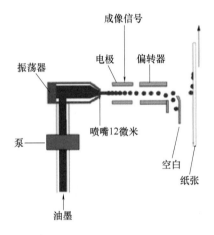

图 2-26　连续二值喷墨系统

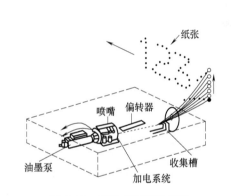

图 2-27　连续多值喷墨系统

② 按需喷墨印刷。按需喷墨印刷是在图文信号的控制下将墨滴从喷嘴中喷出，即只有在需要成像时才将喷嘴中的墨滴喷出。按需喷墨比连续喷墨的分辨率高，但速度慢。

按需喷墨印刷有热喷墨（气泡喷墨）、压电喷墨、静电喷墨三种印刷方式。

a. 热喷墨。热喷墨印刷设备中，打印头墨水腔的一侧为加热板，墨水腔装有喷孔，如图 2-28 所示。印刷时，加热板在图文信号控制的电流作用下迅速升温至高于油墨的沸点，与加热板直接接触的油墨汽化后形成气泡，气泡形成的压力使油墨从喷孔喷出，到达承印物，形成图文。一旦油墨喷射出去，加热板冷却，墨水腔依靠毛细作用从贮墨器吸入油墨，重新注满。

b. 压电喷墨。压电喷墨印刷设备是利用压电晶体的振动或变形产生压力喷出墨滴。当压电产生脉冲时，压电晶体发生变形产生喷墨的压力，将油墨挤出形成墨滴，并高速飞向承印物，这些墨滴不带电荷，不需要偏转控制，直接射到承印物上形成图像，而压电晶体则恢复原状，墨水腔中重新注满墨水，如图 2-29 所示。

c. 静电喷墨。静电喷墨印刷设备是在承印材料和喷墨打印系统之间产生一个电场，通过向喷嘴发送一个基于数字页面数据的控制脉冲来产生墨滴。这些脉冲导致墨滴释放，

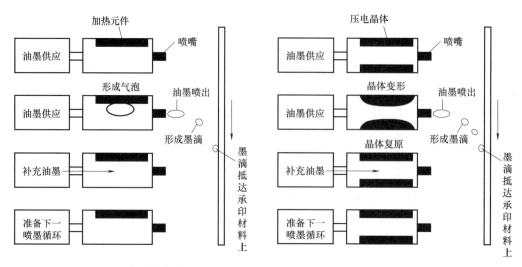

图 2-28　热喷墨印刷　　　　　　　　　　　　　图 2-29　压电喷墨

并沿指定路径通过电场到达承印材料，如图 2-30 所示。

（2）静电成像式数字印刷机　静电成像是利用某些光导材料来成像，这些光导材料具有在黑暗中为绝缘体，而在光照条件下电阻值急剧下降，变为导体的特性。把这种光导材料附到一个圆筒形的鼓形零件上，形成光导鼓，光导鼓通常放置在暗盒中，静电成像过程如图 2-31 所示。

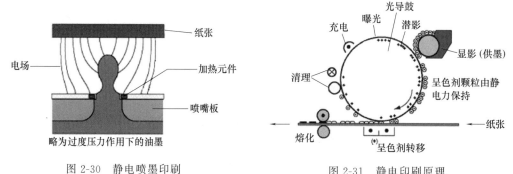

图 2-30　静电喷墨印刷　　　　　　　　　　　　图 2-31　静电印刷原理

静电照相数字印刷可以归结为 6 步：充电、曝光、显影、转印、定影（熔化）、清理。

① 充电。充电的目的在于使光导鼓或光导皮带表面产生均匀分布的电荷，为光源在光导体表面曝光做好准备。

② 曝光。在这一过程中，光导鼓表面与页面图文部分对应的区域被激光束曝光，而不带图文的部分（即页面中的白色部分）则不曝光。这里，所谓曝光是指那些负电荷减少的区域，而不曝光的区域的电势不变，在这种电势差的作用下，就有着墨和不着墨的区别。此后，再使带有静电潜像的光导鼓接触带有负电荷的油墨或墨粉，则原来被照射的部分吸附墨粉，形成与页面内容对应的墨粉像，转印到纸张上。

③ 显影（着墨）。光导鼓表面的均匀电荷分布在曝光后发生改变，即电荷的电位不再均匀，从而在电荷与呈色剂颗粒间产生电位差，使得呈色剂颗粒被吸附到成像表面，原来

不可见的潜像转为可见的墨粉像，这可能就是称为"显影"的原因。

因此，显影的必要条件是潜像表面应具有足够的静电场，呈色剂应带有适量电荷。

④ 转印（呈色剂转移）。显影过程仅完成呈色剂颗粒从输墨装置到光导鼓表面的转移，如果不能再次转移到纸张，则静电照相复制过程就没有结束。因此，显影过程完成后需通过对纸张背面作电晕充电使呈色剂颗粒转移到纸张正面，而呈色剂从感光鼓到纸张的转移本质上类似于传统印刷的转印过程，因而称为"转印"。

对纸张背面充电时将产生两种效应：首先，充电工艺将建立使纸张吸引到光导材料表面的引力，导致纸张与呈色剂颗粒的密切接触；其次，充电过程还将建立一种拉力，促使呈色剂颗粒吸附到纸张表面。

呈色剂通常是直接转移到纸张上，但也有通过中间体转移的系统，例如光导鼓表面的呈色剂先转移到转印鼓或转印皮带上，再转移到纸张。

⑤ 定影（熔化）。呈色剂转移到纸张表面后，呈色剂颗粒是"浮"在纸张表面，尚未"落地生根"。因此，转移过程结束后还需要熔化过程，呈色剂颗粒熔化后才能在纸张上产生永久性的图像。由于这一原因，熔化过程又称为"定影"。尽管呈色剂熔化的方法有不少，但均离不开对呈色剂加热使之软化直至熔化，因为只有熔化后的呈色剂才能渗透到纸张纤维内，使之牢牢地固结在纸张上。

⑥ 清理。清理过程的主要任务有两个：一是清除鼓面上残留的呈色剂颗粒，二是采用与充电时相同的电晕装置或其他手段对光导鼓表面作放电处理。

（3）离子成像数字印刷机　离子成像印刷过程类似于静电成像印刷。主要不同之处在于，静电成像印刷是先对光导鼓全面充电，然后对其进行曝光生成潜伏影像；而离子成像印刷的静电图文是由输出的离子束或电子束信号直接形成的。离子成像印刷的静电图文鼓使用更坚固、更耐用的绝缘材料制成，以便接收电子束的电荷。

如图 2-32 所示，离子成像数字印刷机工作时，图文信号控制离子发生器产生相应的电子束，并被引导到作为成像表面的滚筒绝缘表面上，形成电子潜像。后面的过程与静电成像式数字印刷的过程完全一致，热成像鼓上的电子潜像转动到显影单元的位置时，电子潜像吸附带正电的呈色粒子。已吸附了呈色剂粒子的绝缘表面转动到压印辊位置，由压印辊对纸张加压。在该压力作用下，绝缘表面与纸张表面紧密接触，在巨大的压力下，电子潜像吸附的呈色剂粒子转移到纸张上。热成像鼓后面安装有刮板，刮下未被转移的呈色剂粒子。清洁单元擦除绝缘表面可能剩余的电子，完成一个循环。

（4）热敏成像式数字印刷机　热敏成像式数字印刷机利用热效应，采用特殊类型的油墨载体（如色带或色膜）转移图文信息。热敏成像技术主要分为热转移（热蜡转移）和热升华（燃料热升华）两种。这两种技术中，油墨提供给供体（单张或卷筒材料），再通过热能转移到承印物接受体（或先转移到中间载体，再转移到承印物上）上获得印品。

① 热转移。热转移是通过加热将油墨熔化到载体薄膜（即供体）上，液态油墨在低压下

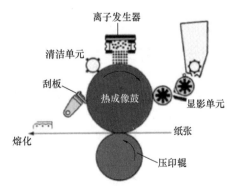

图 2-32　离子成像数字印刷

转移到承印材料上的过程，如图 2-33 所示。这种印刷方式，可通过具有特定涂层厚度、颜料浓度和色相的供体来预先设置印刷光学密度。当加热元件被关闭时，则没有油墨转移。热敏头能够很容易地控制图像区域的加热，并完成不同数量油墨的转移，尽管转移油墨的浓度保持恒定（不变），但网点尺寸可以变化。

② 热升华。热升华印刷成像时，染料受热产生热升华反应，由供体上扩散转移至接受体上形成影像，如图 2-34 所示。热升华印刷设备的主要成像器件是一排发热元件线阵组成热敏头，热敏头可根据输入的像素颜色值信息控制加热温度。而温度的高低又控制着染料扩散的多少，以此来表现灰度等级。染料的品种有黄、品红、青三种基本颜色。经过受热升华过程就可以在接受体上得到应有的颜色类别和一定的密度。热升华印刷，其网点直径大致保持不变，但色彩密度发生了变化。

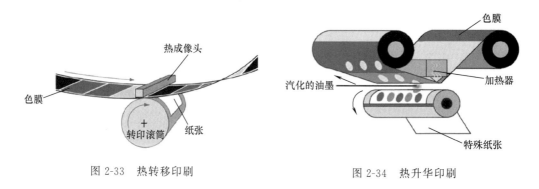

图 2-33　热转移印刷　　　　　　图 2-34　热升华印刷

（5）电凝聚成像式数字印刷机　电凝聚成像技术通过电极之间的电化学反应导致油墨发生凝聚（金属离子诱导凝聚），从而使油墨固着在成像滚筒表面形成图文影像，没发生电化学反应（即非图文区域）的油墨依然是液体状态，可通过刮板的机械作用，将其去除。这样滚筒表面只剩下图文区域的固着油墨，通过压力的作用将固着在成像滚筒上的油墨转移到承印物上，完成印刷过程。

在电凝聚成像过程中，正极是一个旋转的金属成像滚筒，如图 2-35 所示。该滚筒携带油墨。印刷成像头由数千个极细的金属丝组成，这些金属丝成行排列，作为负极。记录图文影像的过程中，成像头发出低压电脉冲，以 0.05～4μs 的时间间隔通过油墨。电脉冲通过油墨到达成像滚筒，并在滚筒表面发生微量的电解反应，该反应导致诱导油墨凝聚的铁离子释放，最终导致油墨凝聚。脉冲时间的差别可以形成大小和厚度变化极其精确的墨点，从而形成连续色调的图像。这个过程严格按照计算机控制的图像及信号间隔来攫取油墨，并使其凝聚在滚筒上。一旦信号中断，微量化学反应立即停止，没有任何拖延。

（6）磁记录成像式数字印刷机　磁记录成像利用的是磁带的信息记录原理，依靠磁性材料的磁子在外磁场的作用下定向排列（磁化效应），形成磁性潜影，再利用磁性色粉与磁性潜影之间的磁场力的相互作用，完成潜影的可视化（即显影），最后将磁性色粉转移到承印物上即可完成印刷，如图 2-36 所示。

（7）数字印刷机技术参数　目前市场上数字印刷机技术参数主要包括：印刷幅面、成像技术、印刷类型、准备时间、成像分辨率、色组数、印刷速度、可否双面印刷、是否交付使用等。

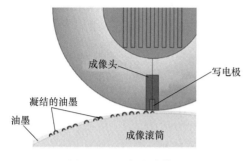

图 2-35 电凝聚成像

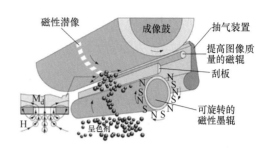

图 2-36 磁成像数字印刷

4. 彩色数字打印机

彩色数字打印输出设备通常可用于少量的印品输出，有时也被用作数字预打样设备。彩色打印机有高、低档之分，目前使用的多是国外产品。按打印原理不同，可以分为针打式、喷墨式、热升华式和激光式等。

① 针式彩色打印机。针式彩色打印机是最便宜也是最早的彩色输出设备，价格低廉、操作方便、使用成本低，由于它以直接撞击的方式来打印，因此可以复写，在使用票据频率较高的单位如银行、税务使用比较广泛，但是噪声大、分辨率低、输出效果差，彩色图像打样更是力不从心，属于彩色打印机的低档产品，适合文字输出。

② 喷墨打印机。喷墨打印机是经济型打印机，其工作原理与喷墨印刷工作原理相同，详见喷墨印刷。

③ 激光打印机。激光打印机是印前系统的主要输出装置之一，应用非常广泛，主要用于打印单色印品，在办公自动化中用得很多。激光打印机是一种典型的静电成像印刷系统，工作机理详见静电成像式数字印刷机。

④ 热升华打印机。热升华打印机是一种非银盐成像方式的打印机，影像的形成过程是染料从给予体转移到接受体的过程。热升华是热敏成像技术中的一种，其原理与热升华式数字印刷机的相同。热升华彩色打印机采用连续色调打印，输出效果细腻精美，用于要求彩色输出效果极高的场合，适合高档消费用户的需求。

打印机主要技术参数有：打印方式、分辨率、打印速度、打印宽度、打印长度、通讯接口、内存、对输出语言的适应性等。

习　题

1. 一套完整的数字印前系统由哪几部分组成？
2. 印前系统包括哪些输入设备及输出设备？
3. 印前系统应用软件包括那几大类？
4. 扫描仪工作原理及其技术参数？
5. 激光照排机的结构类型有哪些？各有何特点？
6. 试比较数字印刷与传统印刷的异同。
7. 根据成像原理来划分，数字印刷机可分为几类？
8. 试述喷墨成像数字印刷的原理。
9. 试述静电印刷过程。

10. 热升华印刷的特点有哪些？

11. 查阅资料说明排版软件、拼大版软件、RIP 软件、流程软件等印刷专用软件的功能。

参 考 文 献

［1］ 刘真，邢洁芳，邓术军. 印刷概论［M］. 北京：印刷工业出版社，2008 .

［2］ 金杨. 数字化印前原理与技术［M］. 北京：化学工业出版社，2006.

［3］ 赵秀萍，顾翀. 柔性版印刷技术［M］. 北京：中国轻工业出版社，2013.

［4］ 刘真，史瑞芝，魏斌，许德合. 数字印前原理与技术［M］. 北京：解放军出版社，2005.

［5］ 张逸新，刘春林. CTP 技术与应用［M］. 北京：印刷工业出版社，2007.

［6］ 刘全香. 数字印刷技术［M］. 北京：印刷工业出版社，2007.

［7］ 刘全香. 印刷图文复制原理与工艺［M］. 北京：印刷工业出版社，2008.

［8］ 郝清霞，郑亮，刘艳，田全慧. 数字印前技术［M］. 北京：印刷工业出版社，2007.

［9］ 谢普南，王强主译. 印刷媒体技术手册［M］. 广州：新世纪出版公司，2004.

［10］ 杨净. 数字印刷及应用［M］. 北京：化学工业出版社，2005.

［11］ 周奕华. 数字印刷［M］. 武汉：武汉大学出版社，2007.

［12］ 刘真，朱明. JDF 和全数字化印刷［J］. 中国印刷与包装研究，2009（2）：47-52.

第三章　数字印前图形文字处理技术

图形（Graphics）原稿通常是由人工创作绘制或由计算机图形软件设计绘制生成的矢量图，而不是从客观世界直接获取的实际场景画面或以数字化形式存储的任意画面。与色彩与阶调都连续变化的图像不同的是：图形是由一个个相互独立的图形对象组合而成，而这些图形对象又可以由点、线、面、体等几何元素和填充色、填充图案等构成。文字是特殊的图形，在计算机内以编码的形式处理，输出时对字形的描述与图形类似。

第一节　印前图形文字系统的功能与体系构成

印前图形文字系统是印前系统中的一个子系统，用于创建数字页面中的图形文本对象。计算机图形系统包括处理、存储、交互、输入和输出 5 个基本功能，满足这 5 个基本功能包括硬件组成和软件。硬件组成如图 3-1 所示。

（1）输入功能　将对图形操作（定义图形、绘制图形和修改编辑图形等）的有关数据和操作命令输入到计算机中去。目前图形和文字常见的输入设备有键盘、鼠标、轨迹球、游戏棒、数字化仪、图形输入板、光笔、触摸屏、数据手套等；利用图像扫描仪

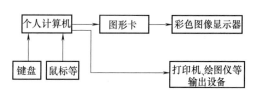

图 3-1　印前图文系统的硬件组成

和数码相机将待复制的图形先以图像采集的方式，采集输入成栅格图像数据，再利用矢量化软件自动或手动跟踪栅格图像中的图形路径，转绘为图形，也是常用的图形输入方法。

（2）处理功能　包含图形形体设计、分析的算法程序库和形体描述的文件库。最基本的功能有点、线（直接和曲线）、面（平面和曲面）的生成，图形的求交、分类，基本集合变换，光照模型、颜色模型的建立和干涉检测等。

（3）存储功能　对图形数据进行存储，尤其是对图形的几何数据、拓扑关系及属性信息的存储。这些数据可以存放在内存中，也可以存于外存中。

（4）交互功能　通过图形显示终端和图形输入设备实现用户与图形系统的人机通信。用户可以在现场实时对图形显示终端上所显示的图形进行在线的操作（增加、删除、修改和编辑等），以得到满意的设计结果。

（5）输出功能　图形直接输出功能包括显示输出功能和硬拷贝输出功能。显示输出主要是将图形的设计结果或先前已经设计好的图形在显示终端上显示出来，供用户审视或修改。硬拷贝输出则是将那些需要长期保存的或需以印刷形式复制的图形制成硬拷贝输出。显示器、激光照排机、直接制版机、打印机、数字印刷机、数码打样机等印前输出设备都可以用于图形的显示和输出。在数字印前中，通常将创建的图形存储成图形文件供页面排版时使用，最后以图文混排的页面形式输出。

目前，印前图形应用软件主要有 CorelDraw、Freehand 和 Illustrator 等。

第二节　数字印前图形处理机理和技术

对于计算机来说，图形和图像是两种很不相同的媒体，图形与图像的生成、描述、存储、处理以及输出等方面都存在差异，图形学和图像处理技术在计算机发展初期就是两门相对独立的学科。然而，图形与图像在很多场合下又是很难区分的。随着多媒体技术的飞速发展，图形与图像的结合日益紧密。图像软件往往包含图形绘制功能，而图形软件又常常具备图像处理功能。本章重点讲述印前图形的相关技术，第四章重点围绕印前图像处理展开论述。

一、数字印前图形的定义

图形指由人工徒手绘制或用计算机绘制工具构造绘制的、具有某种形体特征和填充效果的二维或三维画面视觉信息体，更多的时候称为矢量图形。例如椭圆是由椭圆边缘的一些点形成的轮廓和轮廓内的填充两部分组成，椭圆的颜色取决于椭圆轮廓曲线的颜色和轮廓内的填充颜色。对于矢量图形，我们可以通过修改描述椭圆轮廓的曲线来更改椭圆的形状，也可以移动、缩放、变形，或者在不改变图形显示质量的前提下，改变具有矢量性质椭圆的轮廓颜色和填充颜色。

点、直线、矩形、圆、椭圆、圆弧、Bezier 曲线和样条曲线等都是组成图形的基本图元。每个基本图元由输入的形体特征数据（几何坐标数据）和属性数据（包括色彩、线型以及点符的大小等）来定义。

印前数字图形对象突出特点是：任何一个图形对象都有一套自己独立的描述数据，并分别独立存在，所以图形对象都具有独立性和可拾取性，即任何一个图形对象在软件界面上都是独立可拾取、可移动、可操作、可编辑的。与图像相比，图形侧重于依据形体特征进行绘制和构造。根据对形体特征的数学描述，可以形成图形描绘算法，借助计算机硬件和软件完成图形的生成、处理、传输和输出。

面向印刷复制的图形，其页面特征有：图形所占据的空间（平面/立体）、形状、图形内部填充颜色/图案、轮廓颜色/图案等。按空间特性分类，图形可分为：

零维：标记点，特征有形状和颜色；

一维：线，特征有线型（虚线、实线等）、线的粗细和颜色；

二维：平面，特征有填充的内容和颜色；

三维：体，特征有透视、阴影、材质、表面特征等。

二、数字印前图形的创建

图形在计算机内是用形体特征参数（几何坐标参数）和属性参数共同描述。

1. 图形的形体特征参数

形体特征参数指图形在页面坐标系统中的几何形状定位参数。通常，规则图形（矩形、圆形、椭圆形等）由相关函数与规则图形的定位坐标值来共同描述；自由图形则由节点、直线和曲线组合而成，其中的曲线又可以采用 Bezier 函数或 B 样条函数描述，直线和节点可用页面坐标的坐标值描述。简而言之，可以将矢量图形看作是计算机存储的一组数学公式，或存储了相关数学函数的参数。

例如：在计算机上用图形处理软件画了一个圆形，计算机在存储时并非像图像文件存储那样，对圆上每个坐标点颜色都进行存储，而一般只记录圆心坐标、圆的半径、圆内填充以及轮廓的色彩信息即可。圆心坐标、圆的半径属于图形的形体特征参数，圆内填充以及轮廓的色彩信息属于图形的属性参数。

由于图形的形体特征是用坐标值来描述和定位的，所以，坐标系统的选择和转换计算在图形数据的处理、存储和传输中非常重要。图形形体特征信息在不同的设备之间传输，其实质是描述图形的几何形状坐标值在不同坐标系统中的转换。数字印前常使用页面坐标作为描述图形的坐标系统，原点在页面的左下角，坐标单位可以根据选择分别为：磅、厘米或英寸。

2. 图形的属性参数

计算机描述一个图形，除了上述对几何形状的描述外，还必须对几何图形的颜色、线型、填充图案、符号、笔宽、图层、叠印关系等进行定义和说明，这些统称为图形的属性参数。

属性参数是非几何定位参数，例如颜色、线型和大小等。在绘图软件程序中，常采用的描述方法是：为每个输出图形扩充相关的属性表来包含合适的属性。例如：直线除了端点坐标外，还包含有颜色、宽度、线型等其他属性参数。下面以线条的属性为例说明图形的属性参数的应用。

图 3-2 是线条的数字描述记录，序号即线条的 ID 号，后面记录了线条由几个子线构成，并记录线条节点的坐标值。线条的属性参数包括：线型、线宽、线条的颜色等，可以看出线条的属性参数都是与再现显示相关的参数。

| 序号 | 子线数K | 节点数N₁ | 节点1坐标 | … | 节点N₁坐标 | … | 节点数Nₖ | 节点1坐标 | … | 节点Nₖ坐标 | 线型 | 线宽 | 线条颜色 | … |

形体特征参数 | 属性参数

图 3-2　线条的数字描述

（1）线型属性包括实线、虚线和点线等　线条再现显示的过程中，沿构建的路径按照一定的规律着色/不着色即可以生成各种类型的线型。

（2）线宽属性　在线条再现显示的过程中，沿构建的路径按照线宽属性的规定像素着色。

（3）颜色属性　在线条再现显示的过程中，沿构建的路径按照颜色属性的规定颜色着色。

3. 数字印前图形的创建

正因为图形在计算机内是以形体特征参数（图形定位参数）和属性参数分别描述的。所以，印前图形软件处理图形的过程可以分为两个阶段：

① 首先利用构建路径的工具构建图形的路径（路径为创建的待着色的任何线条或形状）。如图 3-3 所示，在屏幕上构建的同时，图形的形体特征参数就记录在相应的图形文件中。

② 然后进行路径的着色处理，如图 3-4 所示，着色处理的过程中，要确定该路径着

色的宽度、线型、颜色。利用图形软件的各种菜单命令和面板选择，可以在屏幕上按照事先的设计对路径着色，在屏幕上着色的同时，图形的属性参数也就记录在相应的图形文件中。

同样，根据存储的图形形体特征参数和属性参数，计算机也可以将该图形在屏幕上显示出来，硬拷贝输出设备将图形在某种承印物上复制出来。

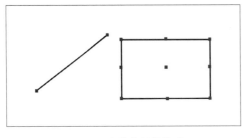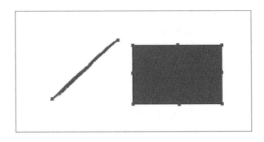

图 3-3　图形路径的构建　　　　　图 3-4　数字印前图形处理软件

三、数字印前图形处理软件

数字印前常用图形处理软件主要有 CorelDraw、Freehand 和 Illustrator 等。基于矢量的图形软件最适于创建简单的画稿或用于创意文字处理。图形软件是以描述点、线、面、体的数据结构为处理对象，其典型的基本功能包括：

① 各种基本的图形元素的生成，包括点、各种直线和曲线、各种基本图形（圆形、矩形、多边形等）。利用这些基本元素，通过焊接、拼接、成组、三位化等功能形成复杂的平面形状和立体图形。

② 具有对边框和封闭的区间进行着色和填充处理的功能和文字排版功能、美术字特效处理功能。

③ 具有对页面上的各种图形对象的管理工具，对图形上任何一个线段或者形体都可以独立索引和分层管理。

④ 图形软件与组版软件的基础数据结构都是建立在页面矢量描述的基础上的，所以图形软件和组版软件的功能正在相互接近。但专业图形软件具有更多的灵活性，更适合自由度大的文字排版设计。

第三节　数字印前文字处理机理和技术

印前文字处理过程，是指利用文字信息处理系统对文字进行录入，并根据版面设计的要求，组成规定版式的工艺过程。

一、印前文字处理的主要内容

首先确定合适的字体、字号、行距、字距、版式等，然后依据这些确定好的要求将文字原稿上的文字排列组合。（详见第五章第一节数字排版技术）

（1）选择字体　字体是具有相同形态风格的文字或图形符号的集合。不同的字体代表不同的风格，因此在排版时酌情选用不同字体对印刷品的外观和质量有重要作用。常用于中文教材、书刊或正式公文的汉字字体有：宋体、黑体、楷体、仿宋体等；而广告、包装设计、各种产品标签常使用：隶书体、魏碑体、姚体和美术体等。

（2）选择合适的字号　文字排版时，要根据内容、版式选用大小适当的文字进行组合。不同的排版方法，表示文字大小的规格单位是不同的。常用计量文字大小的方法有号数制和点数制，国际上通用点数制，中国现在采用的是号数制为主，点数制为辅的混合制。中文书刊的正文文本字大通常选用五号字。

（3）版面设计与排版规格　排版之前，设计人员需进行版面设计。以书刊为例，主要设计内容有：版面的大小；各级标题和正文的字体和字号；页边距、行间距以及段落和章节之间的距离；插图的位置以及是否有书眉和脚注等。并绘制出所设计的版面格式，排版人员根据版面设计的要求进行操作。

二、数字印前文字处理机理

在计算机出现之前，印刷主要采用传统的活字字模来完成，这种方式工艺复杂，成本高、效率低，技术含量低。随着印刷技术进入光与电的时代，印前文字处理则采用照相排版的方式来完成。目前印前文字处理已进入计算机文字处理的信息化时代，即采用计算机软硬件系统进行数字印前文字处理。

数字印前文字排版是指使用数字印前系统进行文字输入、编辑排版、照排软片输出、计算机直接制版或者数字印刷直接输出复制的技术和方法，是当今印前文字信息处理的主流方式。数字印前文字排版涉及计算机软硬件方面的诸多知识，对于印前文字信息处理而言尤为重要的有三点：文字的录入方法、文字的编码技术和字库技术，其中录入方法解决的是文字信息的输入问题，编码技术解决的是文字信息的存储与管理问题，字库技术解决的是文字信息的输出问题，如图 3-5 所示。

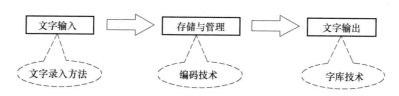

图 3-5　文字信息处理的相关技术

文字尤其是中文，每个字符实质上就是一个复杂的图形符号。若从文字输入时就按图形的方式描述处理，即便是一页文字，其处理的工作量也很大。计算机处理文字的方法是：输入时将文字信息编码，即用一个固定的代码代表一个字母或一个文字字符，如英文以一个字母作为文字处理单位，对 26 个字母逐个地确定代表数码；汉字一般以一个整字作为文字信息处理单位，需要对每一个整字确定唯一的代表数码，这些数码统称为代码。计算机中处理的是文字的代码。文字信息编辑排版完毕，再通过代码调用字库中相应的字母或文字字符原形进行可视化输出。

1. 文字的键盘输入

键盘输入法是最常见的文字输入法。通过键盘把输入的每个文字字母、数字、各种符号和文字字符转换成它们所对应的代码，供计算机处理。目前使用的汉字键盘输入法可以分为五类，如图 3-6 所示，其中音码和形码中的五笔字型为最常用的键盘输入法。

音码输入法以汉字的拼音作为输入依据，这类输入法很多，如全拼、双拼、智能 ABC、微软拼音、拼音加加、紫光拼音等。音码输入法的优点在于不需要特殊记忆，只要会拼音，按拼音

语音输入

汉字输入法
- 键盘输入
  - 对应码：如区位码、电报码、内码等
  - 音码：如全拼、智能 ABC、微软拼音、紫光拼音等
  - 形码：如五笔字型、郑码等
  - 音形码：如自然码、二笔输入法等
  - 混合方式：如万能五笔
- 光电扫描输入

图 3-6　汉字输入法

的方式击打键盘上的各键，就可以输入汉字，符合人的思维习惯。其缺点在于：①同音字太多，重码率高，输入效率低；②对用户的发音要求较高；③难于处理不认识的生字。这类输入方法非常适合普通的电脑操作者，应用非常广泛，但还不能很好地满足专业印前处理人员高效录入文字的需求。

形码输入法以汉字的字形（笔画、部首）作为输入依据。汉字是由许多相对独立的基本部分组成的，例如，"好"字是由"女"和"子"组成，"助"字是由"且"和"力"组成，这里的"女"、"子"、"且"、"力"在形码输入法中称为字根或字元。形码输入法是一种将字根（或字元）对应键盘上的某个单键，再由数个单键组合成汉字的输入方法。最具代表性的形码输入法为五笔字型，如图 3-7 所示就是五笔字型字根键位图，每个字按拆分后的字根击打相应的键，即可输入该字。其它形码输入法还有郑码、表形码等。形码输入法的优点是重码少，不受方言干扰，经过一段时间的训练，输入的效率会很高。缺点是需要记忆的东西较多，长时间不用会忘掉。

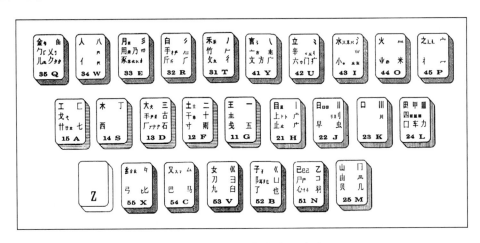

图 3-7　五笔字型键盘字根总图

2. 文字的编码处理

计算机只能处理"0"和"1"组合而成的数字，要实现计算机对汉字的存储和管理，就必须用数字去代替汉字。按一定的规则为每个汉字赋予唯一的数字代码、以实现汉字的计算机管理的技术称为汉字的编码技术，或称为汉字的编码标准（规范）。

自 1980 年以来，我国的标准化组织陆续颁布了一系列汉字的编码标准和规范，主要有：

1980 年：《GB 2312—1980 信息交换用汉字编码字符集——基本集》；

1990 年：《GB 12345—1990 信息交换用汉字编码字符集　第一辅助集》；

1993 年：《GB 13000.1—1993 信息技术　通用多八位编码字符集（UCS）第一部分：体系结构和基本多文种平面》；

1995 年：《汉字内码规范（GBK）》1.0 版；

2000 年：《GB 18030—2000 信息技术　信息交换用汉字编码字符集　基本集的扩充》。

为了实现世界上多种语言文字的统一表示、存储、处理、传输和交换，国际上相关组织也一直在致力于多语言文字的统一编码技术研究。1984 年，国际标准化组织 ISO 成立了专门的工作组，并于 1993 年公布了 ISO/IEC 10646.1—1993，即《通用多八位编码字符集（UCS）》。1991 年成立的 Unicode 联盟，于当年与 ISO 达成协议，采用同一编码字符集。

表 3-1　　　　　　　　　　　GB 2312 的区位编码表（第 16 区）

	0	1	2	3	4	5	6	7	8	9
0		啊	阿	埃	挨	哎	唉	哀	皑	癌
1	蔼	矮	艾	碍	爱	隘	鞍	氨	安	俺
2	按	暗	岸	胺	案	肮	昂	盎	凹	敖
3	熬	翱	袄	傲	奥	懊	澳	芭	捌	扒
4	叭	吧	笆	八	疤	巴	拔	跋	靶	把
5	耙	坝	霸	罢	爸	白	柏	百	摆	佰
6	败	拜	稗	斑	班	搬	扳	般	颁	板
7	版	扮	拌	伴	瓣	半	办	绊	邦	帮
8	梆	榜	膀	绑	棒	磅	蚌	镑	傍	谤
9	苞	胞	包	褒	剥					

此外，台湾地区还颁布了 BIG5 编码方案和 TCA—CNS 11643 编码标准。

在以上编码标准（规范）中，GB 2312—1980、GBK 和 GB 18030—2000 在目前的汉字信息处理中应用最为广泛，表 3-1 就是 GB 2312—1980 编码规范的其中第 16 区的编码。GB2312 将代码表分为 01～94 个区，每个区又分为 94 位，任何汉字或符号均用它所在的区和位来唯一确定，如"啊"字，所在是 16 区，区码为 16，从表 3-1 中可以看到位码是01，所以"啊"字对应的区位码为"1601"；"按"对应的区位码为"1620"。

3. 用于输出的文字字库

利用汉字的编码技术，可以解决汉字在计算机中的存储与管理问题，如要存储"啊"字，只需存储它的编码"1601"即可。但是，根据国标码"1601"却无法知道"啊"字的形状，也无法进行该字的显示和输出，这时就需要借助字库技术。字库技术是在计算机环境下描述每个文字的形状，以实现文字的显示与输出的技术。根据文字形状描述方式及字库用途的不同，目前常用的中文字库可分为两大类：图像类描述方式的点阵字库和图形类描述方式的曲线字库。

点阵字库采用栅格点阵来记录各个字的字形，每一栅格点以一位（0 或 1）表示，有笔画经过的栅格点表示为 1，无笔画经过的栅格点表示为 0，如图 3-8 所示。

点阵字库的优点有：①易于组织与管理，字库中所有的字都采用相同大小的栅格点阵

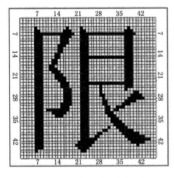

图 3-8 点阵字示意图

表示，组织方法简单且完全一致；②还原速度快，由于点阵字的组织方式简单，所有的字几乎无需处理就可以在设备上显示和输出。

当然，点阵字的缺点也是明显的：①数据量大；②质量不高；③不适于进行缩放、旋转等操作，放大时会出现明显的边缘锯齿，而缩小时又可能出现笔画缺失。

作为数字字模的最早形式，点阵字在今天仍有一定的应用市场，主要应用于手机、掌上电脑、MP3 播放器、卡拉 OK 点播机和其它一些专用设备。

曲线字如图 3-9 所示，主要有常用的 TrueType 字库和 PS 字库。TrueType 字库是 Microsoft 公司和 Apple 公司于 1991 年联合推出的按图形曲线轮廓方式描述的字库（Window 系统目录下存储的 *.ttf 文件即为 TrueType 字库），主要目的是用于屏幕显示和打印输出；PostScript 字库（简称 PS 字库）是用 Adobe 公司推出的按图形的曲线轮廓方式描述的字库，主要目的是用于印刷专业输出。与 TrueType 字库相比，PS 字库的精度更高。

4. 数字印前常用字库

字库是外文字体、中文字体以及相关字符的电子文字字体集合库，字库被广泛用于各种数字化媒体及媒介上。

（1）Type 1 字库　Type 1 字库是 Adobe 公司随着页面描述语言 PostScript 语言一起推出的。PostScript 语言对图形描述的一大特点是不采用设备像素进行，而是抽取图形实体描述。因此，这种描述方法经济而有效，并且和设备无关。PostScript 语言把文字也看成为图形，可对它施加任何类型的图形操作，从而能够产生高质量的、既符合使用要求又丰富多彩的文字输出。Type 1 字体是一段 PostScript 程序，包含一组描述字形的过程，有字形设计、数据的编码加密、字形

图 3-9　曲线字

还原质量等技术。Type 1 字形轮廓是由直线和曲线共同构成的，曲线由三次 Bezier 曲线来描述。

PostScript 语言的字体结构在 Level 1 时推出 2 种格式，分别是 Type1 和 Type3。Type3 是用户自定义字体。两者具有相似的结构，均是一段 PS 程序。但还是有区别的，Type3 字体给出的仅仅是一个框架，不包括数据和字体技术。

Type1 字形设计包括几个要素：

① 笔画。在任何 Type1 字体程序中，字符描述总是核心部分。每个字符形状都由一系列 PS 程序语句描述路径组成。字符主要垂直笔画通常被看作是垂直笔段，主要水平笔画被看作水平笔段，笔段能直能弯。

② 宽度方向的尺寸参数。西文字符控制比中文字符更加困难，因为不像中文字体框框结构，西文每个字符高度和宽度可能都不相同。西文字符宽度方向上参数有字符原点、字符宽度、左边界和左边界点。

③ 高度方向的尺寸参数。有基线、基线越界位置、顶高、顶高越界位置、X-高度、X-高度越界位置。

（2）TrueType 字库　TrueType 字库是由 Apple 和 Microsoft 在 1991 年共同推出的，供前端排版时显示和打印输出。它用数学函数描述字体轮廓外形，含有字形构造、颜色填充、数字描述函数、流程条件控制、栅格处理控制、附加提示控制等指令。

TrueType 采用几何学中的二次 B 样条曲线及直线来描述字体的外形轮廓，二次 B 样条曲线具有一阶连续性和正切连续性。抛物线可由二次 B 样条曲线来精确表示，更为复杂的字体外形可用 B 样长曲线的数学特性以数条相接的二次 B 样条曲线及直线来表示。其特点是：TrueType 既可以作打印字体，又可以用作屏幕显示；由于它是由指令对字形进行描述，因此它与分辨率无关，输出时总是按照打印机的分辨率输出。无论放大或缩小，字符总是光滑的，不会有锯齿出现。但相对基于 PostScript 的 Type 1 字体来说，其质量要差一些。特别是在文字太小时，就表现得不是很清楚。虽然打印质量没有 Type 1 字体好，但是完全可以满足一般用字的需求。

（3）TrueType 字库与 Type 1 字库的主要区别　Type 1 字库技术和 TrueType 字库技术各有优点，都是目前流行的可缩放字体，其主要的区别如下：

① Type 1 字体采用三次贝济埃曲线描述字符轮廓，而 TrueType 字体轮廓则采用二次 B 样条（Bezier-Spline）曲线描述。

② 从字体轮廓描述的精度看，Type 1 字体用比 B 样条曲线高一阶的三次 Bezier 曲线描述字符轮廓，故其描述精度高，边缘质量好。虽然 TrueType 字体采用二次 B 样条曲线描述字符轮廓，但由于 B 样条曲线本身的优点，再加上 TrueType 字库中丰富的指令集，不仅弥补了次数比三次 Bezier 曲线低一次的欠缺，且提高了字形描述的灵活性和还原速度，因此同样受到人们的欢迎。

③ 对于同一个字形轮廓，TrueType 比 Type 1 需要用较多的点才能描述出来，因此，对于同一套字体，TrueType 的数据量要大一些。

④ TrueType 使用的是二次 B 样条曲线，函数次数比 Type 1 的三次 Bezier 曲线低一次，所以字体还原速度更快一点。

⑤ 系统支持。Type 1 字体必须有 Adobe 公司提供的字体管理程序 ATM（Adobe Type Manager）来进行管理。现在用户一般都使用 windows 系统，ATM 是一个外部管理程序，这对于系统的操作会带来不便。此外，用户购买 ATM 需要支付额外费用。TrueType 字体因为是 Microsoft 和 Apple 公司联合开发的，系统内部都内置有 TrueType 的解释器，因此，系统对于 TrueType 字体支持非常好，用户也不必支付额外的软件费用。

⑥ Type 1 字体是通过 ATM 提供给应用软件使用的，它被挂接到系统时需要使用额外的内存。TrueType 字体则由操作系统来直接管理，一旦系统启动，它就发生作用，由系统统一协调和处理，应用软件安装后所附加的字体在系统启动后同时被加载，随时能够供用户使用。

（4）OpenType 字库　OpenType 也叫 Type 2 字体，是由 Microsoft 和 Adobe 公司开发的另外一种字体格式，目前该字体格式已经成为一种业内标准，越来越多的软件支持 OpenType 字体格式，越来越多的字体厂商将自己的字库升级到 OpenType 字体格式。OpenType 也是一种轮廓字体，比 TrueType 更为强大，最明显的一个好处就是可以在把 PostScript 字体嵌入到 TrueType 的软件中。该字体支持多个平台和很大的字符集，带有版权保护。可以说 OpenType 字体是 Type 1 和 TrueType 的超集。OpenType 标准还定义了 OpenType 文件名称的后缀名。包含 TrueType 字体的 OpenType 文件后缀名为 .ttf，包含 Type 1 字体的文件后缀名为 .OTF。如果是包含一系列 TrueType 字体的字体包文件，那么后缀名为 .TTC。

① OpenType 的主要优点。增强的跨平台功能；更好的支持 Unicode 标准定义的国际字符集；支持高级印刷控制能力；生成的文件尺寸更小；支持在字符集中加入数字签名，保证文件的集成功能。

Microsoft 从 Windows 2000 系统开始兼容 OpenType 字库，其系统自带的西文字库都已升级到了 OpenType 字体格式，Apple 公司也从 Mac OS X 开始完全兼容 OpenType 字库。而 Adobe 公司不仅将自己 Adobe 字体全部升级到 OpenType 格式，还推出 Adobe Creative Suite 2 软件包，其中的 InDesign，Illustrator 和 Photoshop 对 OpenType 的排版特性都有非常好的支持。

同一个 OpenType 字体文件可以用于 Mac OS，Windows 和 Linux 系统，这种跨平台的字库非常方便于用户的使用，用户再也不必为不同的系统配制字库而烦恼了。

② OpenType 文件结构。从 OpenType 文件结构来说，确切地讲它是 TrueType 格式的扩展延伸，它在继承了 TrueType 格式的基础上增加了对 PostScript 字型数据的支持，所以 OpenType 的字型数据即可以采用 TrueType 的字型描述方式也可以采用 PostScript 的字型描述方式，这完全由字体厂商来选择决定。从文件结构的角度来讲 OpenType 或许并不是一种真正新的字体格式，但是该字体格式所增加的排版特性却从功能上为用户开辟了新的用字方式，为用户提供了更高效率的排版模式。

③ 字型描述方式。OpenType 字库可以采用 TrueType 描述方式，这种字库在原有的 TrueType 字库的基础上增加了 OpenType 的排版特性，使其升级到了 OpenType 字库格式，这些排版特性的加入可以更好地控制字型的替换和排版位置。

过去前端可使用的 PostScript 字库很少，一般是 Type 1 字库，它仅能容纳 256 个字符，显然这种字型格式不适合中文字库，并且不是所有软件都支持这种格式。而 Open-Type 字体格式不仅可以包含上万的字型，而且兼容性非常好，对于图形或排版的专业人员来说前端使用 OpenType 字库是很好的选择。目前 Adobe 在大陆发行的 Adobe CS 2 专业版、标准版、InDesign CS2 软件均提供一张汉仪开元字宝光盘，该产品就是 30 款 CFF OpenType 字库。

④ 编码方式。OpenType 字体格式采用 Unicode 编码，Unicode 是国际编码标准，它为不同语言的字型分配了唯一的编码，几乎包含了世界上的所有字符。每个字符都有一个单一的 Unicode 值，所以在同一款 OpenType 字库中可以同时包含很多种语言的字型，比如西文、中文、韩文、日文、俄文等，从这方面讲 OpenType 是一种兼容各种语言的字体格式。

目前 OpenType 可以包含 65000 多个字型，对于中文字库而言最基本的字汇应该包含 GB 2312—1980 标准的 6763 个常用字型，这些字应该能满足一般用户的使用。

⑤ 排版特性。这是 OpenType 字体格式最突出的特点，它可以协助排版用户更快地设计出色版面，比如提供了分数字、上下标、自由连笔字、花饰字等功能。

（5）CID 字库

① CID 字库的定义。CID（Character Identity-keyed Fonts）格式是美国 Adobe 公司

发表的最新的多字节字库格式，所有字形描述都采用 PostScript Type 1 格式，这种标准格式保证了跨平台的高质量输出。它具有易扩充、速度快、兼容性好、简便、灵活等特点，已成为国内开发中文字库的热点。

在 CID 字库中，每个 CID 字体都有一个独一无二的编号，就是字符识别码，总字符集包括了一种特定语言中所有常用的字符，把这些字符排序，它们在总字符集中排列的次序号就是各个字符的 CID 标识码；CMap（character Map）为字符映射文件，将字符的编码映射到字符的 CID 标识码，再用 CID 标识码从 CIDFont 文件中取到字形信息。

CID 字体必须安装在 RIP 伺服机或印前系统内，安装程序有点复杂，通常由字体供货商或系统管理员安装。CID 字体是 PostScript Type 1 字体的延伸，但也可以是 CID-OpenType 字体。通常 CID-PostScript 字体分前端字及后端字互相呼应，前端可以是 TrueType 字，安装在工作站（PC 或 Mac 机），而后端字可以是 CID-PostScript 字体，就是必须安装在 RIP 或印前系统中。

② CID 字库的内容

a. 总字符集。针对一种特定的语言，制定一个字符集，包含所有常用的字符，并把它们排序。这些字符在总字符集中的序号就是它们的 CID 标识编号。字库开发商可以制定命名自己的总字符集。

b. CMap 映射文件。类似于 Type 1 字体中的"编码（encoding）"，CMap 文件中记载着字符的编码和 CID 标识码之间的对应关系。但在 Type 1 字体中一次只允许最多 256 个字被编成代码以供使用，而 CID 字体可以支持大字符集，用户可以同时用几千个字符。

一个 CMap 文件可以映射整个总字符集，也可以只映射它的一个子集，可以引用其它的 CMap 文件来重组字库。利用它，可以支持双字节编码、支持 Unicode。只要在文件中写明编码和字库的 CID 号码之间的对应关系就行，能够灵活、自然、方便地支持 GB 码、GBK 码、BIG5 码等。

c. CIDFont 文件。该文件中存储了字库中所有字符的描述。描述完全采用 Type 1 字库格式，因此 CID 字库很容易与大部分的 PostScript 输出设备兼容，能跨越不同的平台。CIDFont 文件中还包含了字体的提示（HINT）信息，解释器能在低分辨率的设备上得到细小清晰的字形。

③ CID 字库的优点

a. 易扩充。要在现有的 CID 字库中加入更多的字符集和编码是很容易的。字库开发者可以先制作一个基本的字符集，以后再加入较多的字数来满足别的市场。这一点对字库开发商来说最有价值。CID 字库格式的"重组字库"的能力，使得字库开发商可以制造一个只有 CMap 文件的字库，用这个 CMap 文件来调用用户已经安装在系统内的其它字库。这一功能提供了极大的灵活性，同时减轻了开发的负担，降低了存储量。这样的字库其实只是一张表，记录每一个字符是从哪一个字库中借用过来的，以及这些字符和输入码之间的映射关系。

b. 速度快。在现有的打印机上通过兼容方式打印，CID 字库的速度和 OCF 字库相当，但在以后直接支持 CID 字库的 PostScript 解释器上，速度可以加快 50％。

c. 兼容性。由于所有的 CID 字库中字形的描述都采用标准的 Type 1 格式，因而能和大多数操作系统、应用软件、输出设备兼容，跨越不同的平台。如 Mac OS、Windows 和

Unix。

d. 易用性。CID 字库格式大大减少了字库文件的数量，从 OCF 字库上百个文件，减少到只有一个，存储量降低了 15% 左右，使字库的制作、安装、调试都相对容易。

e. 高质量。除了保持原有的 Type 1 提示信息外，又增加了黑白控制提示，加强了对笔画复杂的中、日、韩文的控制。在以前的 Type 1 字库中可以控制笔画的粗细，但对笔画之间的空白的控制能力比较弱，而黑白控制提示对于笔画复杂的中、日、韩文来说却显得非常重要，这种提示能在字体比较小、分辨率低的情况下，还能保持黑、白之间的比例，使中、日、韩文的输出质量有了比较大的提高。

f. 防盗版。CID 字库实质上是 PostScript 程序，受版权保护，由于开发中、日、韩文字库通常要投入极大的时间、精力、物力，比制作西文字库的投资大得多，往往需要额外的保护，在 CID 字库上很容易加装防盗保护。并且这种格式能满足亚洲市场的要求，字库和软件开发商没有必要经常改变字库格式。

三、数字印前文字处理技术

在印前图文信息的处理中，文字处理的问题其实比图形、图像更复杂，在实际工作中会经常碰到一些困难。

（1）输出系统中没有版面中相应的字体。制作的版面在打印或发排输出时死机，最有可能的原因是打印机或照排机中没有版面中使用的字体。

（2）制作时为了提高屏幕刷新速度，可以对应用软件中文字显示的范围进行设置。其意义是小于某个字号时文字不能清楚显示出来，而用灰色条代替。建议在排版结束后，将此处设置为 0，认真检查版面，以免发生文字串位、文字块丢失等问题。

（3）屏幕上文字有的显示光滑，有的显示出锯齿。特别是放大时，锯齿更明显。这是因为如果选用的是 TrueType 字体，则它无论放大多少都会显示很光滑；而如果选用的是 PS 字，且系统没用运行 ATM 的话，则显示用的是位图字，出现锯齿。这不会造成打印问题，在激光打印机上输出时自然会输出光滑的文字。

（4）用彩色喷墨打印机打出来的 PS 字为锯齿状。这是因为彩色喷墨打印机不是 PS 打印机。它的打印基本上是由打印机的控制语言控制，实现的是屏幕打印。如果屏幕上字体显示有齿，则打印出来的文字亦会有锯齿。

（5）在给客户打印校稿时，用 PS 打印机较好。因为打印机在对页面解释时使用的页面描述语言（PDL）除了 PostScript 语言外，大多数非印刷专业打印机使用的是各自的打印语言，如 HP 的 PCL 语言等。如果使用一般非 PS 打印做校稿打印，制作中有些错误可能就难以发现。特别是有关 PS 解释的错误就不易发现，这样可能会带来后续印刷复制工作上的损失。而使用 PS 打印机打印时的页面解释语言和最终的输出语言是一致的，有什么问题能尽早发现。

（6）Mac OS 系统中在输入文字时应特别注意英文及数字的输入。对英文字符的输入应该用英文输入法输入；如果在中文状态输入，则输入的为中文数字。一个英文字符占了一个中文字符格，显示很松散，不符合英文习惯。

（7）文字转换曲线的处理要注意封闭区域的填充色。如果设计时使用的是 TrueType 字体，在图形软件之中可以将其转换为曲线，即变成具有矢量图形性质的对象。此变换对于打印机、照排机没有该字体时很有用，不会因缺少字体而无法输出。另外，对特殊文字变形设计也有帮助，使文字特殊变形设计更好更快。

（8）如果遇到大段文章时，可以先在 PC 机上录入文字，将其存储为纯文本格式（.txt）。再在 SimpleText 中打开该文件或者在 PageMaker 中置入该文本，然后再排版。

（9）中文文字加粗问题。在印前设计软件中，有些软件可以对文字加粗，如"heavy 效果"、"Bold 风格"、"加粗处理"等。建议尽量不要用字体加粗效果，输出时会有双影。如 PageMaker 的"加粗"文字在输出时就有这种毛病。可将文字转换为曲线，再进行描边设置，同样可以达到加粗的效果，且输出不会有问题。

（10）文字上色问题。小于 12P 的文字，上色应注意色数少于三色。由于套印误差、纸张变形等原因引起套印不准，字太小就会因错位而露出色边，影响印品质量。因此小字号的文字设色应尽量少于三色，尤以单色（C，M 或 K）为好。两色文字最好有一色为 Y，因黄色较浅，视觉对黄色不敏感，有点套印小问题也看不出来。

（11）文字的压印与陷印。和图形一样，对文字也可进行压印或陷印设置。黑色文字一般选择压印，因为黑色与其他颜色混合后依然为黑色；对彩色文字（小于 12P 的文字）最好使用陷印，以防止露白。如果颜色能估计准确，对较小的彩色文字采用压印是非常好的办法。这样就不怕套印不准。

（12）灰色文字的处理。在印前制作中，有时会用到灰色文字。一般情况下，我们并不需要灰色下面的背景色露出来与灰色进行套印，而是需要灰色的背景是白色。当灰色成分中加入 1％ 的黄之后，灰色不再被视为黑色，而是一种混合色，因而不会发生和黑色一样的叠印。而 1％ 的网点在输出及印刷过程中已损失掉，对色彩并无影响。故此加上 1％ 的黄，让底色镂空出来，该色也就不会成为叠合色。

（13）FreeHand 中的文字处理有些问题应该仔细考虑，不然可能容易出错：

① FreeHand 8.0 可以给文字加上边线，即对文字有与图形一样的属性，有填充和轮廓性质。有时我们并不希望文字加边，但在操作时极易搞错，这时就要特别注意检查。对较小的文字来说，加上边后文字会糊成一块。

② FreeHand 8.0 的文字图框调节时，应该注意文字框的指示符号，看是否有文字没露出来。

③ FreeHand 3.1 中的 Fill and Stroke 效果的加边宽度的显示情况与经 PostScript 解释输出的情况有些差别。加边时宽度不能太大，否则也可能造成文字糊成一块。

④ 制作中所使用的字体应和输出中心的一致，尽量避免字体替换。如不能确定输出中心是否有某种字体，输出胶片时应带上字体文件，在输出时下载该字体。

⑤ 在文字的效果处理上，应特别注意效果在文字放大或缩小时的变化。由于文字的大小不一样，在设置文字效果时的参数大小也不一样。开始设置的参数很恰当，但当放大或缩小时，就不一定合适了，这时应修正相关参数。

⑥ FreeHand 中制作的基本对象变换、效果特技都能进行 EPS 输出并顺利打印。但对于文字的特殊效果则不能输出 EPS，在打印或发排时会出现问题，甚至死机，无法发排。因此对文字如果做了特殊效果，一般不要输出 EPS。如果一定要用，最好的办法是将文字转为曲线，再做类似的效果；也可以通过打印文件的办法把文字效果置入排版软件。

第四节　数字印前专色处理技术

图形与文本的着色特点之一是：与连续调图像不同，它们的颜色通常不是连续变化的。图形与文本的着色特点之二是：它们的颜色不是来自自然景观，而是人为设计色。针对这两个特点，图形与文本常常采用专色印刷的方法。

一、专色印刷的定义与特点

专色印刷流程指利用已经调配好的颜色（专色，已经用原色颜料或油墨调配好的颜色）对印刷对象进行填色。专色又称特殊色，该印刷流程适用于图形文本对象。

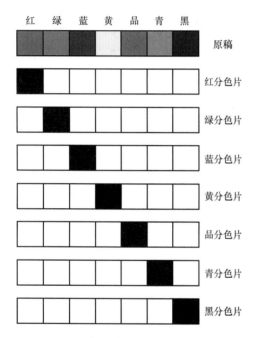

图 3-10　专色印刷的分色过程示意图

原色印刷与专色印刷的差别不是颜色本身的区别，而是形成颜色过程的区别（可以说印刷成色的过程不同），前者是分版配色技术，后者是油墨配色技术。例如同样是棕（M50，Y50，C30），印刷色分布在 MYC 三块版上，M 版 50％的网点，Y 版 50％的网点，C 版 30％的网点，印刷时用原色墨叠印成棕色；专色只出一块版，用 50％的 M、50％的 Y 和 30％的 C 三原色油墨比例配成的油墨印刷成棕色。

专色印刷输出使用专色颜色库中的颜色，在进行分色输出时，一种专色将得到一张分色片。同样输出一个颜色，采用 7 种原色油墨颜色表示时，经分色输出会得到七张分色片，如图 3-10 所示（见彩色插页）。

淡色（Tint）是专色印刷工艺实践中常用术语，指各种专色经过加网颜色变浅的版本，其实质是专色颜色三属性中的彩度和明度发生了变化。加网后的版本相当于用该专色与白色混合，因为网点部位仍然是该专色，而在网点之间是白纸的颜色，如图 3-11 所示（见彩色插页）。淡色印刷可以利用一块专色版印刷出一系列的不同深浅的层次，例如，在地图印刷中常利用棕色加不同的网点面积率的网线，得到一系列深浅不同版本的棕，用来表示不同高度的陆地地势。根据需要，专色也可以和专色叠印，加网后的两个系列的专色叠印可以获得的色彩层次更多。

当然对于图形原图也能采用分色（原色印刷工艺流程）的原理复制，但是，使用原色叠印出图形中的细小点和线条是很困难的，所以细小的图形对象最好选择采用专色印刷工艺流程，而对一些专色太多，颜色比

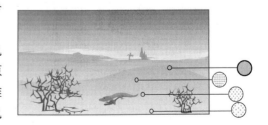

图 3-11　专色印刷中的单色表示方法

较复杂的卡通类或漫画类原稿，可以考虑使用原色印刷的工艺流程。

二、计算机专色配色原理与技术

油墨的色相是影响印刷品质量的关键指标之一，因此，油墨的调配就成了印前必不可少的工序。专色配色的基本原理是以色彩合成与颜色混合理论为基础，以色料调和方式得到同色异谱色的效果。随着电子计算机技术的发展，计算机可以存储大量的数据，具有高速运算能力，借助色度学的理论能对大量的油墨基础数据及颜色数值进行处理，通过人机对话进行配色，速度快、精度高，将其引入印刷领域，可使色彩管理和质量检测更现代化。从目前的发展态势来看，计算机专色配色已经成为油墨配色中的一个重要组成部分。

计算机专色配色具有减少配色时间，降低成本，提高配色效率的特点，能在较短的时间内计算出修正配方，并可将以往所有配过的油墨颜色存入数据库，需要时可立即调出使用，修色配方及色差的计算均由计算机数字显示或打印输出，最后的配色结果也以数字形式存入记忆体中，操作使用十分简便。专色配色系统可以连接其他功能系统，如可以连接称量系统，将称量误差降到最小；再现性提高，若工艺流程为连续式，可在印品上设置印品质量监视系统，当有任何异常情况发生时，就会立即停机，减少不必要的浪费。

1. 计算机配色原理

应用得最广泛、最普遍也是最成功的光学模型是由 P. Kubelka 和 F. Munk 于 1931 年提出的二光通理论，即通常所说的 Kubelka-Munk 理论。印刷行业应用该理论则始于 20 世纪 70 年代。美国、日本等国家开发的计算机配色系统，基本上采用这个理论。

Kubelka-Munk 方程的基本形式如公式 3-1，说明半透明膜层的反射比是吸收系数 K（代表在无限厚的平面介质中，扩散照明光入射后，微元厚度介质层对光的吸收率）、散射系数 S（代表在无限厚的平面介质中，扩散照明光入射后，微元厚度介质层对光的吸收率）、层厚 X 和基底反射比 ρ_g 等四个参数的函数。

$$\rho = \frac{1 - \rho_g(a - b\coth bSX)}{a - \rho_g + b\coth bSX} \tag{式 3-1}$$

式中，$a = 1 + (K+S)$，$b = (a^2 - 1)^{\frac{1}{2}}$；

$\coth bSX = [\exp(bSX) + \exp(-bSX)]/[\exp(bSX) - \exp(-bSX)]$（双曲余切函数）。

通过对 K-M 理论的一系列推导，给出了适于配色计算的函数最简形式及其导数形式：

$$K/S = \frac{(1 - \rho_\infty)^2}{2\rho_\infty} \tag{式 3-2}$$

$$\rho_\infty = 1 + (K/S) - [(K/S)^2 + 2(K/S)]^{\frac{1}{2}} \tag{式 3-3}$$

式中 ρ_∞ 指无穷大厚度时的波长反射率。

到目前为止，计算机配色（CCM）的基本原理仍然沿用 K-M 理论。例如光谱视觉匹配方法、计算机反射光谱法配色、电脑配色逼近算法等都是以 K-M 理论为基础的。在计算油墨配方时，可以按光谱反射比曲线直接匹配，也可以按三刺激值匹配。

2. 计算机配色系统

（1）配色系统的功能 计算机配色系统是集测色仪、计算机及配色软件系统于一体的现代化设备。计算机配色的基本作用是将配色所用油墨的颜色数据预先储存在电脑中，然后计算出用这些油墨配样稿颜色的混合比例，以达到预定配方的目的。

（2）配色系统的组成　计算机配色系统主要由两大部分组成，即硬件部分和软件部分。计算机配色系统的硬件部分包括分光光度计、计算机、打印机及色谱。软件部分包含操作系统和测色配色软件。

3. 计算机印刷颜色匹配系统的选取

目前计算机印刷颜色匹配系统种类繁多，但是其应用面、精确度等各不相同，在选用计算机印刷颜色匹配系统时，一定要注意以下几个问题。

图形软件中常用的颜色区配系统有 PANTONE、TRUMATCH、FOCOLTONE、TOYO Color Finder、ANPA-COLOR、RIC Color Guide 等，其中 TRUMATCH、FO-COL TONET ANPA COLORR 以印刷四色为基础发展而来的系统，其他的则都属于专色的系统（PANTONE 系统则涵盖面较广，既有印刷色，也有专色）。这也就是说，在PANTONE 专色、TOYO Color Finder 及 RIC Color Guide 等这些专色颜色匹配系统中，其中有许多颜色已经超出印刷四色色域，无法用四色油墨表现出来，系统提供的 CMYK组合数值也只是近似值。所以如果选择了专色颜色匹配系统中的颜色，而又以印刷四色分色输出，或者参考了专色在系统中近似显示的相应 CMYK 组合数值，并使用这些数值用印刷四色替换了原来的专色，结果肯定会导致色彩的失真。

目前大多数平面设计软件中都配有这些常用的颜色表示系统可供选择和使用。但是在实际设计配色时，使用哪一个颜色系统是由印刷时采用的油墨系统来决定的。由于一般的屏幕很难真实地反映实际印刷效果，所以应选择相应的色彩样本作为输出参考。

（1）PANTONE 系统　PANTONE 系统简称 PMS，是美国 PANTONE 公司最初为印刷而设计的配色系统，如今已成为全球油墨行业色彩精确传播和再现的标准色彩语言。PANTONE 系统包含原色系统、专色系统、转换系统和高保真系统。

① 原色系统。即 PANTONE Process Color 系统，是按 CMYK 的油墨百分比定义的3000 多种颜色，这些颜色都给予四色油墨所能产生的色彩以规范。

② 专色系统。即 PANTONE Formula Guide 系统，是用 14 种基本油墨配成 1114 种PMS 颜色。对其中每一个专色，均有符合 PANTONE 颜色基本色相要求的油墨配方，配方中标有相应的编号及其所配用油墨的百分比。使用时就按照专色的 PANTONE 编号上标注的油墨百分比进行配置。

③ 转换系统。由于在设计过程中经常使用 PANTONE 的专色系统来颜色设定，而输出时很多情况下都是转换成四色印刷的，这时就会出现很多颜色不匹配的问题。因此转换系统就在每种专色旁边附上用 CMYK 四色原色所能生成的最接近的颜色样品，这样可以帮助设计者判定许多很难或根本不能用 CMYK 四色方式合成的专色。

④ 高保真系统。该系统是为配合高保真色彩 Hi-FiColor 而设计的配色系统，是由CMYK 四原色加入专色橙及专色绿共 6 个原色组合产生的颜色。这个系统可以达到 95%的 PANTONE 专色效果。

（2）其他颜色系统

① DIC 颜色系统中的颜色为专色库，共有颜色 1280 种。

② Focoltone 为 CMYK 印刷四色库，有颜色 763 种。

③ Mijnsell 是一个专色库，颜色种类由用户当前的系统决定。

④ Toyo 为专色库，目前共有颜色 1050 种。

⑤ Trynatch 为印刷四色库，共有颜色 2093 种。

⑥ Grevso 为灰色库。

在使用颜色系统时，应明白专色颜色匹配系统在做分色处理时，除非专门设定将专色转换成 CMYK 四色来输出，否则，每一个使用的专色都将自动被独立地分成一个色版。同样道理，印刷四色颜色匹配系统中的颜色用于着色处理后，在进行分色输出时也将会自动按照颜色本身的 CMYK 配比数值为到四个印版上，而不会产生更多的色版。

另外要注意的是，在点阵线图环境内，所选用的颜色（如专色）使用到画布上之后，会自动转换成与应用该颜色的数据文件相同的色彩模式（如 CMYK 四色模式）。所以在点阵绘图软件中，对于专色，必须刻意地增设或指定才行（比如在 Photoshop 中增设和定义专色，可以有两种情形：若将专色作为一种色调应用于整个图像，需将图像转换为双色调模式，并在其中一个双色调印版上应用专色；若将专色用于图像的特定区域，则必须创建专色通道）；而在矢量绘图环境里，若选用或定义一个专色，则该色一起会以专色的属性存在，除非专门将此专色属性改变或转换成印刷色（比如在 Illustrator 中增设和定义的一个专色，即使被引用到其他 Illustrator 数据文件中或将使用该专色的数据文件用其他矢量软件打开等，此专色的颜色属性都不会改变）。

第五节　文字和图形的存储格式

在数字印前阶段，几乎所有的图形处理软件和排版软件都具备较强的文字处理功能，也可以将处理后的文本存储为软件本身的格式。至于以文本编辑排版为主的文本处理软件，使用最广泛的还是微软的 Word 软件，所以，Word 软件的 .doc 格式也就成为很多软件都可以接受的文本格式。除此之外，.txt 文本格式也是通用的文本格式，由于它不携带各种软件排版之后的信息，仅以基本的文字与标点符号记录数据为主，所以几乎所有的软件都可以接受 .txt 文件。

为了区别于纯栅格图像格式（参见第四章的数字图像的存储格式），本章的图形格式专指矢量图形格式，即面向对象的描述格式。这一类格式同时具备对栅格图像和矢量图形的描述和存储能力，例如 DXF 格式，是 AutoCAD 与其他应用程序交换图形数据时使用的一种面向对象的矢量图形文件格式。这类面向对象的矢量格式在数字印前中使用广泛有：EPS、PDF、AI 格式等（参见第五章的数字页面描述一节）。本章仅介绍 AI 格式。

后缀为 .ai 的文件格式是 Illustrator 软件的文件存储格式。AI 文件是一种基于 PostScript 语言的矢量图形文件，也是一种数字印前常用的页面描述文件格式。与很多图形图像文件一样，AI 文件也可以以分图层的方式来组织页面图文，用户可以将不同内容的图文绘制保存在不同的图层中。与 DXF 格式相比，AI 格式在图文可视化表示方面，如色彩的真实性、图像的高质量表示、图形的线型、光滑等方面远胜于 DXF 格式，因此，在广告、设计、印刷行业中应用广泛。

由于 Adobe Illustrator 创建的 .ai 文件是基于 PostScript 语言的矢量图形文件，所以 .ai 文件遵从 Adobe 的系统文件结构协议，因此这些文件最少包含两部分的主要内容：文件的逻辑结构和运行程序。

文件的逻辑结构包含了其他程序所需的内容，以对文件进行解释。它还包含了页面所需的 PS 语言资源，如字体和运算过程的定义等。运算集则包含了明确的方法以用于进行程序运行的开始与结束。

运行程序则描述了页面中的图形单元，它由与文件的逻辑结构相关的运算符和运行程序组成，同时还有操作对象和数据。运行程序有三个逻辑单元：一个运行标识，用于启动和激活文件逻辑结构中定义的资源；一系列的描述操作符；一个终止符，用来结束或释放资源。

运行程序存储有一系列的操作符，这些操作符是由文件的逻辑结构中定义的语言编写的一系列图形单元。这些系列单元有数据单元、图形特性参数定义以及对前面定义的运算操作的调用。

需要对 Adobe Illustrator 文件格式进行深入的了解，可以参阅 Adobe Illustrator File Format Specification 白皮书。

习　题

1. 简述数字印前图形文字系统的功能。
2. 简述图形图像的异同。
3. 相对于其它媒体，数字印前处理中图形的创建需要注意哪些问题？
4. 在应用软件中比较点阵字与曲线字放大后的显示效果的不同，并说明原因。
5. 说明不同图形应用软件中文字处理应注意的主要问题。
6. 什么是专色印刷？请说明图像处理软件与图形处理软件对专色处理机制的不同。
7. 在应用软件中选择不同印刷颜色匹配系统，观察专色配色效果的不同，说明计算机配色系统中颜色匹配系统选择的重要性。
8. 了解其他图形矢量格式的特点，并说明在不同应用程序中如何进行不同文件格式的导入与导出。

参 考 文 献

［1］ 李东，孙长嵩，苏小红. 计算机图形学实用教程［M］. 北京：人民邮电出版社，2004.
［2］ 何援军. 计算机图形学［M］. 北京：机械工业出版社，2006.
［3］ 顾桓. 彩色数字印前技术——平面设计进阶［M］. 北京：印刷工业出版社，2000.
［4］ TrueType 和 OpenType 字库简介［EB/OL］. http：//blog. csdn. net/brucehuang1982/archive/2009/10/25/4725983. Aspx，2009-10-25.
［5］ PN LPS5007-02. Adobe Illustrator File Format Specification［S］. 1998.

第四章 数字印前图像处理技术

数字印前图像处理和传统印前图像处理的目标是一致的，都是将彩色原稿图像变成符合印刷要求的印刷图像，这样才能通过上机印刷的方式复制出大量符合客户要求的印刷品。数字印前图像处理利用数字印前系统和数字图像处理技术实现，其质量、操作的速度、操作的自动化程度都是传统印前处理远不可相比的。

数字印前图像处理主要包括原稿图像数字化输入；原稿图像阶调层次、色彩、清晰度的调整；以及彩色图像分色技术；图像加网技术等。其关键技术是彩色图像分色技术和图像加网技术。

第一节 图像印前处理机理和技术

图像（Image）是利用摄影或类似的技术，获得灰度或颜色深浅连续变化的自然景观的影像，数字图像可以利用数字相机或扫描仪获得。

一、印前图像原稿

印前处理的图像原稿有传统原稿和数字原稿两大类，传统原稿指实物图片原稿，有反射稿和透射稿两大类，由于在信号处理中常常将与自然界一致的连续信号称为模拟信号，将离散化后的以数字表示的信号称为数字信号，所以本书统称传统图像原稿为模拟图像原稿。

1. 模拟图像原稿

自然景物影像、绘画、依靠光学摄影成像的底片及照片等属于模拟图像的范畴。模拟图像的特征：空间上连续、信号取值连续。

空间连续性是指图像没有按照行、列或其他方式分割成像素或其他不连续的单元，而是连续的；信号取值连续是指在构成图像的光学信号或电子信号的值域范围内，图像信号的取值可以是任意的，可以有无限多种，在信号值轴上的取值可以无限稠密。

模拟图像原稿种类繁多，高质量的原稿是获得高质量印刷品的基础和前提条件，所以，应尽可能选择反差为 2.5 左右，层次丰富、颗粒细腻、清晰度高的原稿图像，以保证印刷复制的效果。

2. 数字图像原稿

数字图像是空间上离散的、信号取值分为有限等级的、用二进制数字编码表示的图像。与模拟图像相反，数字图像由离散像素（Pixel）构成，是空间上不连续的离散信息对象。一般而言，图像空间的像素分割按照等间距的行/列进行，形成矩形的像素阵列，也可以按照非等间距进行分割，或者相邻行/列错开一定距离进行分割。

数字印前图像处理中涉及到的基本概念有：

（1）像素 表示图像信息的最小单元。像素的基本属性有：①原色通道数（用于表示像素颜色的原色数量，例如用 RGB 颜色空间表示颜色，通道数为 3；用 CMYK 颜色空间表示颜色，通道数为 4）；②每个通道的灰度值；③以行列号表示的位置属性。

（2）颜色位深度　指以多少位的二进制数值表示像素的颜色信息［参见第二章第二节印前系统常用设备，一、输入设备，1. 扫描仪，（2）扫描仪的主要技术参数］。每个像素的颜色位深度值为表示像素的原色通道数与单通道的位深度值的乘积。

例如，颜色位深度为 1，表明位图中每个像素只能用计算机的 1 位"0"和"1"表示两种颜色，通常是黑与白，称为二值图像。再如，颜色位深度为 8，则每个像素具有 8 个颜色位，$2^8 = 256$，能表示单通道图像的 256 个灰度等级或 256 种索引颜色。若颜色位深度为 24 位时，它能表示 2^{24} 种颜色，彩色图像的 R、G、B 三个通道，每个通道都有 8 位 256 个灰度等级，这样颜色会显得非常细腻、逼真，称为真彩色。

（3）图像分辨率　图像的精细程度，以每英寸（或每厘米）的像素数表示。由于数字图像在显示的过程中可以任意缩放，数字图像的分辨率常以图像的长（像素数）×宽（像素数）定义，显然，图像分辨率越高，像素点越精细，图像也越清晰，图像文件所需的磁盘空间也越大，图像文件所需的存储空间也越大，编辑和处理所需的时间也越长。

（4）图像颜色模式　数字图像定义并记录图像颜色信息的方法。数字图像的颜色模式有多种。表 4-1 中列出的是最常用且最重要的图像颜色模式，在图像处理软件中可根据处理图像工作的需要在各模式之间进行转换。

表 4-1　　　　　　　　　　　　　　　图像颜色模式及参数

图像模式	通道数	位深	可复制颜色数	用　　途
RGB	3(红、绿、蓝)	3×8 位	$2^{24}=16.78$ 百万	屏幕显示的彩色连续调图像(如彩色照片)
CMYK	4(青、品红、黄黑)	4×8 位	$2^{32}=42.9$ 亿	四色印刷的彩色连续调图像(如彩色照片)
Lab	3(亮度、红-绿值、黄-蓝值)	3×8 位	$2^{24}=16.78$ 百万	与设备无关的彩色的连续调图像的存储
索引彩色图	1	1~8 位	2~256	适合于互联网图形特殊效果
位图	1	1 位	2(黑白)	线条的绘制
灰度图	1	8 位	256(从黑到白的灰度值)	单色连续调图像(如黑白照片)

表 4-1 中的索引彩色图指基于预先定义的 256 种颜色的彩色图像。这种计算机色彩表示方法的每个像素值实际上是一个索引值或代码，计算机的 8 位表示空间就可以表示 256 个颜色。用该索引值或代码值作为颜色查找表（CLUT，Color Look-Up Table）中某一项的入口地址，根据该地址可查找出每个颜色实际的 R、G、B 色彩值。用这种方式产生的颜色虽然不能高保真地还原原稿的颜色，但是比较每个通道用 8 位空间仅表示 1 个像素颜色的真彩色，它需要的计算机存储空间小，适用于网络图像的高速传送和网页中图像的显示。

分辨率和色彩位数是选择用于印刷输出的数字图像原稿的关键要素。首先，应该保证用于等大输出时，原稿的分辨率不低于印刷输出加网线数两倍（参见第二章第二节印前系统常用设备，一、输入设备，1. 扫描仪）。其次，保证每个通道的色彩位数不低于 8 位。

二、印前数字图像处理流程

印前数字图像处理内容如图 4-1 所示，数字图像一般经过图像输入、图像印前处理、图文排版、拼大版、输出等工序，最终按流程设计的不同输出制版胶片、印版、印刷品或显示输出。

图 4-1 印前数字图像处理流程

细分图像印前处理的内容包括：对图像原稿处理（包括阶调层次、色彩和清晰度的调整）和图像分色、加网处理。图像输入和图像原稿处理是对图像原稿个性化进行的处理，是对单张原图进行的；一般会对同一个印刷作业中的所有图像同时进行分色或加网处理。图像分色、加网处理是在印刷流程中进行的。图像只有经过分色和加网，印刷输出流程才能进行。图像分色所包含的颜色分解和 RGB 到 CMYK 颜色空间转换（图像颜色模式转换）在流程中通常被分开执行，颜色分解总是在采集的过程完成，图像颜色模式转换根据需要可以在图像处理流程的任意过程完成。加网处理通常是在输出过程中实现。图文排版、拼大版、输出则是将单独处理好的图像与图形、文本组合在一起，进行排版、拼大版，然后输出的过程。该输出可以是印刷输出也可以是显示输出，显示输出不需要进行分色和加网处理。

对于模拟原稿一般通过扫描转换成数字图像之后再进行印前处理（也可利用专用于印刷的功能强大的扫描软件，在扫描过程中，通过扫描参数设置完成部分或全部对图像的印前处理）；对于数字图像原稿可以直接进行印前处理。

图像原稿处理是根据印刷图像的要求对数字图像原稿作处理，主要是按照印刷工艺条件的要求和限制，结合图像本身特点，完成对图像原稿的阶调层次、颜色调整、清晰度处理以及色彩模式转换等操作。

图文排版工序负责将图像、图形、文字按照事先设计的版式组合在一个页面上，因此，对图像而言，排版完成的是对图像的尺寸和位置的定位，排版的阶段性产品是图文合一的单页页面文件；单页页面文件经拼大版之后得到印刷幅面大小的数字页面。拼大版之后图文混排的数字页面，由专门负责输出的 RIP 软件将其转换成对应于输出设备的 One bit Tiff 格式文件，按流程的设计输出制版胶片、印版或印刷品。

三、印前数字图像处理机理

与传统印前图像处理一样，数字印前图像处理主要包括：彩色图像分色（颜色的分解与颜色空间转换）、图像原稿的印前处理以及图像的加网输出。

① 彩色图像分色中的颜色分解是在原稿图像输入的过程完成，彩色图像在扫描仪或数码相机输入过程中转换为由 RGB 分通道表示的彩色图像。由于计算机屏幕可以实时显示 RGB 三通道合成的彩色图像，所以在数字图像处理过程中可以通过预览方式进行分通道的阶调或颜色调整处理。图像分色中的颜色空间转换（从 RGB 颜色空间转换到 CMYK 颜色空间）可以通过图像处理软件中图像颜色模式转换模块完成，也可以通过其他软件如输出软件中的颜色空间转换模块完成，这些模块虽组建在不同的软件中，但是功能是一

样的。

② 图像原稿的印前处理通常是在图像处理软件（如 Photoshop 软件）中完成，是针对每幅数字图像原稿进行的个性化处理。原稿的来源不同，质量不同，处理的方法和操作就不同，要求处理人员不仅要具有图像处理软件的操作能力，而且具有一定的审美能力和印刷经验。从处理内容来讲，主要分三个方面：阶调层次调整和颜色调整以及清晰度调整，通常是先进行阶调层次的调整，再实现颜色的调整，最后进行清晰度调整。

③ 图像的加网处理通常是在输出软件 RIP 中实现（参见第六章第一节印前输出关键技术，一、图像加网原理与技术）。

第二节　数字印前原稿图像输入技术

尽管数码相机拍摄对象和扫描仪扫描对象有区别，但是两者都可以作为数字印前图像的输入设备，都可利用图像的数字化技术将连续变化的自然景观图像或模拟图像转换成数字图像。

一、图像的数字化过程

计算机只能处理数字图像，因此，数字印前图像处理的一个先决条件就是将图像转换为数字形式，数字图像可通过直接方式（数字成像的方式，如利用数码相机对景物摄影直接获得的数字图像）和间接方式（利用扫描仪对模拟原稿扫描获得的数字图像）获取。

图像的数字化过程分为三步：采样（Sampling）、量化（Quantizing）、编码（Encoding）。

1. 采样

采样是指将空间上连续的图像变换成离散点集合的一种操作，如图 4-2 所示的左半部分。采样通常由光电传感器件完成，它首先通过滤色装置将每个像素处的颜色值分解为三原色信号，并转换成与其成正比的电压值。采样频率和采样方式决定一幅图的分辨率。

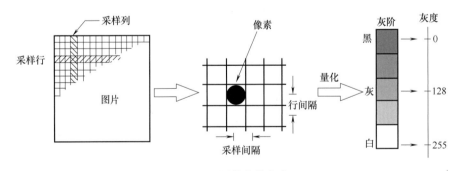

图 4-2　图像的数字化

对二维图像而言，采样频率是指单位长度内采集模拟图像信号的次数，单位是像素/in（pixels per inch，ppi）或像素/cm（pixels per centimeter，ppcm）；采样方式是指采样间隔（即采样频率）确定后相邻像素位置关系的确定。从像素相邻关系角度来分，采样方式有像素相离、相切和相交三种情况，前两种是不重复采样，后一种是重复采样，不同的采样方式获得的图像信号是不同的，缩小采样孔径较重复采样的分辨率显著提高。

对二维空间图像采样，一般用均匀采样法，将图像均匀分割成若干大小相同的图像单元（采样点），即像素，获取每个采样点 $(i，j)$ 三原色（即 R、G、B 三通道）的灰度数值 $f(i，j)$，这个值称为图像灰度采样值。整幅图像中所有采样点的采样值构成一离散函数 $g(i，j)$（其中，$i=1，2，3，…，M$；$j=1，2，3，…，N$）。

实际采样时，采样间隔（即采样频率）和采样孔径的大小直接决定数字图像对原模拟图像反映的真实程度。采样的实质就是用多少点来描述一张图像。对模拟图像的空间采样频率越高，从图像单位面积内获取的像素数就越多，得到的图像就越细腻逼真，图像的质量越高，但要求的存储量也越大。为了减少表示数字图像的数据量，只要满足采样定理，即可以从得到数字图像 $f(i，j)$ 不失真地恢复原图像 $f(x，y)$。在印刷中，通常采样频率不低于印刷输出的加网线数两倍时，即可达到印刷复制的要求。

2. 量化

量化是指将采样获得的每个像素分通道的连续灰度信号，变换成按整数递增的分级信号的操作。经采样后图像被分割成空间上离散的像素，每个像素的颜色信号也被分解为 RGB 三原色通道灰度信号，但单通道的灰度还是连续的，还不能作为印前处理的数字图像信息，必须将灰度转换成离散的整数值，才能完成图像数字化的过程。量化的位数决定了颜色信号划分的等级数，例如，8 位量化是将颜色信号值分为 2^8 即 256 级，是印刷图像处理中常用的单通道灰度级数。在量化过程中，对采样获得的灰度模拟信号进行离散处理，将落在离散信号等级之间的信号值归入邻近的等级。量化的结果决定彩色图像的颜色位深度。

一幅图像必须在空间和颜色值都是离散化的情况下才能被计算机处理，空间坐标的离散化叫做空间采样，而颜色值的离散化叫做颜色值量化。

3. 编码

编码是将采样量化后的信号转换成计算机可以存储的二进制数码的过程，这样才能对图像数据进行存储、传递和计算机处理。可以采用不同原理和方式进行编码，编码的原理和方式不同，相应地表现为图像数据格式不同。

图 4-3 以原稿中一行模拟信息为例进行转换，显示了一个模拟图像转换为 3 位数字图像的简化过程。图中第一行为模拟图像原稿，密度 $D(x)$ 表示原稿的密度值；$S_A(x)$ 表示原稿的模拟信号值；第二行曲线中的白点位置表示离散后的采样点，第二行立柱的高低表示量化后的灰度级数，$S_S(x)$ 表示采样离散后的信号值；$S_Q(x)$ 表示量化离散后的信号值；第三行是数字信号值编码的示意过程，$S_D(x)$ 表示采样和量化后的数字信号值。

二、图像原稿的输入

图像原稿的数字化输入有两种方法：扫描仪扫描输入和数码相机拍摄输入。前者用于模拟图像原稿的数字化输入；后者主要用于立体的甚至是动态的自然景物的数字化输入。

1. 扫描输入

利用扫描仪实现图像数字化输入不仅需要扫描仪，而且驱动扫描仪扫描的计算机中需要安装有相应的扫描软件，最常用的是 Photoshop 图像处理软件中的【导入】模块。扫描工艺流程为：确定扫描仪处在正常工作状态、分析原稿、预扫描、正式扫描、存储扫描

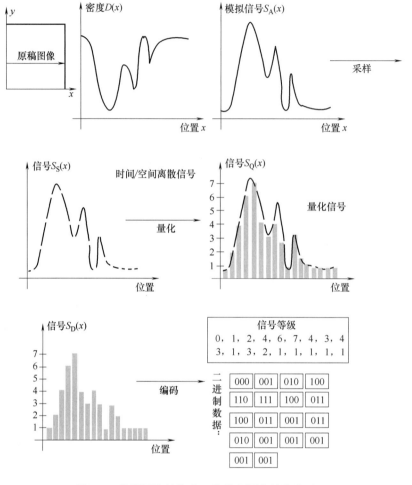

图 4-3　模拟图像转换为 3 位数字图像的简化过程

图像。

① 分析原稿。确定复制主体，重点分析复制主体的层次与色彩。必要时可以在原稿旁边贴上相应的测控条，通过测量来分析扫描输入前后阶调和颜色信息的误差。

② 预扫描。预扫描就是以较低的分辨率对图像快速扫描，目的是便于对一些扫描参数的设定，如确定扫描范围、通过预扫描的图像分析原稿的基本层次、颜色特征，以便对层次和颜色进行基本设置和适当的调节。

③ 扫描过程。扫描过程是通过扫描软件的操作界面来进行控制的，不同扫描仪的扫描软件有差异，但多数功能相似。以 Agfa 公司的 FotoLook32 V3.0 扫描软件为例来说明，操作界面如图 4-4 所示，左边是参数设置菜单，右边是扫描监视窗口。

扫描参数分为两大类：扫描任务基本参数和图像调整参数。扫描任务基本参数包括原稿类型（Original）、图像模式（Mode，即图像颜色模式）、颜色位深度（Bits per color）、扫描分辨率（Input）、阶调修正等（Flavor），其中扫描分辨率的设置非常重要，决定最终扫描图像每英寸包含的像素数；图像调整参数包括密度域（Range）、阶调复制曲线（ToneCurve）、锐化处理（Sharpness）、去网处理（Descreen）参数设置。专业扫描软件

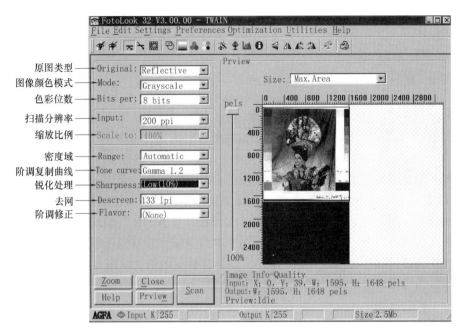

原图类型——Original: Reflective
图像颜色模式——Mode: Grayscale
色彩位数——Bits per: 8 bits
扫描分辨率——Input: 200 ppi
缩放比例——Scale to: 100%
密度域——Range: Automatic
阶调复制曲线——Tone curve: Gamma 1.2
锐化处理——Sharpness: Low (10%)
去网——Descreen: 133 lpi
阶调修正——Flavor: (None)

图 4-4　FotoLook 扫描软件界面

中，对于不同的原稿设有对应的图像调整参数，在原稿内容设定后，就可以采用相应的参数进行扫描。

扫描参数的具体设置如下（如图 4-4 所示）：

（1）扫描图像的颜色模式（Mode）设定　图像数字化过程中，必须根据原稿的类型和扫描后的要求来选择图像模式。文字、线画原稿的扫描选择"线条稿"模式，单色连续调原稿选择"灰度图"模式。彩色连续调原稿选择"RGB"或"CMYK"模式，建议选用"RGB"模式扫描和编辑：其一，因为"RGB"模式色域比"CMYK"模式色域大，在印前处理过程中，更有利于进行图像的色彩调整；其二，因为"CMYK"模式有 4 个原色通道，因此，在色彩信息量相同的情况下，其扫描文件体积大于仅有 3 个原色通道"RGB"模式的体积，需要更多的内存空间和硬盘驱动器空间。除非扫描直接用于印刷输出的图像，而且所有的印刷输出条件（包括黑版设置、纸张、油墨、印刷机等）已经确定（参见第五节数字印前图像输出技术，一图像分色技术，3. 四色印刷数字印前分色的实现）。

（2）图像的扫描分辨率（Input）设定　扫描分辨率的设置（参见第二章第二节数字印前系统常用设备，一、输入设备，1. 扫描仪），不仅直接决定扫描图像的精细程度，而且还决定扫描后文件尺寸的大小，因此要在兼容考虑文件尺寸大小和扫描图像质量的基础上，根据扫描图像的最终输出方式进行扫描分辨率的设置。

① 用于调幅加网技术输出的扫描分辨率设置。调幅加网技术输出的扫描分辨率通常根据式 4-1 设置：

$$Input = Output \times 缩放倍数 \times 加网质量因子 \qquad （式 4-1）$$

式中　Input——扫描分辨率；

　　Output——该图像印刷输出时的加网线数；

加网质量因子——保证调幅网输出质量的补偿系数，其取值范围是 1.5～2.0，通常选择 2。

例如：印刷要求加网线数为 150lpi，则扫描原大图像的扫描分辨率是 300dpi。

② 用于调频加网技术输出的扫描分辨率设置。调频加网技术输出的扫描分辨率通常根据式 4-2 设置：

$$Input＝Output×缩放倍数 \qquad （式4-2）$$

除照排机可以选择调频加网方式输出外，各种彩色打印机通常都采用调频加网的方式输出。式中"Output"指输出设备输出该扫描图像时的分辨率。

③ 用于屏幕显示或网络传输的扫描分辨率设置。用于屏幕显示或网络传输的扫描分辨率设置一般比较低，只需要选择屏幕的显示分辨率即可，通常为 80dpi 左右。

④ 线条图的扫描分辨率设置。线条图是指以细小线条描绘的图片，如工程技术图纸、黑白文字版面、漫画等。扫描时要将扫描模式设置为"线条稿"模式。用于印刷输出的扫描线条图要求线条边缘连续平滑，没有毛刺和锯齿现象，所以要求较高的扫描分辨率。通常在输出设备输出分辨率低于 1200dpi 时，以输出设备的最大输出分辨率设置线条图的扫描分辨率。当输出设备的最大输出分辨率高于 1200dpi 时，可以按照式 4-3 进行扫描分辨率的设置：

$$Input ＝放大倍数×1200dpi \qquad （式4-3）$$

（3）密度域（Range）设定　"密度域设定"中包括了与扫描图像阶调范围相关的各种设置。

当扫描模式选择灰度图、RGB、CMYK 时，如图 4-5 所示，大部分的专业扫描仪包括如下六个选项：

① 自动（Automatic）。根据预扫描得到的图像信息，扫描仪自动设置曝光量与密度范围以及黑白场（详见第三节中的黑场/白场定标）的对应关系。这个功能对于进行一般的原稿扫描设置非常有效。

② 暗调/高光（Shadows/Highlights）。用来调整扫描图像的暗调和高光区，可以选择新的暗调点作为最暗的数据值；也可以选择新的高光点作为最亮的数据值，其效果是显示出图像的更多细节，适用于图像数据局限于很小的灰度及彩色范围的图像。

③ 密度范围（Densities）。用来限定扫描仪接收的原稿密度范围。用密度计测量原稿后，输入原稿的最小密度值（D_{min}）与最大密度值（D_{max}）完成设置。扫描原稿中在密度范围以外的信息，高于设置范围最大密度值的部分映射为最大值处理；低于设置范围最小密度值的部分映射为最小值处理。可针对不同的原稿设置不同的密度范围，最大限度地接收原稿信息。

④ 曝光值（Exposure）设定。用来调节扫描仪照明光源的强弱，通过对曝光量的调节，可以使原稿（无论是反射稿还是透射稿）整体变亮或变暗。不建议使用，因曝光值较难预测。

⑤ 白场/黑场（White/Black Point）定标。是将原稿的最亮点和最暗点分别对应于扫描图像输出信号的最大值和最小值，即确定原稿进入扫描的阶调范围。其作用类似于【密度范围】确定，但操作方法不同。本方法是：通过人眼观察屏幕上的图像，找到白场点和黑场点，鼠标点击完成最亮点和最暗点的设置。具体操作如下：选择白场/黑场的定标后出现对话框，其右边是预览画面，在预览画面上选择黑场与白场，用鼠标点击选择点完成

设定，对话框左边会显示设定的黑白场值。一旦完成了黑白场定标，原稿阶调中密度值高于定标黑场密度值的映射为黑场密度值；密度值低于定标白场密度值的映射为白场密度值。通常白场选择图像中需要复制再现出的有层次变化的最亮点，黑场选择图像中需要复制再现出的有层次变化的最暗点。扫描仪的黑白场定标和图像处理软件中的黑白场定标类似（详见本章第三节中黑场/白场定标）。

⑥ 直方图（Histogam）。直方图的横坐标表示原稿图像的阶调分布情况，纵坐标表示被扫描图像中具有某一灰度值的像素总数。通过直方图可以了解到扫描图像的阶调分布情况，并对图像阶调层次进行调节。与图像处理软件中的直方图功能一样。

当扫描模式选择线条稿时，密度域设定选项中，只有设置阈值（Threshold）一个选项，需手动设置。设置的数字越小，线条越细，底色脏点、拼贴痕迹不易出现；数字越大，线条越粗，底色脏点、拼贴痕迹容易出现。

（4）阶调复制曲线（ToneCurve）设定　阶调复制曲线是输入输出的关系曲线图，横坐标为原稿图像（输入图像）阶调分布，纵坐标为扫描获得的图像（输出图像）阶调分布（详见第三节中阶调复制曲线）。反差系数，又称为 Gamma 值，是指阶调曲线中中间调部分的斜率。如图 4-5 所示，阶调复制曲线（ToneCurve）设定中包含了自行编制阶调复制

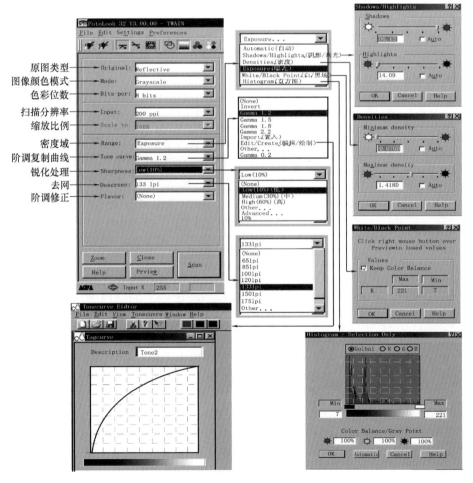

图 4-5　FotoLook 中的参数细节调整对话框汇总

61

曲线的选项，可以进行任意的曲线编辑。除此之外，扫描软件中内置了许多阶调复制曲线可直接调用。大多数扫描仪软件包都提供各种调节 Gamma 值的方法，包括 Gamma 值的数字设置，直方图的 Gamma 滑块，处理中间调以及其他色调值的曲线等。一个具有平均色调特性的图像，其 Gamma 值的设置通常要求在 1.8 左右。

在扫描软件或图像处理软件中都可以通过调节阶调曲线或 Gamma 值来调整图像的阶调层次，有关图像阶调层次调整的原理和方法，将在本章第三节中用图像处理软件 Photoshop 中的工具详细论述。

（5）锐化处理（Sharpness）设定　锐化处理就是使相邻的图像细节之间（包括层次和颜色）增强对比度。锐化处理又称为清晰度强调。锐化处理对于扫描图像是一个必要的处理过程，因图像扫描本身是一个模糊化的过程。锐化处理可以在扫描软件中进行，也可以在图像处理软件中进行，他们之间没有本质上的区别。

（6）印刷品去网（Descreen）　印刷品去网用于扫描印刷品原稿。如果原稿是加过网的印刷品，倘若不采取去网处理，输出时再进行图像加网处理时，原稿的网点信号与输出时的加网信号叠加会出现龟纹。故应在扫描时进行去网处理。应根据原稿印刷时的加网线数选择相应的去网选项。对于未经加网的原稿，则选择 "None" 无去网处理。

（7）阶调修正（Flavor）设定　阶调修正可针对 Gray/RGB/CMYK 的影像在扫描前做颜色、阶调变化，使扫描影像最终结果接近印刷输出的阶调范围，以免在输出的过程中损失某个范围的阶调层次。

确定了扫描的各选项参数后，即可进行正式扫描，最后存储扫描获得的数字图像。

2. 数码相机拍摄输入

数码相机主要用于对现实景观图像采集，并生成计算机能够处理的数字图像。由于数码相机在拍摄时，利用光学镜头的功能，可以拍摄出原景物的景深，所以，数码相机拍摄的图像更具立体感。

数码相机是以拍摄一幅数字图像中所包含的总像素数衡量其记录景物细节的能力。数码相机拍摄时，图像边长比例有多种，有摄影格式的 2：3 和电视图像格式的 3：4，甚至有 1：1 的，若数码相机成像的高和宽比例为 2：3，则数码相机的信息捕捉能力 P 与最终需要的图像分辨率 R、图像的高 h 和宽 b 的近视关系为式4-4、式4-5所示：

$$h = \frac{1}{R}\sqrt{\frac{P}{1.5}} \qquad\qquad （式 4\text{-}4）$$

$$b = 1.5h \qquad\qquad （式 4\text{-}5）$$

例如，使用 300 万像素的数码相机，要获得分辨率为 300dpi 的数字图像，则图像的物理尺寸近似为 4.4in×7.1in。

若已知数码相机的纵横方向的像素数，则可按 "数码相机横（纵）方向图像像素＝加网线数×印刷品横（纵）方向尺寸×（2～1.5）" 计算出印刷品横/纵两个方向的边长，即可知印刷品中图像的幅面。比如，若使用 3264×2448 行的数码相机拍摄，则在 175lpi 下复制的图像尺寸为 9.33in×6.99in（质量因子取 2）。

第三节　数字印前图像原稿处理技术

通过扫描仪或数码相机完成图像输入，获得数字图像原稿。对于数字图像原稿在采集过程中造成的一些不足，在数字印前系统中还可以进行处理。处理的内容主要有：阶调层次的调整、色彩的校正以及清晰度的调整，针对每幅待复制的数字图像原稿进行个性化处理，保证进入印前流程的图像原稿符合复制的要求。从上一节介绍的扫描输入内容中可以看出，一些高质量的扫描软件（例如上一节介绍的 Agfa 公司的 FotoLook32 V3.0 扫描软件）已经具备了印前图像处理的基本功能，通过这些高质量扫描软件处理的数字图像已经可以满足印刷输出的要求。本节主要介绍常用图像处理软件中进行的数字图像原稿处理技术。

一、原图的阶调层次调整

1. 阶调层次含义

图像中存在着许多不同明暗/深浅的层次，它们之间差异造成的视觉印象可以用"阶调"和"层次"来描述。阶调和层次都可以描述图像的明暗或深浅变化，但两者描述的侧重点有差异。

阶调（tone）侧重对图像层次变化的整体状况描述。例如："阶调分布"指图像中各种不同明暗等级的统计分布状况；"阶调长短"指图像最亮、最暗阶调值所构成的范围；"高调人像"是指整体上十分明亮的人物肖像。

层次（gradation）指图像颜色明暗或深浅的分级。侧重对明暗等级之间差别的大小进行描述。例如："拉开或压缩层次"是指将明暗等级之间的差别增大或减小。

图像的阶调范围是由图像最亮点与最暗点之间可分辨层次多少决定的。在阶调范围一定的情况下，等级之间的差别（层次差别）越小，阶调范围所容纳的层次数就越多。

通常，可以将图像的阶调范围分为：极高光、高光、中间调和暗调四部分。其中高光是指由高亮度层次构成的阶调。若以 0~255 数值描述图像的亮暗层次变化，高光在数值上处于灰度等级 240 附近的一个范围内；中间调是中等明亮程度层次形成的阶调，是构成图像的主要部分，在 127 左右的一个较大范围内，通常对彩色图像的调整主要针对中间调进行；暗调则是指由明亮程度低的层次构成的阶调，灰度等级大约在 12 附近的范围内。极高光一般是图像中小面积区域，由极其明亮的区域构成，印刷品图像中的极高光一般是没有网点的区域（绝网区域），灰度值在 255 附近的一个很小的范围。有时为了突出图像中特别暗（最暗）的部位，又从暗调中划分出极暗调，其灰度值在 0 附近的一个狭小的范围内。

2. 阶调复制曲线

阶调复制曲线是横坐标为原图阶调分布，纵坐标为复制品阶调分布的关系曲线，是原图阶调数值与印刷品阶调数值之间的对应关系曲线，如图 4-6 所示。

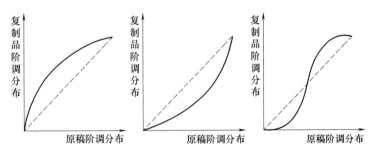

图 4-6　印刷阶调复制曲线示意图

定量度量图像亮暗层次的度量值可以是光学密度 D、色度值 L^*、网点面积率等。图像阶调再现是彩色复制的核心，再现的阶调越长，层次越多，越能真实表现原图中的色彩变化和质感。由于印刷品可再现的阶调范围远远小于自然景观或其他表现方式，因此，合理设置印刷复制图像的阶调分布，并根据原稿进行调整，才能保证被复制图像阶调层次整体结构的完整性，避免阶调和色彩信息的损失。阶调层次的复制制约着色彩的再现，是实现最佳图像复制效果的基础。阶调层次的再现是印前处理的重要内容，也是图像再现质量控制和评价的主要指标。

3. 印刷图像再现阶调压缩的必然性

彩色复制中采用的原稿种类繁多，密度范围相差甚大。大多数原稿密度范围远大于印刷品密度范围，如果没有控制地对阶调进行处理，印刷过程中，会丢失一部分重要的阶调层次。例如，无意丢失的高调或暗调区域的阶调层次，很多情况下属于表现原图像内容的重要阶调层次，丢失的结果会造成复制图像阶调或色彩失真。因此，在印刷复制的过程中要有控制地进行阶调压缩，使能表现原稿的最主要阶调层次得以保留，使人眼感觉复制图像的整体阶调层次与原稿最接近。

对于模拟原稿，彩色透射稿，彩色反转片的密度范围一般为 2.8～3.5，最高可达 4.0以上。而印刷能够再现的密度值较低。比如一般胶印印刷品所能再现的阶调范围是：高级涂料纸的最大密度为 1.8～1.9，一般涂料纸为 1.6 左右，胶版纸为 1.3 左右，新闻纸为0.90。因此在印刷过程中，不可能将原图的高、中、暗调层次都再现出来，无法实现原稿的密度范围，必须对原稿的阶调范围进行压缩和调整，使之适合印刷再现的阶调范围，如图 4-7 所示。

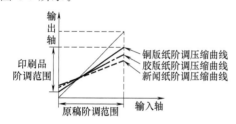

图 4-7　各种纸张的印刷复制阶调再现范围

屏幕显示的数字图像通常是 RGB 模式，RGB 三通道每个通道有 0～255 级灰度变换；而印刷图像的 CMYK 四色，每色以印刷网点面积率表示则为 0～100%。0 表示无印刷油墨，对应屏幕图像最亮的 255 级；100% 表示印满油墨，对应屏幕图像最暗的 0 级。由 RGB 像素形成的图像不仅阶调范围远大于印刷品，色域范围也远大于印刷品，所以显示屏上的彩色图像如果要输出打样印刷，也必须进行阶调范围压缩和调整，这是数字印前系统中要首要考虑的阶调压缩调整方式。

由于印刷工艺条件不同，获得的印品表现原稿阶调长短的能力也不同（如图 4-7 所示为采用不同印刷用纸时再现的阶调范围）。因此，要结合印刷工艺条件对原图进行处理。倘若印刷材料固定，印刷工艺流程规范、标准，所获印品再现的最大阶调范围应是比较固定的。

印前阶调压缩遵循：保留能反映原图整体效果的主要阶调层次，合理分布压缩后的阶调层次原则。因此，阶调再现复制通常不采用等比压缩方式，而是非线性调整压缩方式。

4. 影响阶调复制再现的关键因素

保证印品阶调层次准确再现是印刷全流程中都必须首要关注的问题。而印刷流程中所有的失误也都会对阶调层次的准确再现造成影响。概括地讲，印刷过程中影响阶调复制再现的主要关键因素有：

（1）对原图进行黑白场设置 黑白场设置又称黑白场定标，是人为对复制图像实施阶调裁剪的一种方法。"黑场"和"白场"分别代表图像上最暗和最亮的区域。若原图的阶调范围远大于印品的阶调范围，而且阶调中接近最暗或最亮点的层次可以取舍（在印刷工程中称为裁剪），可以通过黑白场设置进行裁剪。参见图 4-8，选择原图暗调部分的 A 点作为复制后图像阶调的起点，原图阶调范围中的 OA 部分通过黑场设置的方法被裁剪，其结果是：原图阶调范围中原先具有阶调层次变化属性的 OA 部分，在表示复制品阶调变化的纵轴上全部以 0 表示；同理，选择原图中亮调范围中的一点，通过白场设置裁剪一部分亮调。黑白场设置的实质是确定进入图像复制的原稿阶调范围，黑场和白场设置点之外的原稿阶调在复制前被裁剪。

（2）对原图进行阶调层次的调整 要使图像获得较好的层次感，一是要求印前图像有较宽的明暗层次阶调范围，二是印前图像的层次有一个合理的分布，在图像阶调层次压缩之前，必须正确判定找出决定全图阶调层次的关键层次段，加以强调，以最大限度地表示图像中最重要的细节，对于次要层次，可根据原稿的特点进行压缩。

阶调层次调整与原图的密度、反差有关。标准反差的原稿易再现；偏亮偏暗原稿的阶调压缩处理较难。偏暗原稿的主色调集中分布在偏暗的中调和暗调部分，复制的重点应放在中调和暗调应对中、暗调的层次做提亮处理。不同原稿阶调范围的压缩和调整如表 4-2 所示。

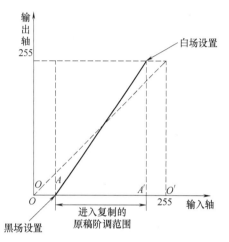

图 4-8 黑白场设置示意图

表 4-2 不同原稿阶调范围的压缩和调整

主阶调分布	复制重点	压缩部分	主阶调分布	复制重点	压缩部分
亮调	亮调和中调	局部暗调	中调偏亮	中调和亮调	局部暗调
中调	中调	局部暗调 局部亮调	中调偏暗	中调和暗调	局部亮调
			暗调	暗调和暗中调	局部亮调

（3）RGB 颜色空间到 CMYK 颜色空间转换算法中阶调层次的压缩 原图经过（1）和（2）印前阶调层次调整后，若阶调层次和色域范围仍大于印品可以表示的范围，在RGB 颜色空间到 CMYK 颜色空间转换的算法中，计算机会根据色彩管理方案提供的映射方式进行色域压缩，将对应于大色域、长阶调 RGB 图像压缩到对应于较小印刷色域、较短阶调的 CMYK 图像范围中（参见第七章）。

（4）印刷过程的规范化和印刷质量控制 由于阶调再现的主要关键问题是印刷品可以表现的阶调范围太窄，所以应该保证尽量大的印品阶调范围才能尽量多的保留印品的阶调层次。为此在印刷复制中采用了不少的方法，如增加黑版，从而提高印刷反差，拓展印品的阶调范围；改进印刷适性，保证小网点的精确复制，使得接近 0 或 100% 的网点阶调层次能准确再现，扩大印品的阶调范围等。这主要靠印刷过程的质量控制和设备材料的先进程度保证。

仔细分析上述 4 点关键因素的相互关系，可以看出：因素（4）主要影响复制品表现阶调的能力，是印刷全过程中都要关注的因素。印刷工艺规范，印刷设备和材料理想，黑版设置合理，印刷品表现的阶调范围值大，反之范围值小。因素（3）是色彩管理中要关注的因素。主要影响为：在颜色空间转换过程中，那些对于印品色彩表现范围来说是超色域颜色的正确再现，通常阶调值较亮或较暗区域的色彩在转换的过程中要重点考虑（参见第七章）。相对因素（3）和（4）是印刷全流程都要关注的因素，因素（1）和（2）是印前过程中，对图像原稿个性化调整时关注的因素。

本节仅论述对原图的阶调层次调整，因此，主要涉及因素（1）和（2）。因素（3）对阶调层次复制的影响和控制参见第七章；因素（4）对阶调层次复制的影响和控制参见相关的印刷质量控制教材。

5. 原图阶调层次调整方法

数字印前中，原图阶调层次调整可以在图像处理软件中进行，例如 PhotoShop 图像处理软件。常用的阶调调整方法有三种：黑场/白场定标法、曲线调整法、色阶（灰度值）调整法。

（1）黑场/白场定标法　根据需要，分别选择待复制图像中暗调部分的一点和亮调部分的一点作为复制后图像阶调的起点和终点，在原稿上确定进入图像复制的阶调范围。此过程称为设置暗调和高光或设置黑场和白场。原稿中黑场之外的暗调在复制稿中合并到黑场点，如同裁剪黑场以外的暗调部分，白场同理。通常白场选择图像中需要复制再现出的有层次变化的最亮点，黑场选择图像中需要复制再现出的有层次变化的最暗点。然后，将印品上最亮的 CMYK 油墨值指定给原图设置的白场点，将印品上最暗的 CMYK 油墨值指定给原图设置的黑场点。

在复制中，阶调层次的压缩常常不可避免，所以白场黑场设置的关键是根据原稿类型确定以下两种方式哪一种能更好地再现原图的阶调层次：一是多裁去一部分黑白场以外的层次，使保留下来的阶调层次作较小的压缩；二是少裁去一部分黑白场以外的层次（甚至不做裁剪），使保留下来的阶调范围更大一些，这样需要对原图进行阶调层次的调整过程中做较大的压缩。当然，无论如何设置黑白场，必须保留决定全图阶调层次的关键层次段。

① 如何找黑白场

a. 利用 PhotoShop 软件中的【阈值】功能，打开【图像】/【调整】/【阈值】对话框。弹出图 4-9 所示的对话框，将对话框中的滑块向最右端逐渐拖移，预览图像中的黑色区域会随着滑块的右移逐渐增大，至仅有少量白色区域遗留。这些白色区域就是白场，将鼠标置于其中一个区域上，按住 Shift 键点击，即可标志白场。寻找黑场的方法相同，只是将滑块左移。

b. 利用 PhotoShop 软件中的信息面板功能，信息面板中会显示鼠标指针所在位置的颜色信息值。对在原图中目测观察预选的黑场和白场区域，通过显示的颜色信息值进行比对，从中找出最亮和最暗的区域，确定黑白场。

c. 利用 PhotoShop 软件中的【图像】/【调整】/【曲线】功能，只要在显示的原图中按下鼠标左键，曲线上就会出现如图 4-10 所示的标示。对在原图中目测观察预选的黑场和

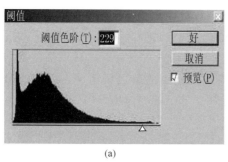
(a)

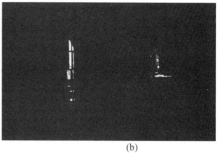
(b)

图 4-9　利用【阈值】对话框找白场

（a）阈值对话框　（b）随着对话框中滑块向右端逐渐拖移，预览图像中仅遗留少量白色区域

白场区域，通过曲线上标示的阶调值进行比对，从中找出最亮和最暗的区域，确定黑白场。

选择黑白场时应注意选择中性白和中性黑区域作为黑、白场，否则黑白场中所带有的颜色会影响设置复制曲线的起始值，最终导致复制效果偏色。例如，若选择 R、G、B 数值为 20、3、3 的区域作为原图黑场，R 通道的黑场值选择较高为 20，等于仅对 R 通道进行了黑场裁剪，导致复制品的颜色偏向 R 的补色——青色。

② 如何进行黑白场设置。利用 PhotoShop 软件中的色阶工具、曲线工具以及色阶面板和曲线面板中的黑白场滴管均可以进行黑白场设置。

a. 用【色阶】设定：在色阶对话框中设置黑白场，可以利用输入色阶调节杆上的两端调节三角块定位，确定原稿复制阶调范围的起点和终点。

b. 用【曲线】设定：如图 4-11 所示，调整【曲线】对话框中曲线两端点的横坐标，两个端点的横坐标值确定原稿复制阶调范围的起点和终点，因为需要最大限度的利用输出的阶调范围，不对纵坐标作任何的裁减设置。

c. 黑白场吸管设定法：在【色阶】对话框（图 4-9）、【曲线】对话框（图 4-11）中均有 3 个吸管工具，分别用于黑场、中间调值和白场的设置。选中黑场吸管工具，如图 4-10

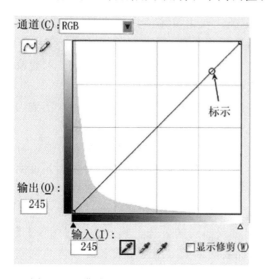
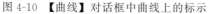

图 4-10　【曲线】对话框中曲线上的标示

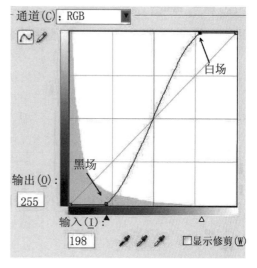

图 4-11　【曲线】对话框中设置黑白场

所示，在原图中点击所选择的黑场区域，即可完成黑场的设置。其机理是：点击原图中确定黑场位置的同时，将吸管工具携带的黑场值赋予被点击的区域，白场同理。与 a 和 b 的方法有所区别的是：a 和 b 不需要在原图中确定黑白场点，设置时默认原图的最暗点为原图的黑场，最亮点为原图的白场。而 c 需要寻找原图中的黑白场区域，人为地确定黑白场，并且把吸管工具所携带的黑白场值赋予原图中选定的黑白场。

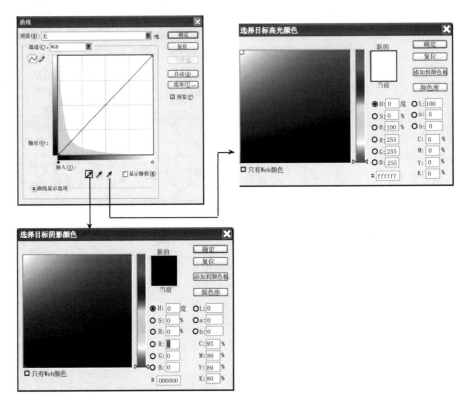

图 4-12　PhotoShop 中黑场/白场定标界面

吸管工具所携带的黑白场默认值可以手动更改。双击黑场或白场吸管，弹出拾色器（图 4-12），可以选取想要的颜色或直接在数据框中输入数据。

黑白场设置的结果是重定原图的阶调范围，使原图的阶调层次压缩。但是，若想改变图像中某一部分的阶调差值，必须使用阶调层次调整工具。

图像阶调层次调整的目的是将图像中想表现的细节层次拉大，使这部分层次不致因印刷品阶调的整体压缩而失去表现力，压缩其他无关视觉观看大局的次要阶调层次。

（2）曲线（Curves）调整　通过 PhotoShop 软件中的阶调复制曲线调整功能，可以改变图像各层次段颜色的深浅或明暗、层次反差的拉开或压缩。曲线可以对图像灰度曲线上的任何一点进行调整，也可以只对锁定的一段曲线进行调整，而不影响其他层次。需注意的是，层次调整一般都是使用图像的 RGB 或 CMYK 复合通道进行的，以防止在分通道调整时破坏灰平衡。曲线工具是调整图像复制阶调曲线的首选工具。选择【图像】/【调整】/【曲线】弹出如图 4-12 左上图所示对话框。曲线对话框采用网图表和曲线方式调整层次，横坐标表示图像的原始输入值，纵坐标表示图像经该工具调节后输出值。

用"曲线"工具调整层次，效果细腻，没有突兀的峰值和直线的转角点，层次变化自然，不会出现对比度失真的现象，可根据图像的自身特点作相应的调整，如图 4-13 为常用的 9 种层次调整曲线，可实现对各类图像原稿的层次校正。

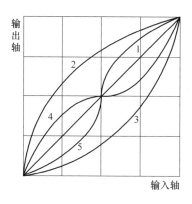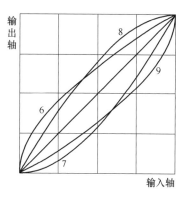

图 4-13　曲线调整

如果要针对图像中某部分特定层次调整的话，必须首先在曲线上找到这一部分的位置。方法同于"如何进行黑白场设置中的 b 用【曲线】设定"。

（3）"色阶"调整（Levels）　"色阶"调整是利用直方图对图像进行阶调层次调整的方法。在 PhotoShop 软件中选择【图像】/【调整】/【色阶】弹出如图 4-14 所示的对话框：

对话框中色阶图的下方有输入轴和输出轴，输入轴用于调整原稿图像的阶调范围，即调整图 4-6 阶调复制曲线中的横坐标，输出轴用于调整输出图像（复制品）的阶调范围，即调整图 4-6 阶调复制曲线中的纵坐标。默认情况下，输入色阶和输出色阶的范围都是 0～255。拖动输入轴的黑场滑块和白场滑块可以对原稿图像进行黑白场设置，确定其进入图像复制的阶调范围。例如：向右拖动输入轴的黑场滑块，等于相应地在图 4-15 中的横坐标上，将阶调复制曲线的 O 端点向右移动至 B 点（如图 4-15 所示），结果是将原稿图像阶调范围中原先具有阶调层次变化属性的 OB' 部分调整为在表示复制品阶调变化的纵轴上输出值全部为 0 的 OB 部分，使得输出图像（复制品）变暗了；类似的，向左

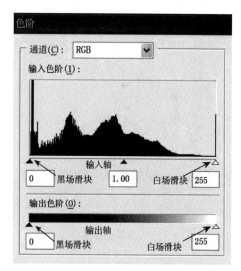

图 4-14　【色阶】对话框

拖动输入轴的白场滑块（如图 4-16 所示），结果是将原稿图像阶调范围中原先具有阶调层次变化属性的 $O'C'$ 部分调整为在表示复制品阶调变化的纵轴上输出值全部为 255 的 $O'C$ 部分，使得输出图像（复制品）变亮了。

拖动输出轴的黑场滑块和白场滑块是对输出图像（复制品）作调整，确定输出图像的阶调范围。例如，沿着输出轴向上拖动黑场滑块，等于相应地在图 4-17 中的纵坐标上，将阶调复制曲线的 O 端点向上移动至 D' 点（如图 4-17 所示），结果是将原稿图像阶调范

围的起点 O 对应的 0 输出提高到阶调复制曲线的 D 点对应的值输出，整个输入图像被提亮复制；类似，向左拖动输出轴的白场滑块（如图 4-18 所示），结果是原稿图像阶调范围的终点 O' 对应的 255 输出降低到阶调复制曲线的 E 点对应的值输出，整个输入图像被降暗复制。

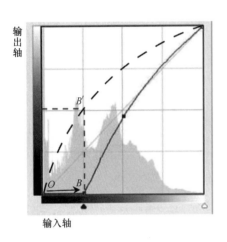

图 4-15　输入滑块设置原稿黑场

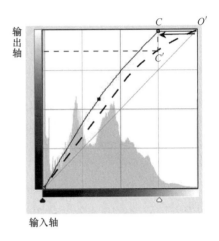

图 4-16　输入滑块设置原稿白场

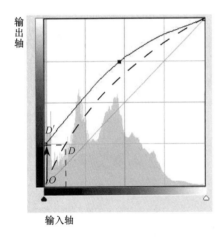

图 4-17　输出滑块设置复制品黑场

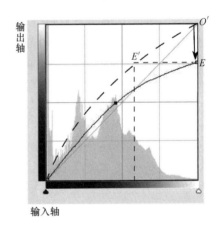

图 4-18　输出滑块设置复制品白场

应该注意，对于印品的输出阶调范围希望越大越好，所以，一般不对输出阶调范围做调整。

二、原稿图像的颜色调整

在进行颜色调整前，必须先进行阶调层次的调整。倘若先完成颜色校准，再进行阶调层次的调整，在阶调层次调整的过程中颜色还是要发生变化，破坏一开始已经调整好的颜色效果。

对图像的色彩正确校准是在对原稿图像色彩进行准确判断的基础上实施的，需要经验基础。判断时主要关注的因素有：原稿是否偏色，某些色彩是否要加强，色彩的饱和度是否增加等。

1. 颜色调整的基本机理

与模拟图像相比，数字图像的颜色调整处理非常方便：①现在的软件功能允许在可视化的状态下对色彩进行调整，色彩调整的效果可以实时感觉；②数字图像的数据主体是图像中每个像素的分通道灰度值，以 RGB 图像为例，如图 4-19（b）彩色图像的数据为图 4-19（a）的 3 个矩阵组成，若要对图 4-19（b）色彩进行调整只需要对图 4-19（a）的矩阵做相应的算法即可。图像色彩调整的实质是对图像的数据矩阵中的数值进行调整，不同的调整方法对应不同的算法。

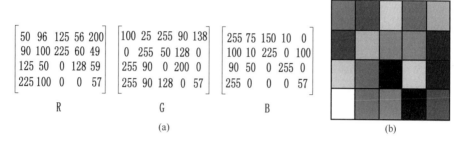

$$
R\begin{bmatrix} 50 & 96 & 125 & 56 & 200 \\ 90 & 100 & 225 & 60 & 49 \\ 125 & 50 & 0 & 128 & 59 \\ 225 & 100 & 0 & 0 & 57 \end{bmatrix} \quad G\begin{bmatrix} 100 & 25 & 255 & 90 & 138 \\ 0 & 255 & 50 & 128 & 0 \\ 255 & 90 & 0 & 200 & 0 \\ 255 & 90 & 128 & 0 & 57 \end{bmatrix} \quad B\begin{bmatrix} 255 & 75 & 150 & 10 & 0 \\ 100 & 10 & 225 & 0 & 100 \\ 90 & 50 & 0 & 255 & 0 \\ 255 & 0 & 0 & 0 & 57 \end{bmatrix}
$$

(a) (b)

图 4-19　图像中的像素及其对应的彩色像素矩阵

（a）像素的 R、G、B 矩阵　（b）数字图像的像素集

2. PhotoShop 软件中颜色调整方法举例

在 PhotoShop 软件的【图像】/【调整】菜单下聚集了各种有色彩调整功能的子菜单。主要有 3 大类调整方法：仅对图 4-19（a）R、G、B 矩阵中的某一个矩阵进行调整，即单通道调整；对 3 个矩阵同时做相关的调整；将图像从 RGB 模式状态转换到其他颜色空间进行调整，例如转换到 HSB 颜色空间或 CMYK 空间进行调整。

在【色阶】、【曲线】工具中针对综合通道的调整以及用【亮度/对比度】工具进行的调整，属于对 3 个矩阵同时做调整，一般用于调整阶调层次，而不是单纯的调整颜色。

利用【色阶】、【曲线】、【色彩平衡】和【通道混合器】工具调整颜色，都是单通道调整法。需要注意的是单通道调整颜色易产生颜色误差，调整的幅度不宜大。

用【色阶】和【曲线】调整颜色，需先选择好要调整的颜色通道，在【色阶】对话框中，通过调整各个滑块的位置，增加或减少当前通道的颜色，达到调整颜色的目的，在【曲线】对话框中，一般通过拖动曲线来增加或减少某个阶调范围的当前通道颜色，达到调整颜色的目的。

【色彩平衡】调整法，是通过调整对话框中针对不同颜色通道的三个滑块的位置或直接输入数据，达到对高光、中间调或暗调颜色调整的目的。如图 4-20 所示。

【通道混合器】是按照一定计算方法，利用所有单通道的数据来调整选定通道数据的颜色调整法。通道混合器的工作原理是：选定图像中某一通道作为处理通道，即输出

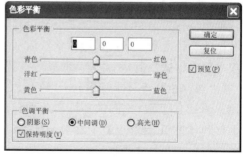

图 4-20　【色彩平衡】对话框

通道（如图 4-21 选择了青色），根据通道混合器对话框中各项参数设置，对图像输出通道原像素灰度值进行加减计算，使输出通道生成新的像素灰度值，达到调节颜色的目的。操作的结果只在输出通道中体现，其他通道像素值保持不变。输出通道可以是原图像的任一通道。

由以上内容可以看出，通道混合器是对图像中的像素逐一进行计算的。举例说明：以青通道为输出通道，各项参数设置如图 4-21 所示，图中的计算为：图像中所有像素的青色通道原有灰度值（滑块仍在 100％处），减去同图像位置像素的黄色灰度值的 32％，加上同图像位置像素的品红通道灰度值的 22％，再在此基础上增加 16％（常数项的设置）的网点大小。因此输出的图像的青色网点百分比为：C（调整后灰度值）＝C（原灰度值）$\times$ 100％＋$M \times 22$％－$Y \times 32$％＋16％。例如图像中某点颜色为 $C40$％、$M50$％、$Y30$％、$K0$，经如图中参数设置处理后，输出的颜色为 $C57$％、$M50$％、$Y30$％、$K0$。

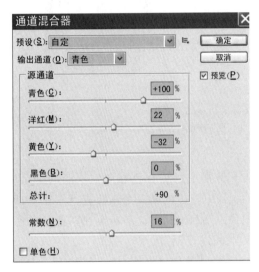

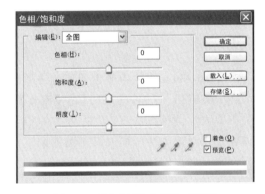

图 4-21 【通道混合器】对话框　　　　　图 4-22 【色相/饱和度】对话框

【色相/饱和度】、【替换颜色】都是将图像转换到 HSB 颜色空间进行调整，【色相/饱和度】对话框如图 4-22 所示，编辑选项中包括全图、红、绿、蓝、黄、品、青七个选项，用于确定调整功能作用的颜色区域，首先在编辑选项中确定要调整的颜色范围，然后通过滑动色相滑块进行色相调节，整个色谱带宽上的颜色都可以用来替换当前颜色；之后，再调整饱和度和明度滑块。

【替换颜色】通过鼠标在图像中点击，选择需要进行替换的颜色范围，然后通过调整对话框中色相、饱和度和明度三个滑块【替换颜色】通过鼠标在图像中点击，选择需要进行替换的颜色范围，然后通过调整对话框中色相、饱和度和明度三个滑块（或直接在滑块对应方框中输入数值），得到新的颜色并替代选中的颜色。对话框如图 4-23 所示。

【可选颜色】将图像转换到 CMYK 颜色空间，通过改变油墨数量的方法产生规定的颜色。RGB 和 CMYK 图像都可用此功能进行颜色调整。对话框如图 4-24 所示。该命令对话框和【色相/饱和度】命令对话框类似，两者的主要差别在于【可选颜色】命令允许调整白色、中灰色和黑色，而在【色相/饱和度】命令的对话框中没有。

颜色（Color）选项：用于选择需调节的颜色，可供选择的有红、黄、绿、青、蓝、

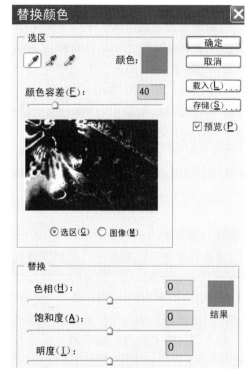

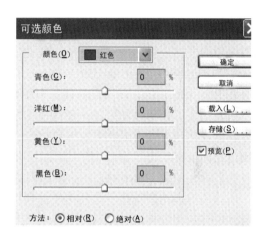

图 4-23 【替换颜色】对话框　　　　　　图 4-24 【可选颜色】对话框

品红、白色、中性色和黑色。

当选择红、绿、蓝时，只对组成该色的原色起作用。如当选择红（红＝黄＋品红）时，不管怎样改变青的百分比，都对原图无影响；调整黄和品红色时，图像中符合选中条件的红色才会变化；特别需要注意的是，当选择这些复合色，图像中像素基本色中最小的颜色数据大于相反色时，这一像素才被选中，如当颜色选项选择 R 时，图中有一颜色的数据为 C30、M80、Y20，最小的基本 Y 是 20，小于青的数值 30，就不认为它是红色块，所作调整对这一像素不起作用。

当选择 C、M、Y 时，只要该色数据比其他颜色的都大，就认为是选中区。当选择中性色时，则可作用于图中包含 CMYK 的像素，该功能可用于改变含灰色块图像的饱和度。

三、原稿图像的清晰度调整

印前处理过程中对图像原稿清晰度的调整包括锐化（即图像清晰度强调处理）和图像的平滑处理、网目调图像的网点模糊化处理（即去网）。图像的平滑处理、网目调图像的网点模糊化处理是图像清晰度提高的逆处理，即降低清晰度感受的处理。

1. 图像锐化的基本原理

印前改善和提高图像清晰度主要利用视觉对比原理，如图 4-25 所示，两边均是 60％的灰色，中间若增加一段白黑骤变的密度段：从 60％灰色渐变为白色，再由白色迅速渐变至黑色，最后由黑色渐变至 60％灰色密度段，尽管图像的左右密度相等，但给人以左

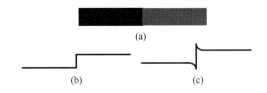

图 4-25　视觉对比原理示意图

（a）两侧不同灰度的图像　（b）原稿状态

（c）图像的视觉效果

右存在着一定的密度差的视觉感受。

2. 图像锐化方法

在数字印前图像处理中，清晰度的强调主要是通过锐化功能来实现的，锐化可使模糊柔和的边缘轮廓转化为清晰可辨的边界，其实质是利用马赫带效应。PhotoShop 和许多扫描软件都提供了图像锐化功能。

在 PhotoShop 的滤镜（Filter）工具中选择锐化（Sharpen）工具，即可对图像进行锐化处理，提高图像的清晰度。锐化工具包括四个功能选项：锐化（Sharpen）、锐化边缘（Sharpen Edges）、进一步锐化（Sharpen more）和虚光蒙版（Unsharpen Mask）。

在 PhotoShop CS3 以及更高的版本中增加了智能锐化。

（1）锐化、锐化边缘、进一步锐化　"锐化"通过增强像素之间的对比度使图像变得清晰，反复使用可以增强效果；锐化边缘通过软件自动识别颜色，只锐化边缘的对比度，使颜色之间变得对比明显；"进一步锐化"是比锐化边缘滤镜更强的锐化效果。

（2）虚光蒙版 USM（Unsharpen Mask）　USM 锐化思路源于传统印刷的照相蒙版技术，所以称为虚光蒙版技术，其实质是利用视觉对比原理，是最成熟的锐化技术。在软件中可供选择锐化程度的参数有 3 个：数量（Amount）、半径（Radius）和阈值（Threshold），如图 4-26 所示。

① 半径。半径值确定高低密度交界两侧参与锐化的宽度（以像素为单位），即参与"骤变密度段"的宽度。设置范围 0.1～250。半径值越小，锐化运算选择的宽度越小；反之亦然。使用虚光蒙版锐化处理首先要选择好半径值，设置半径值的规律是：分辨率除以 200。通常，创建屏幕图像，设置为 0.5，图像边缘会产生非常纤细、清晰的效果；创建打印图像，可设置为 1，图像边缘在屏幕上显示有点宽，但打印后的效果很好；创建 300dpi 以上的高分辨图像，可设置为 2，打印、印刷效果较好。

② 数量。确定骤变密度段像素提亮或变暗的程度。可设置范围是 1%～500%。较高的数值产生较大的对比度，较低的数值产生较小的对比度。具体数量值视图像的效果而定，并受半径和阈值设定值影响。高分辨率的图像比低分辨率的同一图像需要更大的锐化量。

图 4-26　【USM】对话框

③ 阈值。设定原图像中参与锐化处理的灰度变化差值。可设置范围是 0～255 级。当两个像素的灰度变化差值落在阈值范围之内时，不做锐化。例如，如果将阈值设置为 3，

当相邻像素点的值是 122 和 124（差值是 2），它们不受锐化处理的影响。如果相差多于 3 个灰度级，它们就会被锐化。此项设置可以保护原先密度差值变换平滑的区域免受锐化的影响，如，渐变平滑的区域，是不受影响的，渐变仍是平滑的。阈值为 0 时锐化所有像素。阈值为 255 时，无论其他设定值是什么，都没有像素做锐化。

对于多数图像，推荐使用阈值为 3～4。阈值设置为 10 或更高不可取，因为它们排除了太多的区域，锐化处理的结果不明显。

3. 原稿图像平滑及去网处理

（1）图像平滑　为抑制噪声、改善图像质量所进行的处理称为图像平滑。实际获得的图像在形成、传输、接受和处理的过程中，不可避免地存在着外部干扰和内部干扰，如光电转换过程中敏感元件灵敏度的不均匀性、数字化过程中的量化噪音、传输过程中的误差以及人为因素等，均会使图像变质。因此，去除噪声，恢复原始图像是图像处理过程中的一个重要内容。在彩色印刷复制过程中，为了保证诸如肤色、丝绸质感之类的复制艺术再现需要，也需要使图像平滑、柔和、降低锐度。

另外，利用图像平滑技术可以去除人物像的人脸部分黑点和细小皱纹，使人看起来更年轻。

（2）印刷品去网　印刷品一般在扫描过程中去网。但在扫描过程中去网处理不好，就必须在后期图像处理时去网。Photoshop 软件中去网主要是采用去除噪声的方式。

对印刷品原稿去网处理时，可将青、品红、黑、黄四色版作为四个独立的色通道，单独用不同的参数处理。如对于主色网点明显的色版，模糊处理可加重一些，而对于弱色版则可以少做甚至不作模糊处理。另外，在输出时，可将主色版青、品红、黑三个色的角度进行调换，使之与原稿中的角度不一致。

Photoshop 中，提供了多种可用于图像平滑和去网的滤镜：

①"模糊"滤镜。柔化选区或图像，可以处理清晰度或对比度过分强烈的区域，并能将网点像素与周围区域的像素打散柔和，削弱网点的清晰度，达到将网点感觉减淡的效果。"模糊"滤镜并不能真正消除网点，只能适当地削弱网点的清晰度，若过分"模糊"可能降低画面清晰度。

②"去斑"滤镜。消除扫描过程中产生的随机杂色，能检测图像边缘（颜色显著变化的区域）并模糊边缘外的像素，移除杂色，保留画面的细节，降低网点清晰度。

③"蒙尘与划痕"滤镜。通过更改相异的像素减少杂色，可设置不同的半径与阈值，常用"蒙尘与划痕"消除图像瑕疵和削弱网点清晰度。

④"中间值"滤镜。通过混合选区中像素的亮度来减少图像的杂色，可以搜索并查找到亮度相近的像素，非常适合消除或减少图像的动感效果，对消弱网点也有一定作用。

第四节　数字图像的存储格式

图像格式是指数字图像信息的存储格式。不同于图形存储格式，图像格式是以将一幅图像离散为像素点，存储时记录每个像素的位置和分通道的灰度值。第三节中的图 4-19 中的（b）是放大之后数字彩色图像的像素集；图 4-19（a）图是图 4-19（b）中每个像素的 R、G、B 值，是计算机表示彩色图像数据的主体部分。

依据图像数据存储时的编码方式不同，图像格式有多种，同一幅图像可用不同的图像格式存储。即便是对同一幅图像，不同格式之间所包含的图像信息量不同，图像质量也不同，文件大小也有很大差别。为了利用已有的图像文件，或者在不同的软件中使用图像，就要注意图像格式的不同，必要时还得进行图像格式的转换。如图 4-27 所示，是 Photoshop 软件中存储图像时，可选的图像文件格式。

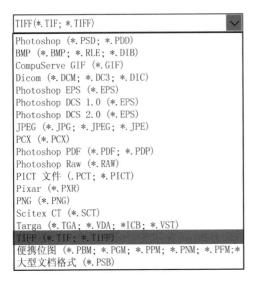

图 4-27　Photoshop 软件中图像文件存储格式

一、TIFF 文件格式

（1）格式简介　TIFF 是 Tag Image File Format（标记图像文件格式）的缩写，文件后缀是"＊.TIF"或"＊.TIFF"。此种文件格式是由 Aldus 和 Microsoft 公司为扫描仪和台式计算机出版软件开发的，是为存储黑白图像、灰度图像和彩色图像而定义的存储格式。TIFF 位图可具有任何大小的尺寸和分辨率，在理论上它能够有无限位深，即：每样本点 1～8 位、24 位、32 位（CMYK 模式）或 48 位（RGB 模式）。TIFF 格式能对灰度、CMYK 模式、索引颜色模式或 RGB 模式进行编码。它能被保存为压缩和非压缩的格式。

（2）TIFF 格式特点　TIFF 格式是桌面出版系统中使用最多的图像格式之一，它不仅在图像处理软件、排版软件中普遍使用，也可以用来直接输出。其特点主要有：

① 跨平台的格式。TIFF 格式适用于许多应用程序，它与计算机的结构、操作系统和硬件无关。因此，大多数扫描仪都能输出 TIFF 格式的图像文件。在将图像存储为 TIFF 格式时，需注意选择所存储的文件是由 Macintosh 计算机还是由 PC 机读取。因为它们在数据排列和描述上有一些差别。例如，在 Macintosh 计算机上存储为 TIFF 格式时，若需要在 PC 机上打开该图像，则文件名后要加 .TIF。

② 支持多种图像模式。TIFF 支持任意大小的图像，从二值图像到 24 位的真彩色图像（包括灰度图像、RGB 图像、CMYK 图像和 Lab 图像），TIFF 的规范允许使用 CMYK 和 RGB 这两种颜色模式，即可将图像分成 4 种套印颜色，并且将分色前的图像保存为 TIFF 格式。将 TIFF 格式文件置入页面版式设计或相似程序中，不要求做进一步的分色，TIFF 格式也可保存索引颜色位图，但对索引颜色图像，更多的时候是选择使用 GIF 格式。

几乎所有工作中涉及位图的应用程序，无论是置入、打印、修整还是编辑位图，都能处理 TIFF 文件格式。一个 TIFF 文件所描述的信息可以比其他图像文件格式所能描述的多得多。但 TIFF 格式不支持多色调图像，这是它与 EPS 格式的重要区别之一。

③ 支持 Alpha 通道，支持剪辑路径（Clipping Path）。图像处理软件通常把处理过程中的某些重要信息存放在 Alpha 通道内（例如用某种原则对图像进行分割后形成的选择区域），TIFF 格式能够处理剪辑路径，在排版软件中，能够读取剪辑路径，并正确的剪

掉背景。但 TIFF 文件不支持加网处理指令，若在保存位图的同时保存加网处理指令，必须使用 EPS 文件格式。

④ 提供 LZW 压缩（无损压缩）选项。LZW 压缩技术也被 GIF 格式使用。但与 GIF 格式不同的是，由 TIFF 格式使用的 LZW 压缩方法支持索引彩色以外的所有图像模式。存储时若采用 LZW 压缩选项，则图像处理软件将自动压缩图像的信息量。

⑤ TIFF 文件格式保存灰度和二值图像时，在组版软件中可对图像设定颜色。TIFF 格式没有低分辨率的预示图，在组版时调用速度较慢，但可在组版软件中精确显示该图像。

⑥ TIFF 文件格式是图像的专用格式，不能用来保存图形文件。

二、JPEG 文件格式

（1）格式简介　严格地说，JPEG 不是一种图像格式，而是一种压缩图像数据的方法。JPEG 格式压缩的是图像相邻行和列间的多余信息，由于压缩掉的颜色信息不至于引起人眼视觉上的明显感觉，因此它是一种较好的图像存储格式。JPEG 主要通过存储图像的颜色变化信息来实现数据量的压缩，特别是亮度的变化信息。只要重建后的图像在亮度上与原图的变化相似，人眼看上去就会觉得与原图相同。

（2）JPEG 格式特点　JPEG 格式采用一种有损的编码格式，主要特点包括：

① 节省存储空间。由于采用有损的编码方式，用 JPEG 压缩方法处理图像可节省大量的空间。但是采用 JPEG 格式编码的图像无法恢复到原始图像，即 JPEG 压缩量是不可逆的，因此建议只在文件作最后存储时使用。

② 非常适合摄影照片的处理。JPEG 格式压缩的图像相邻行、列间的多余信息，不会引起人眼视觉上的明显变化，看上去会与原图非常相似。与 GIF 格式相比，尽管 JPEG 采用有损的编码方式，但它经过解压后重建的图像比 GIF 更接近原始图像。

③ 能存储真彩色数据。JPEG 能保留 RGB 图像中所有的颜色，是存储图像数据最经济的方法。GIF 要把 RGB 图像转换为索引彩色图像，它只能保留图像中最多的为 256 种的颜色。

三、BMP 文件格式

（1）格式简介　BMP 是 Bitmap 的缩写，意为位图，其扩展名为 .bmp。BMP 格式图像文件是微软公司特为 Windows 环境应用图像而设计的，BMP 格式图像文件结构可以分为文件头、调色板数据（不超过 256 色 24Bit）以及像数据三部分。

（2）BMP 格式特点

① 一般情况下，BMP 格式的图像是非压缩格式。当用压缩格式存放时，使用 RLE4 压缩方式，可得到 16 色模式的图像；采用 RLE8 压缩方式，则得到 256 色的图像。

② 可以多种彩色模式保存图像，如 16 色 256 色 24Bit 真彩色，最新版本的 BMP 格式允许 32Bit 真彩色。

③ 数据排列顺序与其他格式的图像文件不同，从图像左下角为起点存储图像，而不是以图像的左上角作为起点。

④ 调色板数据结构中 RGB 三基色数据的排列顺序恰好与其他格式文件的顺序相反

BID（Device Independent Bitmap）是一种类似于 BMP 的图形文件格式，描述图像的能力与 BMP 基本相同，形成的文件也较大。各种图形处理软件都支持 BID 格式。

四、GIF 格式

（1）GIF 格式简介 GIF 格式是一种压缩的位图文件格式。当初的设计是为了方便网络及 BBS 用户传送图像数据。由于网络技术的发展，GIF 格式也开始流行起来。GIF 格式由 CompuServe 公司 1987 年推出，全称是 Graphics Interchange Format，即图形交换格式。

（2）GIF 格式特点 GIF 格式采用的是一种无损的编码格式，主要特点包括：

① GIF 文件具有多元结构，可以利用一个文件同时存储多幅图像，由于其提供了存储多种信息的结构，方便不同的输入输出设备交换数据。

② GIF 格式不支持 24 位彩色，最多只能存储 256 种颜色的图像，GIF 不支持 CMYK 或 HSB 的模型数据。

③ GIF 格式是为网络图像数据传输而设计的一种传输格式，GIF 格式仅支持 Bitmap、Grayscale（灰度）和索引彩色模式，在数字印前中无法使用该格式。

④ 使用 Photoshop 软件把图像文件存储为 GIF 格式之前，一定要先将其转换为 RGB 模式，然后再转换为索引彩色模式，因为 GIF 格式最多只能存储 256 种颜色。在 Photoshop 中可利用存储为 Web 所用格式命令将图像存储为 GIF 格式。

五、PSD 与 PDD 格式

PSD 格式与 PDD 格式是 Photoshop 自身的文件格式。PSD 格式支持 Photoshop 的全部特征：Alpha 通道、专色通道、多图层以及剪辑路径，还支持 Photoshop 使用的任何颜色深度或图像模式。PSD 格式是经过 RLE 压缩的，不会丢失像素信息，节约文件保存空间，对上次设计十分方便修改。PSD 格式在 Photoshop 所支持的各种图像文件格式中存取速度最快。由于 PSD 与 PDD 格式是 Photoshop 的专用格式，因此如果想在一个不能识别 Photoshop 文件的应用程序中打开文件，必须把它保存为该程序所支持的文件格式。PDD 格式能够保存图像数据的每一个细小部分，包括图层、附加的蒙版通道以及其他内容的信息，但这些内容在转存为其他格式时将会丢失。

六、PCD 格式

PCD（Kodak Photo CD）格式由 Kodak 公司开发的一种 Photo CD 文件格式。该格式主要用于存储 CD-ROM 上的彩色扫描图像，Photo CD 图像具有非常高的质量，将一卷胶卷扫描为 Photo CD 文件的成本并不高，但扫描的质量还必须依赖所用胶卷的种类和扫描仪使用者的操作水平。

七、PICT 格式

PICT 格式是 Macintosh 系统中的默认光栅图像文件格式。PICT 文件格式支持位图、灰度、索引色和 RGB 图像模式。在 Photoshop 中使用 PICT 格式还可以支持每个通道 16 位的颜色，创建 16 位灰度图像和 48 位 RGB 图像。

八、RAW 格式

RAW 文件是纯净的、未经相机处理过的数字图像文件，实际上它就是相机传感器"看"到的场景的数字化形式，是一种主要记录数字相机传感器的原始信息，以及由相机所产生的一些原数据（诸如感光度的设定、快门时间、光圈值、拍摄时间等）的文件。不同的相机厂商都有自己的 RAW 文件编码方式，文件的扩展名也是不尽相同，如佳能的"＊.CRW"、尼康的"＊.NEF"、奥林巴斯的"＊.ORF"等，不过其原理和功能都大同小异。RAW 格式是 CCD 或 CMOS 在将光信号转换为电信号时的电平高低的原始记录，是单纯地将数码相机内部没有进行任何处理的图像数据，即 CCD 等摄影元件直接得到的电信号进行数字化处理而得到的。而用 JPEG 格式拍摄时，先在数码相机内部添加白平衡和饱和度等参数，然后生成图像数据，进行压缩处理。

RAW 数据由于没有进行图像处理，因此只能利用数码相机附带的 RAW 数据处理软件将其转换成 TIFF 等普通图像数据。

因 RAW 格式是几乎未经过处理而直接从 CCD/CMOS 得到的信息，为后期处理图像提供了大量的方便；但 RAW 格式的文件占用存储空间大，后期处理需要专用的软件，处理速度偏慢，对制作人员的技术水平要求高。

九、PNG 格式

PNG（Portable Network Graphic）格式是由 Adobe 公司为了适应图像的网络传输而开发的位图图像文件格式。该格式结合了 GIF 和 JPEG 格式的优点，可提供 16 位灰度图像和 48 位真彩色图像，可以利用 Alpha 通道做去背景的处理，是功能非常强大的网络用图像文件格式。

PNG 格式因可以支持索引色和 RGB 模式而优于 GIF 格式，因采用了一种无损压缩方法而优于 JPEG 格式。PNG 格式以无损压缩方式来减少文件的大小，是目前最不易失真的一种图像格式，而且显示速度极快。

除了上述文件格式外，数字印前中最常用的也最有代表性的文件格式是能够完成对数字页面描述的文件格式有 PS 文件格式系列和 PDF 文件格式，参见第五章。

第五节　数字印前图像输出技术

通过分色处理将彩色图像转换为 CMYK 分色图像；通过加网处理将彩色图像转换为网目调图像。彩色图像只有经过分色加网处理，才能实现印刷方式输出，所以，将图像的分色技术与加网技术列为数字印前图像输出技术。由于加网主要在输出过程中完成，所以本章主要介绍加网参数设置对图像印刷输出的影响，加网原理的详细论述参见第六章第一节印前输出关键技术一、图像加网原理与技术。

一、图像分色技术

彩色图像分色是原稿到印刷品的必须步骤，分色不仅影响图像处理的结果，也影响最终印刷品的色彩表现。

1. 数字分色的基本原理

传统照相分色技术是利用滤色镜分色照相技术完成，颜色分解和图像颜色模式转换同时完成［参见第一章第二节传统印前技术，二、传统印前图像处理，1. 印前图像处理原理，（1）彩色分色原理］。数字分色技术也包括颜色分解和图像颜色模式转换两个过程，颜色分解通常在数字图像采集过程中完成，图像颜色模式转换根据需要可以在图像处理流程的任意过程完成。

颜色分解：在图像扫描或用数码相机对原景物拍摄时，首先进行颜色分解，将原图或原景物分解成以RGB三通道分通道记录的图像数据。数字处理方式允许RGB分通道记录图像，并实时复合再现为彩色图像。

图像颜色模式转换：采集到的颜色信息必须根据输出设备或媒体颜色再现的需求，进行图像颜色模式转换（图像数据的描述颜色空间转换），才有可能在相应的输出设备或媒体上再现。例如：经过印前处理后的图像必须根据印刷输出的要求，将图像从RGB显示颜色模式转换为CMYK印刷颜色模式才能进行印刷输出；倘若使用6色或7色输出设备，图像就必须从RGB显示颜色模式转换到六维或七维色空间，这样才能满足高保真印刷输出的要求；由于数字图像不仅仅用于纸媒体输出，有时需要保持RGB模式来满足各种显示设备的输出；还可以转换为其他图像颜色模式如Lab、HSB、XYZ来满足不同要求的输出。

在分色技术中，图像颜色模式转换技术一直是印刷工程中的关键技术之一。

2. 四色印刷数字分色技术

印刷输出图像颜色模式转换是：将采集到的颜色信息转换到印刷油墨和印刷载体组合的印品上再现，即常说的从RGB颜色空间转换到CMYK颜色空间再现。由于CMYK颜色空间与RGB颜色空间描述颜色的特点和能力区别很大，例如在RGB颜色空间，色彩的RGB三原色通道是以0～255级灰度值表示颜色分量，而在CMYK颜色空间是以CMYK分色版上的0～100％的油墨网点面积率表示颜色分量；RGB颜色空间与CMYK颜色空间的色域大小不一样等。因此在数字分色技术中，要最佳再现原图的颜色，色彩控制技术是很重要的，它包括：各种黑版技术、灰平衡技术和墨量控制技术等。

（1）黑版技术

① 黑版的机理。从色彩复制原理来讲，用CMY三原色按不同的比例组合套印，不仅可以复制出千变万化的色彩，而且也能叠印出明暗不同的灰色和黑色。但是在实际生产中，由于三原色油墨纯度不够，无法叠印出理想的黑色，因此增加了黑版。用黑色油墨不仅可以替代原本应该由CMY三色油墨叠印出的黑色，而且可以替代原本应该由CMY三色油墨叠印的灰色成分，如图4-28所示（见彩色插页），等式左边的虚线下等量的CMY油墨叠印的灰色可以由黑色油墨替代。以一份黑墨取代相应的黄、品红、青叠印而成的中性灰色，还可减少纸上油墨层厚度便于印刷。所以在实际的印刷过程中，采集到的由RGB三原

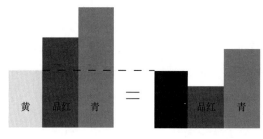

图 4-28　以黑墨取代黄、品红、青叠印
而成的中性灰色

色表示的彩色原图必须转换为 CMYK 表示的彩色输出图像，才能以印刷的方式输出。

② 黑版的作用

a. 弥补三原色油墨纯度不够的缺陷。由于三原色油墨的缺陷，分色误差或印刷墨色不匀等，都会导致叠印出的黑色或灰色偏色。采用适当的黑版套印后，可弥补中间调、暗调灰度不足和偏色的问题。

b. 增大图像的密度反差，加强中间调和暗调的层次。按常规印刷条件，C、M、Y 三色油墨叠加后的最大有效密度一般只有 1.5 左右，低于视觉分辨能力所能达到的密度范围，使得中间调和暗调层次平，反差小，画面轮廓发虚。采用黑版后，补偿三原色叠印密度不足，从而加大图像总的密度范围，增加图像的暗调反差、发虚的轮廓得到强调，暗调层次相对清晰。

c. 提高印刷适性，降低成本，解决文字印刷问题。减少画面暗调部分中性灰区域的彩色油墨量，用黑墨替代，既能满足图像色调的要求，又有利于提高印刷。而且节省彩墨，降低成本。另外大多数的印刷品页面图文合一，黑色文字不可能采用三原色叠印来再现。

d. 更好的再现以消色为主的图像。对黑灰色调较多的图像，如以黑墨为主的国画等，用黑版表现比用三原色方便的多，再配以灰版效果会更好。

③ 黑版的类型

a. 底色去除（UCR，Under Color Removal）。底色去除是指分色时减少彩色图像暗调范围内的以 C、M、Y 三原色表示的中性灰部分（包括暗调范围内独立的灰色、黑色像素和暗调范围内的某一彩色像素中的灰色成分），用相应的黑墨来代替。

需要限定的是：这种方法只针对图像中的暗调部位。它的结果是去除了暗调范围内大部分参加叠印的 CMY 彩色油墨，用黑色油墨替代，不侵犯图像的中间调和亮调的彩色部分。

图 4-29 是底色去除的阶调曲线图，从图中可以明显地看到，暗调范围内的黑色油墨量增大，而 C、M、Y 三原色的油墨量减少。

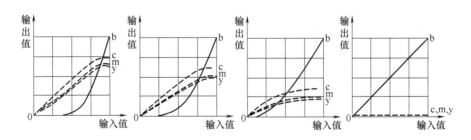

图 4-29 各种黑版生成量的变化曲线

b. 灰色成分替代（GCR，Gray Component Replacement）。灰成分替代是指分色时在整个阶调范围内部分或全部去除由黄、品红、青三原色油墨叠印形成的灰色（包括独立的灰色、黑色像素和某一彩色像素中的灰色成分），由黑墨来代替的工艺。

与底色去除相比，灰成分替代在更大的阶调范围内使用黑墨，它不仅包括暗调范围中灰色、黑色像素和灰色成分的替代，而且涵盖了中间调，甚至亮调部分灰色成分的替代。

通常将灰色成分替代的阶调范围设置定义为灰色成分中黑版的长度设置，黑版的长度越长，表示灰色成分替代的阶调范围越大；而将灰色成分的替代量的设置定义为黑版的宽度设置，黑版的阶调宽度越宽，即黑版量越大，表明每个像素中生成灰色的CMY三色被黑色油墨替代的越多。图4-30显示了黑版的长度设置和宽度设置后CMY油墨被替代量的变化。

c. 底色增益（UCA，Under Color Addition）。灰色成分替代模式中，随着黑版的设置值从无到较小直至最大值，相应地由CMY三原色彩色油墨叠印形成的灰色从部分直到全部由黑墨来代替，油墨的叠印量逐渐减少。但是随着彩色油墨的去除，在暗调部位会逐渐产生丢失细节的现象，为了克服这一不足，可以选择底色增益功能。底色增益是指在暗调复合色区域适当增加CMY彩色油墨量以增加细微层次感的一种方法。从图4-31中可以明显地看出，底色增益设置使得暗调部分的C、M、Y油墨量增加。

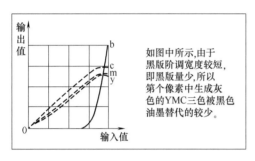

图4-30　灰成分替代阶调曲线图

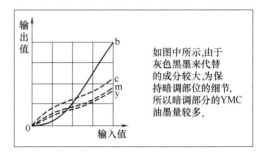

图4-31　底色增益阶调曲线图

④ 黑版的计算。采用不同的黑版替代方法，黑版生成量的算法不同。黑版的生成量也不同。黑版的生成计算一般包括正常分色黑版、部分和全部代替彩墨叠印生成的黑版。

正常分色黑版：黑版信号是通过计算获得的，是根据已分色的图像中各像素点的CMY三色信号按下列方法计算出黑版信号的大小：

$$black_i = S_i - \frac{1}{k}(L_i - S_i)$$ 　　　　（式4-6）

式中　$black_i$——计算所得的第i个像素点黑版量；

S_i——第i个像素点最小的单色墨量值；

L_i——第i个像素点最大的单色墨量值；

k——比例系数。

若令$\Delta = L - S$，则有：

$$black_i = S_i - \frac{\Delta}{k}$$ 　　　　（式4-7）

由上面两式可得如下结论：

a. 三原色油墨中的最小油墨量S是黑版生成的识别标志：当$S \leqslant 0$时，图像中对应像素点为纯色，无黑版；当$S > 0$时该像素为复合色，此时按一定的原则生成相应的黑版；

b. $\Delta = L - S$可表示复合色的饱和度：当$\Delta = 0$时，复合色为中性灰，黑版量最大；当Δ增大时，像素点的饱和度增大，黑版量减少；当Δ减小时，饱和度减小，黑版量增大；

c. k值反映了饱和度对黑版的影响程度：k值越大，则饱和度对黑版的影响程度越小；反之，影响程度越大。k 值通常可取为 $10\sim15$。

当印前工艺中采用了底色去除和灰成分替代时，则黑版必须增加与去除的三原色相应的黑版量，此时黑版的计算公式为：

$$black_{输出}=black_{计算值}+\mathrm{UCR\,(GCR)}_{补偿值} \tag{式 4-8}$$

例如底色去除的黑版计算方法中注重色彩的饱和度，其补偿值部分的计算公式为：

$$\mathrm{UCR}=S-\frac{1}{k}(L-S)=S-\frac{\Delta}{k} \tag{式 4-9}$$

式中　UCR——底色去除量（即黑版数量）；

　　　　L——青、品红和黄色油墨中的最大墨量；

　　　　S——青、品红和黄色油墨中的最小墨量，$\Delta=L-S$；

　　　　k——比例系数。

（2）总墨量限定技术（Total Ink Limit）　总墨量限定设置指在印前有输出功能的软件中，通过预设置，限定 CMYK 四色叠印网点百分比之和的最大值。通常，印品的密度应该随四色网点百分比之和值的增加而增加，但在实际印刷的过程中，由于纸张承受墨量的能力有限，以及暗调部位的网点扩大等因素，总墨量超过一定限制值后，获得的叠印密度不仅不增加，反而会产生许多印刷故障，主要表现为图像的中暗调部分并级、损失层次、清晰度严重下降；印刷过程中易产生纸张拉毛、脱粉甚至剥纸现象，印墨干燥不良，易发生印品背面"粘脏"现象，不利于高速多色套印等。同一幅图像采用不同的印刷方式印刷，总墨量限定值不同。胶版印刷的总墨量限定取决于印刷机类型、印刷纸张、油墨、橡皮布等因素。一般设定原则为：

① 使用从国外引进的先进设备印刷时，由于其设备运行稳定，加工精度高，印刷时网点增大值小，总墨量设置可大些，而用较差的国产设备印刷时，总墨量设置应小些。

② 用气垫橡皮布，包衬偏硬，印刷时网点增大值较小，则总墨量设置值应偏大，相反，使用普通橡皮布，包衬偏软，网点增大值较大，则设置值应偏小。

③ 涂布纸因吸墨性好，表面平滑度高，印刷时使用较小的印刷压力，网点增大值小，故设置值可大些，一般为 $330\%\sim360\%$。

④ 胶版纸因表面较粗糙，吸墨性较差，印刷时要使用较大的印刷压力，网点增大值较大，故总墨量设置值定在 310% 左右。

⑤ 新闻纸因吸墨量大，表面粗糙，且要实施高速湿压湿套印，网点增大值很大，故总墨量设置值定为 $250\%\sim280\%$。

（3）灰平衡控制技术　灰平衡控制技术，指保证原图中的中性灰色区域，复制之后仍然再现为中性灰的控制技术。分色技术的过程中首先要分解颜色，在后续的图像处理过程中，可能会出现在分通道中处理阶调或色彩的情况。稍有不当，就容易破坏原有的原色通道之间的平衡关系，造成图像偏色。由于对于中性灰区域正确再现的判断和调整都比较容易，所以灰平衡是彩色图像印刷中色彩再现的标尺，它能够表示彩色印刷中从浅到深整个画面色彩还原的好坏，是印刷生产中控制印刷品质量的一种手段。

灰平衡的控制还与后续印刷过程选择的纸张和油墨等相关。不同的油墨，其色度特性不同，要想达到某一中性灰色，要求有不同的 CMY 三色密度（或网点面积率）；不同的纸张，白度不同，对各色油墨的表色能力也就不同，因此应选择不同的灰平衡数据。虽然这些破坏灰平衡的因素产生在印刷过程，但为达到灰平衡而进行的补偿工作，是在印前系统中完成。

3. 四色印刷数字印前分色的实现

数字印前的分色可直接利用相应图像处理软件、图形处理软件、排版软件、色彩管理软件分色或专用软件分色完成分色，也可用扫描驱动软件、RIP 软件来完成分色等。在图像处理软件或排版软件中的分色称为预分色，在 RIP 中分色称为 RIP 内分色。对于喷墨打印机等台式设备则可以接受 RGB 数据，由设备驱动程序完成从 RGB 数据到 CMYK 数据的转换，最终记录到纸张上。

（1）分色参数设置的必要性　分色参数设置是将已知的印刷输出条件（包括原色油墨的色度值、纸张的色度值、黑版的类型、印刷过程中的网点扩大率）输入到印前图像处理软件中，从而保证彩色图像从 RGB 颜色空间准确转换到印刷输出的 CMYK 颜色空间。分色技术的关键是图像颜色模式转换，四色印刷中是由 RGB 颜色空间转换到 CMYK 颜色空间。CMYK 颜色空间是印品颜色空间，其描述颜色的特点和能力与原色油墨的色度值、纸张的色度值、黑版的类型、印刷过程中的网点扩大率等都有关系。只有这些因素都确定后，才能准确地完成 RGB 颜色空间到 CMYK 颜色空间的转换，否则，CMYK 颜色空间本身的坐标系统都没有确定，根本无法完成正确的颜色空间转换。在印前系统中，可以根据已知的印刷设备、油墨、纸张等进行相关参数设置，保证准确完成图像颜色模式转换，若对输出设备和材料处于未知，则暂不进行颜色模式的转换（参见第七章）。

（2）PhotoShop 软件中的分色参数设置　利用 PhotoShop 软件的【图像】/【模式】模块的功能可以很容易完成图像从 RGB 色空间转换到 CMYK 色空间。注意的是转换之前必须事先设定好将要转换的 CMYK 色空间的各项分色参数，才能使色彩转换后，得到的图像的 CMYK 四色数据满足印刷的要求（参见第七章）。选择 Photoshop 中【编辑】/【颜色设置】的对话框，可以在【工作空间】的 CMYK 下拉菜单中选择已经设定各项分色参数的 CMYK 颜色空间，如图 4-32 所示。倘若待转入的 CMYK 颜色空间不包含在软件提供的系列 CMYK 颜色空间中，可打开 CMYK 工作空间自行设置，如图 4-33 所示。

图 4-32　【颜色设置】对话　　　　图 4-33　Photoshop 的【CMYK】工作空间对话框图

① 油墨选项设置。油墨选项主要供用户指定印刷时所用的油墨品种、纸张类型以及印刷网点增大值。

a. 油墨颜色（Ink Colors）。油墨选项"Ink Colors（油墨颜色）"中需要设置与印刷相符的油墨品种和纸张类型。

Photoshop 在进行数字分色时通常采用 SWOP（Coated）作为分色的默认设置，它指的是在铜版纸上用符合轮转胶印出版规格（Specification for Web offset Publication）的油墨印刷。在大多数情况下用这一方法可得到很好的分色结果。

可以选用的油墨和纸张组合除 SWOP（Coated）外，还有用于报纸印刷的 AD—LITHO（Newsprint）、Dainippon Ink、欧洲油墨和纸张组合三种（分别是铜版纸、新闻纸和胶版纸）、SWOP 油墨除铜版纸外还有新闻纸和胶版纸、日本油墨（Toy Inks）和纸张组合四种（分别是铜版纸、亚光铜版纸、新闻纸和胶版纸）。如图 4-34 所示，每一种油墨纸张组合有不同的默认中间调网点增大值，这些数值是经过长期使用后统计出来的经验数字。

如果用户使用的油墨和纸张组合在清单中找不到，则可以按自己实际使用的油墨和纸张组合用打样的方法获得有关参数，建立自定义油墨纸张组合。在图 4-34【自定义 CMYK】对话框中的油墨颜色下拉菜单中选择【自定】项，打开自定义【油墨纸张组合】对话框如图 4-35 所示。

b. 网点增大（Dot Gains）。网点增大（Dot Gains）是印刷过程中一个不可避免的问题，此处的网点增大值表示在中间调 50% 处印刷时的网点增大值，该值的设置应根据后端印刷的情况来设置，随着网点增大值的增大，分色时应将相应的数据减小，这些减小就是为了弥补后端印刷时网点的增大。

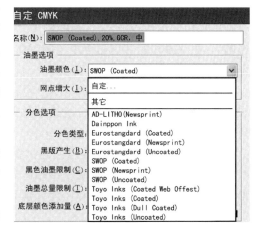

图 4-34 【自定义 CMYK】对话框中
可选用的油墨和纸张组合

网点增大的设置也可以在不同色版通道中分别进行，只要在网点增大对话框右下角的通道中选取适当项即可。

② 分色选项设置。在软件的【分色选项】中首先要选择分色类型，如图 4-36 所示。

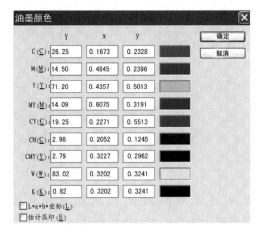

图 4-35 自定义【油墨纸张组合】对话框

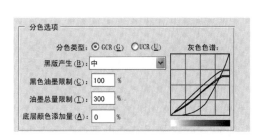

图 4-36 Photoshop 中的【分色选项】

可以选择 GCR 或 UCR，Photoshop 软件缺省用 GCR 来产生分色。

一旦选择了 GCR，就必须确定黑版的大小、黑色油墨量限制、油墨总量限制以及 UCA 的数量。对于以中性灰为主体的图像，UCA 增益量可设置为零；对于夜景和以低调为主的图像，其中间调色彩非常丰富生动，暗调保留有色彩及细节，适宜采用 UCA。对于同一类原稿，若 GCR 替代量较多，则 UCA 增益量相应增加，反之，则相应减少。

至于黑色油墨量限制主要用于控制黑版的最大网点面积率，对于以风景为主，色彩比较鲜艳的图像，通常不提倡使用 100% 的最大黑版网点面积率。

选择 GCR，只需进一步确定黑色油墨量限制、油墨总量限制即可。

4. 高保真彩色印刷分色技术

高保真彩色印刷技术，是以扩大印刷色域为主要目的。其主要特征是：印刷基色（原色）油墨多于常规 CMYK 四色。由于多于 4 色印刷调幅网印刷必然产生龟纹，所以，高保真印刷采用调频网点技术（参见本节二、图像加网参数，3. 调频加网及其对图像输出的影响），高保真印刷在色彩再现范围、印刷密度、清晰度和层次等方面都强于四色加网技术。

高保真印刷技术的核心是高保真分色技术，目前有两类分色模式：一类是以 ICISS 为代表的在交互式图形界面设置分色模型；另一类是以 Pantone Hexarome 为代表的高保真颜色查找表（CLUTs）固定分色模型。

ICISS 系统分色模型是直接应用光谱颜色分量建立的。印刷油墨颜色使用纽格伯尔方程式计算光谱值。系统内部算法支持印刷油墨色域内和色域外分别分色，中性灰和彩色灰模型分别设置，色相、饱和度和亮度分别调控，印刷色空间内颜色的色相和饱和度线性校正等功能。系统支持最多选择 16 种基色油墨，全部彩色油墨均可平等参与分色。

高保真分色的颜色查找表与四色分色的颜色查找表基于相同的原理，所不同的是需要对颜色空间的色相区间进行合理的划分，使油墨颜色匹配输入色能够保持最少的同色异谱，提高匹配的精度。

高保真的油墨印刷色域范围受印刷成本和设备条件等的影响，新增的原色油墨一般应根据实际需要选用。例如 Pantone Hexachrome 高保真六色分色模型，仅增加了橘红和亮绿色油墨。目前高保真分色模型有 Toyo 油墨系列和 Pantone 油墨系列，如图 4-37 所示。

高保真印刷一般印刷机以一次印刷全部基色油墨的机型为好，可是通过更换油墨，任意机型都可进行高保真印刷。所以，该技术适用于胶印、凹印、丝印、柔印等各种印刷工艺。

二、图像加网参数

印前图像输出前除了需要设置分色参数，还需进行加网参数设置，加网参数设置不同，对原稿图像的阶调、色彩清晰度的影响不同。按图像加网的方法不同，可分为调幅加网和调频加网，调幅加网仍然是加网的主流技术。

1. 调幅加网参数

调幅加网技术中每个网格内只有一个网点，网点都具有固定的空间位置，网点自身的光学密度相同，网点中心点之间的距离相等，在加网角度方向上，单位长度（每英寸或每厘米）内包含的网点数是相等的。在调幅加网的图像中，网点面积率的大小决定图像颜色

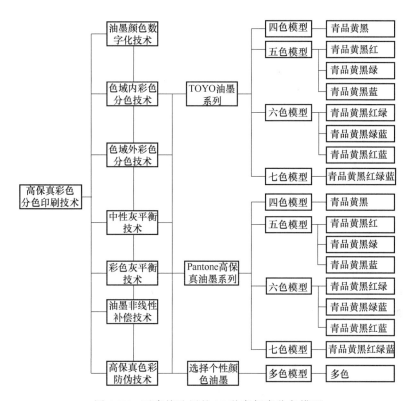

图 4-37　可直接选用的 16 种高保真分色模型

的深浅，即原色网点面积率只与数字图像相对应的原色通道灰度级相关。调幅加网需要设置的参数有网点形状、加网角度和加网线数。

① 网点形状。网点轮廓的几何形状通常有正方形、圆形、椭圆形等，为了获得较好的网点传递性能，还可以使用一些特殊形状的网点如欧几里德形、子母点形、同心圆等。

② 加网角度。衡量加网角度时，常将水平线或垂直线作为角度的基准线（0°），所以加网角度是指有公共邻边网格的中心点连线方向与基准线方向之间的夹角。如图 4-38（b）的正确加网角度是 45°。形状为中心对称的网点，一般取小于 90°的网线角度；中心不对称的网点，可以在网点长轴方向对网格中心点连线，网线角度可以大于 90°，比如椭圆、菱形网点等。

③ 加网线数（网线频率）。加网线数指单位长度上所具有的网线（点）数量。加网线数的度量是以线/in（line per inch，lpi）表示。加网线数反映了网点间距离，其数值大小决定了印刷品复制的精细程度。

应特别注意正确处理加网线数与输入分辨率、输出分辨率之间的关系［参见第二节数字印前原稿图像输入技术，二、图像原稿的输入，1. 扫描输入，（2）图像的扫描分辨率（Input）设定］。

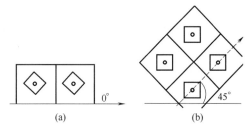

图 4-38　加网角度示意图

2. 调幅加网参数的设置

（1）网点形状的选择　随着网点百分比的增加，网点会相互搭接，造成密度值跃变，不同形状的网点发生搭接时的网点百分比不同，因此不同形状的网点表现出的图像层次效果不同。

圆网点在大约78％时，开始在四个方向与周围网点搭接；链形点呈菱形状或椭圆形状，有长轴和短轴两根轴，网点分别在两个方向先后搭接，在35％～40％时，网点在长轴方向搭接，到60％～65％时，短轴方向开始搭接；方形网点在约50％调值处四个方向开始搭接。

半色调图像中网点开始搭接后，随网点调值加深，网点开始逐步相互重叠，这时图像调值会陡然增加，出现印刷中调值跃升（或调值断裂）的情况。圆形网点和方形网点都是在网点的四个方向同时搭接，所以圆形网点较适合于中间调层次和高光层次丰富的图像再现，方形网点则较适合于高光和暗调层次丰富的图像层次再现。链形（或椭圆形）网点有两次搭接，会出现两次调值跃升，避开了中间调，减缓调值跃升强度。因此，链形网点特别适合于以中间调为主、细微层次丰富的人物风景画的加网。

（2）加网角度的选择　彩色印刷是通过多种不同颜色的油墨叠印来再现色彩的。多色油墨网点以不同的角度叠印，会产生条纹状的干扰现象，称为"莫尔条纹"。当这种条纹的干扰较为严重时，称为"龟纹"（Moiré）。

一般，当加网角度差为30°～60°之间时，龟纹对视觉的干扰较小，加网角度差为45°时，龟纹对视觉的干扰最小，故单色图像复制时，采用45°网角，该加网角度能产生平滑、舒适、不刺眼的感觉，视觉效果最好。

多色印刷中一般采用的加网角度分配有：三色网线角度：15°、45°、75°；双色网线角度：0°、45°；四色印刷时，由于90°范围内要分配四组加网角度，无法保证每组加网角度差都大于30°，所以一般将黄色安排在0°，其他三色版分别用15°、45°、75°的加网角度，这样虽然黄色版与其他两色版只相差15°，但由于黄色是叠印之后视觉影响最小的颜色，即使与其他色版叠印产生龟纹，也不会对视觉产生明显的干扰。通常将图像的主色版安排为45°。

常用的四色加网角度分配如下：一般原稿加网角度安排：黄0°、青15°、黑45°、品红75°；暖色为主的原稿加网角度安排：黄0°、青15°、品红45°、黑75°；冷色为主的原稿加网角度安排：黄0°、品红15°、青45°、黑75°。

（3）加网线数的选择　加网线数表示了网点基本单元的精细程度，用相同加网线数印刷出来的图像，相同面积内的网点数量是一定的，只是大小不同。网格单元越小，网目调图像的连续效果就表现的越真实。但用不同加网线数表现同一幅图像时，则会有不同的效果。显然，加网线数越高，网点越精细，能够表现更多的图像细节，图像层次表现的越丰富。但是，由于实际印刷条件的影响，加网线数并非越大越好。在选择加网线数时，应根据印刷品的质量等级要求、印刷幅面尺寸、承印材料的质量和印刷设备的状况进行合理选择。

在印刷品质量要求高、幅面尺寸小、承印材料质量高、印刷设备精度高且状态较好时，可选择高加网线数；反之，应选择较低的加网线数，以避免网点面积率扩大过高导致的大网点糊版丢失、小网点因无法转印丢失，造成图像层次损失。表4-3给出了加网线数的一般选择。

表 4-3　　　　　　　　　　　　　　　加网线数的一般选择

加网线数/lpi	一般应用	加网线数/lpi	一般应用
50～85	特大幅面印刷品(广告、海报)	150～175	铜版纸印刷的较高质量印刷品
85～100	新闻纸印刷的报纸、全张纸幅面的印刷品	175～200	铜版纸印刷的高质量印刷品
100～133	对开幅面印刷品、胶版纸印刷品	＞200	铜版纸印刷的特高质量印刷品

调幅加网技术比较成熟，特别是在中间调位置表现完美，对设备环境、印刷条件要求不高，广泛应用于印前处理中。然而，调幅加网技术仍存在一些难以避免的缺陷：

① 不支持四色以上的多色印刷。为了避免龟纹，调幅加网只能取 15°、45°、75°、90°四种加网角度。

② 输出设备分辨率低于 150 线/in，网点结构就会显现出来，影响图像质量。

3. 调频加网及其对图像输出的影响

调频加网在每个网格内，可以有多个网点，每个网点面积相同，网点自身的光学密度一致，通过网点出现的密集程度（出现的频率）来改变网点着墨面积率，从而体现原稿图像深浅的连续变化。因调频加网技术的网点分布是随机的，两组及两组以上网点叠印时不会产生龟纹，适合在 4 色以上的高保真、高质量彩色印刷以及数字喷墨印刷中使用。

调频网点细小，再现的图像清晰度高，色彩更饱和、更鲜明；因不存在加网角度，故不会产生龟纹；可采用大于 4 色印刷，而且可用低分辨率输出设备产生高质量输出产品。但因调频网点大小相等具有颗粒感，在中间调位置上难以控制每组网点的位置，尤其在平网时会出现墨斑，不利于图像阶调层次再现。

由于调幅调频加网单独使用都有不利于原稿图像正确再现的因素，借鉴调幅和调频两种网点特性，开发了调幅/调频混合加网（Hybrid Screening）技术，该加网方式网点面积和网点出现的空间频率都随图像的深浅变化，既体现了调频网点的优势，又具有调幅网点的稳定性和可操作性。

调幅/调频混合型网点有不同的"混合"方法，典型的混合方法是在中间调部分使用调幅加网，亮调及暗调部分采用调频加网，这种加网方式中间调过渡自然；高光和暗调细节表现较好。

需要说明的是调幅加网和调频加网方式并不完全适合凹版印刷，凹版印刷是利用可容纳油墨的下凹网穴传递油墨，为防止油墨在凹版版面内的无序流动，必须保留一定宽度的网墙，因此其最大网点面积率无法达到 100％。按照凹印版网穴特征的差异，凹版印刷网点分为三类：

① 光学密度调制型。网穴的凹下深度随图像变化，网穴的开口面积和空间频率不变。在印品上，网点的光学密度可变，而网点面积率和加网线数不变。

② 面积率调制型。网穴的凹下深度不变，网穴开口面积随图像变化，网穴的空间频率相同。

③ 光学密度及面积率双调制型。网穴凹下深度和开口面积随图像变化，网穴的空间频率相同。在印品上，网点的光学密度和网点面积率都可变。

第六节 半色调图像和色彩管理后图像的质量评价

彩色图像经历了图像的处理、加网、分色以及色彩管理等工序，最后印刷输出。加网的目的是将连续调的彩色图像转换成可以印刷输出的半色调图像；而色彩管理的目的是确保印刷输出的彩色图像和原稿尽可能具有同样的视觉感受，一般会以软打样的方式模拟再现印刷输出的彩色图像。半色调图像和色彩管理后的图像是彩色图像印前处理中重要的阶段性数字图像，其质量的优劣直接影响着最终输出图像的质量。

半色调图像和色彩管理后的图像的质量评价是评价其接近原稿图像的程度。

图像质量评价方法包括主观评价和客观评价两类，主观评价方法凭借实验人员的主观感知来评价图像的质量，客观评价方法依据模型给出的量化指标，模拟人类视觉系统感知机制衡量图像质量。主观评价法的优点是能够真实反映图像的直观质量，评价结果可靠，无技术障碍；其不足是：需要对图像进行多次重复实验，无法应用数学模型对其进行描述，耗时多，费用高，难以实现实时质量评价。相比主观评价，客观评价方法可批量处理，结果可重复再现，不会因为人为的原因出现偏差。

客观评价方法的优劣是依据主观评价结果来评判的，客观评价模型的评价结果与主观评价结果越接近说明该客观评价模型性能越好。

一、半色调图像的质量评价

1. 数字半色调图像人眼视觉成像机理

图像的数字半色调技术利用了人眼视觉系统的空间模糊机制，即人眼视觉的低通滤波特性。人眼对光强或颜色的变化具有低通滤波的特性，对图像中高频的部分不敏感，当人们在一定距离下观察时，人眼看到的半色调图像某一小块的灰度值与原连续调图像相同位置的灰度值相同或近似相等，这样在整体上半色调图像不同的位置出现了不同的灰度值，也使得人眼感觉其阶调和层次是连续的，所以半色调图像和连续调图像才会有相似的视觉感受。因此，网目调图像在视觉上能否与原图一致，很大程度上依赖于图像像素相互之间的光学作用及其在人眼视觉上产生的影响。数字网目调图像的质量直接决定输出印刷品的质量，因此对网目调图像进行评价，有利于比较网目调算法的优劣，促进算法的改进，并最终改善图像输出质量。

2. 半色调图像评价方法

目前常用的客观评判图像质量的方式是统计参考图像与测试图像之间的像素差值。但还没有官方颁布的半色调图像的评价标准，研究者们在常规的客观评价方法的基础上结合半色调图像的特点提出了一些半色调图像质量的客观评价方法。

常用的客观评判图像质量的方法有均方误差 MSE（Mean Squared Error）、信噪比SNR（Signal-to-Noise Ratio）、结构相似度法（SSIM，Structural Similarity）以及这些方法的改进版，还有基于人眼视觉系统（HVS）特性的质量评价方法等。基于 HVS 评价方法的思路是：结合人眼视觉特性以及半色调图像的特征，对数学统计方法进行改进，提出适用于半色调图像的图像评价方法。

比如 DECOR—WSNR（Decorrelated Weighted Signal—to—Noise Ratio）去除相关

性的权重信噪比方法是研究者提出的评价半色调图像质量的方法之一，其具体方案为：把连续调图像和半色调图像分别与人眼的点扩散函数相卷积，计算得到的结果图像相当于这两幅图像在人眼中的成像。利用这两幅卷积图像的误差图像的统计特性作为评价半色调图像的方法。各种评价方法的具体算法，读者可查阅相关资料获取。

二、色彩管理后图像的质量评价

由于颜色具有设备相关性和环境相关性，导致颜色在不同设备之间传递时，常常会产生一定的失真，色彩管理的目的是尽可能减小这种颜色的失真（色彩管理相关详细内容见第七章）。原稿图像和显示或印刷得到的复制图像可能会在不同的观察环境下被观看，因此，现代色彩管理系统中充分考虑了环境对图像视觉感受的影响。

采用客观评价方法评价复制图像的失真程度时，评价的是数字图像之间的图像差异。原稿图像和复制图像可能处于相同的观察环境下，也可能处于不同的观察条件下，针对这两种观看情况，对复制图像进行质量评价时，应该采取不同的评价模型。

图像色差评价模型常被用来评价复制图像与原稿图像之间的差异。图像色差评价模型是指能够预测人眼视觉对图像色差感知的模型，是一种可代替视觉观察者的客观计算图像色差方法。评价方法一般包括以下几步：首先，通过色空间转换将原稿图像和再现图像从一个表示图像的标准色空间（如 CIELAB、CIEXYZ 等色空间）转到一个更贴近人眼视觉的颜色空间（如对立色空间）；然后再根据人眼视觉系统的特点采用相应模型处理原稿图像及再现图像，这种情况下获得的图像更加贴近实际人眼观察的图像效果；最后，计算图像的色差值，通常的计算方法是逐个像素进行计算后再对数据进行处理（如求均值），最后得到图像色差值。其中的关键技术就是选取合适的色彩空间及相应的色差计算算法。被广泛采用的评价模型包括以下几类。

1. ΔE_{ab}^* 色差公式

色差公式 ΔE_{ab}^* 是目前印刷、染料等涉及表面颜色的工业部门普遍使用的色差公式。ΔE_{ab}^* 利用 LAB 色空间具有视觉均匀性的特点，在该空间中计算出两个颜色之间的欧几里得距离，就可以得到这两个颜色的视觉感受差异，即色差。

在 CIELAB 空间中，两个颜色之间的色差计算公式为：

$$\Delta E_{ab}^* = \sqrt{(\Delta L^*)^2 + (\Delta a^*)^2 + (\Delta b^*)^2} \qquad (式 4-10)$$

因此用 ΔE_{ab}^* 色差模型计算图像色差的过程是：首先逐个计算原图像与再现图像中对应像素 (x, y) 的色差 $\Delta E_{ab}^*(x, y)$，然后再求得所有像素色差的平均值，该平均值 $\overline{\Delta E_{ab}^*}$ 是再现图像与原图像之间的图像色差。

$$\overline{\Delta E_{ab}^*} = \frac{1}{MN} \sum_{x=0}^{m-1} \sum_{y=0}^{n-1} \Delta E_{ab\,(x,y)}^* \qquad (式 4-11)$$

但由于人眼对图像中微小细节的敏感程度没有对均匀色块的敏感程度高，所以用该色差模型计算图像色差时，因其没有考虑人眼视觉特性的特点，最终计算得到的图像色差并不能准确反映人眼的视觉观察结果。

2. S-CIELAB 模型

为改善 CIELAB 色差公式的局限性，Zhang 和 Wandell 在 1996 年对 CIELAB 色差计算公式进行了优化，得到了模型 S-CIELAB。S-CIELAB 模型考虑了人眼视觉系统的空间特性，将人眼 CSF（Contrast Sensitivity Functions，人眼对比度敏感函数）加入色差计算中。S-CIELAB 模型首先将图像变换到对立色颜色空间，对每个颜色分量的图像进行空间模糊处理以模拟人眼视觉系统特性，即进行空间滤波。然后，将对立色颜色分量的图像转换到 CIEXYZ 色空间，最后变换到 CIELAB 色空间，进行色差计算。具体计算步骤分为色彩分离、空间滤波处理和色差计算三步：

（1）色彩分离　人眼视觉系统对彩色和非彩色在频域的敏感程度不同，为了能分别处理，需要将色彩转换到对立色空间，即黑—白、红—绿和黄—蓝三个对立色空间。XYZ 变换为三个对立色 AC_1C_2 变换公式如下：

$$\begin{bmatrix} A \\ C_1 \\ C_2 \end{bmatrix} = \begin{bmatrix} 0.2787 & 0.7218 & -0.1066 \\ -0.4488 & 0.2898 & -0.0772 \\ 0.0860 & -0.59 & 0.5011 \end{bmatrix} \begin{bmatrix} X \\ Y \\ Z \end{bmatrix}$$ （式 4-12）

（2）空间滤波处理　分别对三个通道进行 CSF 空间滤波，CSF 空间滤波为 2-D 卷积，卷积核为：

$$f = K \sum_l \omega_i E_i$$ （式 4-13）

$$E_i = k_i \exp\left[-(x^2 + y^2)/\delta_i^2\right]$$ （式 4-14）

其中系数 K、k_i 是归一化因子，K 是为了使滤波 f 的累加和为 1，k_i 是为了使 E_i 的累加和为 1。参数 ω_i 和 δ_i 的取值如表 4-4 所示。

表 4-4　　　　　　　　　　　　S-CIELAB 中参数 ω_i 和 δ_i 的取值

	i	ω_i	δ_i
亮度通道	1	1.00327	0.0500
	2	0.114416	0.2250
	3	-0.117686	7.0000
红绿通道	1	0.616725	0.0685
	2	0.383275	0.8260
黄蓝通道	1	0.567885	0.0920
	2	0.432115	0.6451

（3）色差值计算　将滤波后的图像由对立色空间逆转换到 CIEXYZ 色空间，再变换到 CIELAB 色空间，进行色差计算。

将对立色变换到 XYZ 是（式 4-12）的逆变换，如（式 4-15）所示：

$$\begin{bmatrix} X \\ Y \\ Z \end{bmatrix} = \begin{bmatrix} 0.97960 & -1.53472 & 0.44460 \\ 1.18898 & 0.76435 & 0.13512 \\ 1.23183 & 1.16316 & 2.07841 \end{bmatrix} \begin{bmatrix} A \\ C_1 \\ C_2 \end{bmatrix}$$ （式 4-15）

与 ΔE_{ab}^* 色差模型相比较，S-CIELAB 模型在预测图像色差方面的性能提高了很多，更加符合人眼的视觉效果，但是 S-CIELAB 模型是在空间域进行的图像处理，与频率域相比，空间域的处理精度较低、效果较差。

3. 色相角算法

色相角算法是为了更好的适应人眼视觉特性而提出的，其核心思想为：①对于视觉感受系统而言，图像中像素不是同等重要的。必须分析判断图像中不同像素的重要性并根据其重要性选择合适的加权参数。②大色块的加权值应该较大一些。③像素间色差较大时也应该取较大的权重参数，比如色域映射之后的再现图像与原图像中部分的像素可能有很大的差异。④人眼分辨图像时，色相是一个重要的感知因素。因此在评价图像色差时，应该在色相的基础上进行评价。

色相角算法的具体计算过程如下：

① 将图像变换到 L，a，b 空间，再转到 L，c，h 色彩空间。

② 计算色相的直方图，即每个色相出现的概率，存储为数组 $hist[hue]$。

③ 以升序排列 $hist[hue]$，然后将该数组划分为四个部分。

a. 数组中满足条件 $\sum_{i=0}^{n} hist[i] < 25\%$ 的前 n 个色相：

$$hist[i] = hist[i]/4 \qquad (式 4\text{-}16)$$

b. 在剩余的数组元素中满足条件 $\sum_{i=n+1}^{n+m} hist[i] < 25\%$ 的 m 个色相：

$$hist[i] = hist[i]/2 \qquad (式 4\text{-}17)$$

c. 在剩余的数组元素中满足条件 $\sum_{i=n+m+1}^{n+m+l} hist[i] < 25\%$ 的 1 个色相：

$$hist[i] = hist[i] \qquad (式 4\text{-}18)$$

d. 剩余的数组元素：

$$hist[i] = hist[i] * 2.25 \qquad (式 4\text{-}19)$$

④ 计算每个色相对应的图像中所有像素的平均色差，不同色相的平均色差存储为 $CD[hue]$。

⑤ 计算整幅图像的色差。

$$CD_{image} = \sum hist[hue] * CD[hue]^2/4 \qquad (式 4\text{-}20)$$

由以上步骤可以看出，色相角算法的基本思想是再现图像中的不同颜色的色差等级以不同的权重水平进行处理。

4. 基于空间特性和色相角特征的评价模型 SHAME

Marius Pedersen 综合了 S-CIELAB 模型与色相角模型的优势提出了基于空间色相角评价的方法（the Spatial Hue Angle MEtric，SHAME）模型。其主要原理是将 S-CIELAB 模型中的空间滤波过程提取出来，独立成一个模块，然后运用到色相角模型中。SHAME 模型的图像色差计算流程如图 4-39 所示。

图 4-39 SHAME 图像色差模型的流程

Pedersen 根据空间滤波过程所采用滤波器的不同，将 SHAME 模型分为 SHAME-I 模型与 SHAME-II 模型，SHAME-I 模型中采用了 S-CIELAB 模型中所采用的空间滤波器，SHAME-II 模型中在频率域中进行滤波处理，且滤波器是由 Johnson 和 Fairchild 新提出的，与 S-CIELAB 模型中的空间滤波器有所不同。在频率域中，能够更好的控制滤波器的形状，结果也更加精确。

SHAME-I 模型与 SHAME-II 模型的详细计算过程可参阅参考文献［29］和［30］。

5. 图像色貌模型 iCAM

图像色貌模型（Image Color Appearance Model，iCAM）整合了 CIECAM02、IPT 和 S-CIELAB 模型的优点，汲取了 CIECAM02 优良的色适应变换方法、IPT 出色的色相均匀性和 S-CIELAB 的图像色差计算功能，iCAM 可以实现传统的色貌预测能力、可以计算空间视觉属性和图像色差。

iCAM 计算图像差的步骤如下：

① 色适应变换。iCAM 采用了 CIECAM02 中的色适应变换方式，将图像中的像素值从 XYZ 值变换到锥响应空间的 RGB 值，然后再将其变换到适应后的 $R_cG_cB_c$。

② 将适应后的锥响应 $R_cG_cB_c$ 变换到对立色空间 IPT 中。

③ 计算色貌属性值和图像之间的色差值。

采用 iCAM 计算图像差的详细计算过程可参阅参考文献［17］-［19］，［30］。

以上几种计算色差的模型中，ΔE_{ab}^* 色差模型没有考虑人眼视觉的低通滤波特性和图像的视觉感受特性，更适合计算色块之间的色差，S-CIELAB 考虑了人眼视觉系统的低通滤波，色相角算法考虑了图像中不同特点像素的视觉感受特性，SHAME 模型结合了 S-CIELAB 和色相角算法的优点，既考虑了人眼视觉的低通滤波特性也顾及到了图像中不同像素的视觉感受特性，能够较为全面的衡量复制图像的质量，但以上模型均未考虑环境对图像视觉感受的影响，iCAM 模型顾及了环境对图像视觉感受的影响和人眼视觉低通滤波的特性。因此，针对不同的应用环境，需要选择不同的色差模型来评价复制图像的质量。

习　题

1. 解释以下基本概念：像素；颜色位深度；图像分辨率；图像颜色模式。

2. 图像的数字化过程分为哪几步？每一步的作用是什么？

3. 如何根据数字图像的不同输出方式，设定图像的扫描输入分辨率？

4. 印刷图像为什么要进行阶调压缩？影响阶调复制再现的关键因素有哪些？

5. 以一幅图像为例，分别介绍寻找黑白场和设置黑白场的方法。

6. 在 PhotoShop 软件中，哪两种颜色调整功能是在 HSB 颜色空间中进行？为什么？

7. PhotoShop 软件中 USM 锐化处理功能的机理是什么？在软件中是如何操作的？

8. 分色参数设置主要包括哪些设置？以 PhotoShop 软件为例分别介绍这些参数的设置方法。

9. 黑版有哪几种类型？有何区别？

10. 印刷输出前，调幅加网需要进行哪些参数设置？如何设置？

11. 原稿图像的观察环境和复制图像观察环境是否一定相同，有几种可能？针对不同的观察环境组合可能，如何选择复制图像的质量评价模型？

参 考 文 献

［1］ 金杨. 数字印前处理原理与技术［M］. 北京：化学工业出版社，2016.

［2］ 刘真，张建青，王晓红. 数字印前原理与技术［M］. 北京：中国轻工业出版社，2010.

［3］　王强. 分色原理与方法［M］. 北京：印刷工业出版社，2007.

［4］　史瑞芝，曹朝辉. 基于 7 色高保真彩色印刷的颜色分色模型［J］. 测绘科学，2007（09）.

［5］　郑元林，周世生. 印刷色彩学［M］. 北京：印刷工业出版社，2013.

［6］　姚海根，郝清霞郑亮等. 数字印前技术［M］. 北京：印刷工业出版社，2012.

［7］　谢普南，王强主译. 印刷媒体技术手册［M］. 广州：新世纪出版公司，2004.

［8］　万晓霞，谢德红，徐锦林. 基于加网算法与算法适应性的半色调图像质量评价方法［J］. 武汉大学学报（信息科学版），2006，31（9）：765-768.

［9］　S H，Allebach J P. Impact of HVS models on model-based halftoning［J］. IEEE Transactions on Image Processing，2002，11（3）：258-269.

［10］　徐国梁，谭庆平. 基于非理想打印机模型的半色调化图像质量评价方法研究［J］. 计算机科学，2010，37（10）：228-232.

［11］　徐国梁. 彩色印刷图像混合半色调化关键技术研究［D］. 国防科学技术大学，2010.

［12］　刘长鑫，刘真，杨晟炜，等. PSNR 在网目调数字图像质量评价中的应用研究［J］. 包装工程，2012（7）：116-119.

［13］　周啸，史瑞芝，黎达，等. 重构指标模型下的半色调图像质量评价［C］. 2015 中国印刷与包装学术会议. 2015.

［14］　周奕华，卢健. 数字加网图像质量评价方法的研究［J］. 包装工程，2006，27（5）：116-117.

［15］　Johnson G M，Fairchild M D. From color image difference models to image quality metrics［J］. International Congress on Imaging Science，2002.

［16］　Fairchild M D. Color Appearance Models［M］. JOHN WILEY & SONS，INC，2013.

［17］　廖宁放，石俊生，吴文敏. 数字图文图像颜色管理系统概论［M］. 北京理工大学出版社，2009.

［18］　胡威捷，汤顺青，朱正芳. 现代颜色技术原理及应用［M］. 北京理工大学出版社，2007.

［19］　Johnson G M，Fairchild M D. Darwinism of Color Image Difference Models［C］. Final Program and Proceedings - IS and T/SID Color Imaging Conference，2001：108-112.

［20］　Doi R. Red-and-green-based pseudo-RGB color models for the comparison of digital images acquired under different brightness levels［J］. Journal of Modern Optics，2014，61（17）：1373-1380.

［21］　Earola Tuomas，Kamarainen J K，Lensu Lasse. Framework for Applying Full Reference Digital Image Quality Measures to Printed Images［C］. SCIA. 2009：99-108.

［22］　Eerola T，Lensu L，Kálviáinen H，et al. Full Reference Printed Image Quality：Measurement Framework and Statistical Evaluation［J］. Journal of Imaging Science & Technology，2010，54（1）：1-13.

［23］　Eerola T，Bovik A C. Study of no-reference image quality assessment algorithms on printed images［J］. Journal of Electronic Imaging，2014，23（6）：061106.

［24］　Johnson G M，Fairchild M D. A Top Down Description of S-CIELAB and CIEDE2000［J］. Color Research and Application. 2003，28（6）：425-435.

［25］　黄小乔，石俊生，姚军财等. 一种基于 S-CIELAB 的图像质量评价模型［J］. 云南师范大学学报. 2006，26（5）：48-51.

［26］　Zhang X. and Wandell，B. A. A Spatial Extension of CIELAB for Digital Color Image Reproduction［C］. SID Sym. Tech. Digest，1996：731-734.

［27］　Hong G，Luo M R. New Algorithm for Calculating Perceived Color Difference of Images［J］. The Imaging Science Journal. 2006，54：86-91.

［28］　Marius Pedersen. Image quality metrics for the evaluation of printing workflows［D］. University of Oslo，2011.

［29］ Pedersen Marius，Hardeberg J Y. A New Spatial Hue Angle Metric for Perceptual Image Difference［J］. Lecture Notes in Computer Science，2009，5646：81-90.

［30］ Fairchild M D，Johnson G M. The iCAM Framework for Image Appearance，Image Difference，and Image Quality［J］. Journal of Electronic Imaging，2004，13（1）：126-138.

［31］ 武海丽，黄庆梅，苑馨方等. 基于 S-CIELAB 和 iCAM 模型的图像颜色质量评价方法的实验研究［J］. 光学学报. 2010. 30（12）：3447-3453.

第五章　排版和拼大版技术

排版又称为组版（在书刊印刷中，一般称为排版）是指将图文按照出版物所要求的版面布局组合形成单页，单页的页面尺寸与成品书刊或画页相同，排版后的文件称为单页文件（Page file）。拼大版特指依据印刷幅面、单页开数、装订方式以及印刷幅面的最大利用率规则将多张页面整合成为大版，拼大版后的文件称为大版文件（Sheet file）。

第一节　数字排版技术

页面的三类要素：文字、图形和图像，是使用不同的软件和设备采用不同的方式采集和处理，这在第三章和第四章中已经分别有较详细的论述，排版是将这三类页面要素按照事先设计的版式组合在一个页面上。它包括在文字采集过程中，按照版式排布文本和在专门的排版软件中的页面图文混排，排版的阶段性产品是一组图文合一的单页页面文件。

一、排版基础知识

排版指按照设计好的版式排布图文，版式设计则需要首先确定出版物的成品尺寸，图文排版是在确定的规格尺寸内进行。

1. 纸张规格和开法

页面尺寸是依据印刷品要求来确定，同时受制于生产的纸张大小。一张按国家标准分切好的平板原纸称为全开纸，在以不浪费纸张、便于印刷和装订生产作业为前提下，页面尺寸系列对应于把全开纸进行依次等面积裁切后获得的尺寸系列，在我国称为开数，开数系列中包括全开、对开、四开、八开……。由于国际国内的纸张幅面有几个不同系列，因此虽然它们都被分切成同一开数，但其规格大小却不一样。装订成书后，尽管它们都统称为多少开本，但书的尺寸却不同。在实际生产中通常将幅面为 787mm×1092mm 或 31in×43in 的全张纸称之为正度纸；将幅面为 889mm×1194mm 或 35in×47in 的全张纸称之为大度纸。787mm×1092mm 纸张的开本是我国自行定义的，与国际标准不一致，因此，以其为全张纸裁切的开数系列是一种需要逐步淘汰的非标准开数系列。

表 5-1 是 ISO 国际标准纸（印刷成品、复印纸和打印纸）的尺寸，类别 0 表示全开；1 表示对开；2 表示四开……。

表 5-1　　　　　　　　　　　　　标准开本及尺寸　　　　　　　　　　　单位：mm

类别	A 系列	B 系列	C 系列
0	841×1189	1000×1414	917×1297
1	594×841	707×1000	648×917
2	420×594	500×707	458×648
3	297×420	353×500	324×458
4	210×297	250×353	229×324

我国国家标准中规定的纸张尺寸均为造纸厂的纸张出厂尺寸，即原纸尺寸。对单张平板纸而言，印刷前要将原纸四周裁切成光边后才能使用，787mm×1092mm 的原纸尺寸，经光边后的印刷基本尺寸为 780mm×1080mm，表 5-2 是该纸系列开数的尺寸。

表 5-2	780mm×1080mm 纸张开本及尺寸		单位：mm
开本（二分法）	印刷纸张尺寸	开本（三分法）	印刷纸张尺寸
2 开	540×780	3 开	360×780
4 开	390×540	6 开	360×390
8 开	270×390	9 开	260×360
16 开	195×270	12 开	195×360
32 开	135×95	18 开	180×260
64 开	97.5×135	24 开	180×195
		48 开	97.5×180

在有些情况下，全开纸张可以进行二分法或三分法的裁切，如图 5-1 所示。也可以根据用户的需要进行裁切，没有固定的格式。

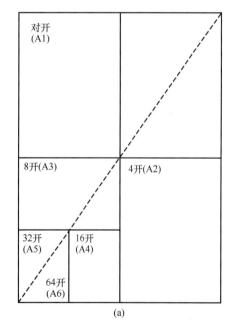
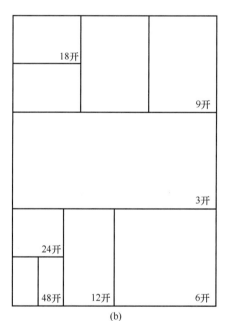

图 5-1　纸张开本

（a）二分法　（b）三分法

2. 版面结构

版面是指在书刊、报纸的一面中图文部分和空白部分的总和，即版面是由空白部分和版心部分组成，排版一般只在版心之内进行。图 5-2 所示的书籍版面结构示意图。书籍的版面构成要素主要包括：

（1）版心　位于版面中央，排有正文文字的部分。版心的尺寸取决于版心的 4 个参数：正文字号、每页行数、每行字数和行间距离，这 4 个参数一经确定，版心大小也就确定了。版面上的页码和书眉排在版心之外。

（2）书眉 排在版心上部的文字及符号统称为书眉。通常是由为篇章检索提供的标注文字和页码以及书眉线组成。

（3）页码 书刊正文的每一页都排有页码，页码可以根据需要统一排布在版心下方的正中、右下角或便于查询的其他位置。

（4）注释 又称注文或注解，是对正文内容或对某一字词所作的解释和补充说明，排在每页下面的称为脚注；除此，排在字行中的称为夹注；排在每篇文章之后的称为篇后注；排在全书后的称为书后注。在正文中标识注文序号的编码或标记称为标码。

报纸的版面结构如图 5-3 所示。

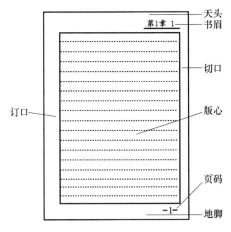

图 5-2 书籍版面结构示意图

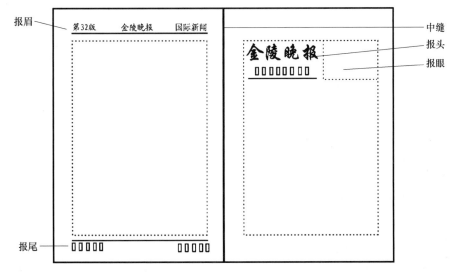

图 5-3 报纸版面结构示意图

3. 排版内容和基本规则

排版内容包括在文字录入过程中，首先完成文字初排和按照版式的要求将原先分开处理的文字、图形、图像三要素混排组合在某一固定规格的页面上。排版的主要内容包括：

（1）封面排版 封面的拼排，要以原稿作依据，原稿上一般包括封一（封面）、书脊、封四（封底）三个部分。书脊是联结封一、封四的脊部，一般排封面先从书脊着手。书脊的厚度决定了书脊要不要排字和书脊字的大小。通常以 $52g/m^2$ 胶版纸为准来计算书脊厚度，即以 100 页 3.5 mm 计，其计算公式：书脊厚＝页数×3.5/100（mm）。正文在 80 页以内一般不排书脊字。

（2）标题排版 标题的排版以层次分明、美观醒目为原则。所谓层次分明指标题应该分级明显。根据文章或书刊内容的需要，标题分为一级标题、二级标题……，通常不超过五级。每级标题采用不同的字体或字号进行区分，第一、二级标题排版为居中排为多。所谓美观醒目指标题要注重字体字号的选择，标题的字号要根据版面大小和标题的级别选择，版面大则选择字号大，不仅各级之间有明显的区分，还要与正文明显区分。标题的排版还应该考虑标题与正文之间的距离，通常为"上大下小"，即与上部的正文之间的距离是与下部正文之间距离的 1.5 倍。标题排版中的常用规则有：

① 图书的篇、章标题另页起。图书的前言、序、篇标题、章标题应该被排在页码最开始的起排位置。

② 标题中可以有标点符号，但是题末不允许加标点符号。

③ 标题禁止排在页末。

（3）正文与书眉排版　对于文字版式设计，主要是针对文字的排列形式进行全版的布局设计，所以文字排版的主要内容涉及的基本参数为版心参数、字体字号和行间距离。排版利用不同的参数组合可以设计出不同开本大小、不同风格的图书版式。

图书的正文一般使用 5 号字。版心的尺寸与图书的开本相关。版心周围的空白部分通常设置为上宽下窄、左宽右窄（左边有订口）。正文的行距通常设置为一个字的 1/2 以上，但是也不宜过大，行距超过了一个字高，不仅显得松散，而且使版面文字的容量减少 1/2～1/3。

正文排版还可以选择通栏或分栏格式如图 5-4 所示。通栏指每行字数与版心同宽，一页中只有一栏；分栏指在一段或一页正文中将版心的宽度分成两栏以上。开本较大的图书多采用两栏的格式，这样可以克服因横排较长造成视觉上的阅读不便。

在正文中的主要排版规则有：

① 除特殊格式（如悬挂缩进）外，每段首行必须空两格。

② 每行之首不能是句号、分号、逗号、顿号、冒号、感叹号或引号、括号等的后半个，而行末不能排引号、括号等的前半个。

③ 排版的过程中做到"单字不成行，单行不成页"。即排版遇到段落末尾为一个字一行，或文章末尾一行字一页的情况，应该作特殊处理，设法将该单字或单行缩掉或增加字数或行数。

不是每本图书都需要书眉。书眉的作用是便于读者随时掌握所翻阅的章节内容，同时可以起到装饰版面的作用。书眉的字体应该与正文区分，字号小于正文 1 号为佳。位置在版心之上的天头部分或版心之下的地脚部分，可以用书眉线与正文之间隔开。

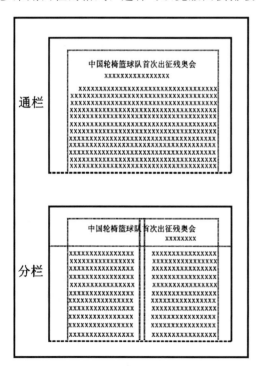

图 5-4　通栏，分栏结构示意图

（4）目录排版　目录反映了全书的内容结构，及各章节所在页码，以引导读者阅读。排目录时要注意内容要与标题完全一致，所在页码与标题之间要用"三连点"连接起来，且不得少于两个。若有作者署名，署名需在页码之前并加空一个字，如图 5-5 所示。

目录
作者署名
第一章 XXXXX……………XXX 1
第一节 XXXXXX……………………1
第二节 XXXXX………………………5
第二章 XXXXXXX………………6
第一节 XXXXXX……………………6
第二节 XXXXXX……………………10
第三节 XXXXXX ……………………12
第三章 XXXXXXX………………18
第一节 XXXXXX……………………18
第二节 XXXXXX……………………20
第三节 XXXXXX……………………26
三连点
第四章 XXXXXXX………………28
第一节 XXXXXX……………………28
第二节 XXXXXX……………………30

图 5-5　书籍目录结构示意图

（5）注释排版　注释有脚注、页后注、篇后注、书末注等几种形式。注释的字号一般比正文字号小。注码紧跟在需要标注的内容之后，经常使用上标的方式标注。

脚注的特点是把这一页中出现的注文排在本页的下面，脚注与正文之间用一条注文线相隔，阅读起来很方便。缺点是当注文比较多时，页面显得不完整。

页后注的排版与脚注基本相同，区别是将左、右两个版面的注文集中排在右页正文的下方，即单页码的下方，这样既可以保持阅读的连续，又方便注文的查阅。

篇后注是将所有注文排在该篇或者这一章节的最后，版面比较完整，但阅读不太方便。

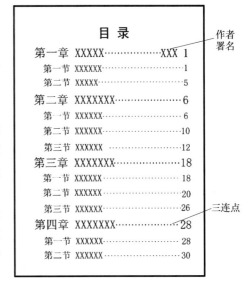

书末注则将注文内容集中排在全书的最后，读者阅读时需要翻页看注，但阅读不太方便。

（6）插图的排版　书刊版面中的插图应该配有图题，图题由图名和图号组成。图名一般不长，中间可以有逗号、顿号等形式，图名的末尾不应该有句号。图号也叫图序、图码，是书刊中插图的顺序编码。有的插图还有图注，图注是图片的文字注释，用以说明插图的各部分名称或内容。图题安排在图的下方正中为佳，与下面正文之间的距离为正文字号的 1～1.5 倍，通常使用与正文相同或者小 1 号的字号。

考虑方便阅读和版面美观两个方面。插图的排版规则是：

① 先见文，后见图。因为读者的正常阅读顺序，是先读到文字内容，再看相关的插图，两者相互呼应。

② 图文紧排，插图随文走。为了阅读方便，插图与相关的正文应该安排在同一页上，之间距离不可太大。实在无法排在同一页时，也应做到排在同一对页中（当把书刊平摊开阅读时，双页码在左、单页码面在右，同处在一个平面上，形成一个对页），使阅读时不会出现翻页看图的别扭现象。尤其要注意插图应在本章节中排放，不应把插图排放到下一章或者下一节中去。

2008年8月24日，北京奥运会闭幕式上，连续两届蝉联奥运会羽毛球女单冠军的老将张宁，担任中国代表团的旗手。
从自己夺冠那一刻开始，张宁自己便有一个小愿望就是能到现场看看北京奥运会的闭幕式。“之前参加奥运会都是因为我们比赛早，没机会参加开幕式。这次看了北京奥运会的开幕式，太震撼了！我就告诉我自己这次一定要去看闭幕式。”张宁说。

图 5-6　串文结构示意图

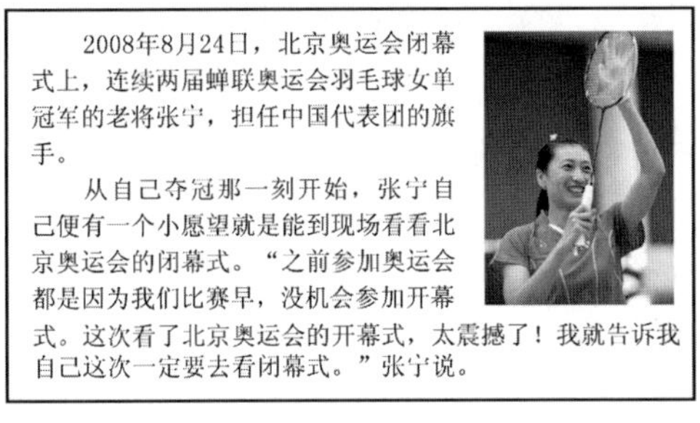

按书刊排版的惯例，当插图或插表的宽度超过版心的 2/3 时，可以通栏居中排，周围不安排文字，在生产中称为不串文；宽度小于 2/3 时，则要在插图的旁边安排正文文字，也称为串文，如图 5-6 所示。串文时，图与正文之间的距离一般为正文字号的 1～2 倍。

（7）表格排版　对应于插图要有图题，表格也必须有表题，表题由表名和表号组成。表名一般不长，中间可以有逗号、顿号等形式，表名的末尾不应该有句号。表号是书刊中表格顺序的编码。与图题不同的是表题位于表格的最上部。

表格排版的基本规则有：

① 表格的位置应该紧接在有关文字之后，尽可能排在同一页面上。

② 表格内的文字应该尽量上下左右对齐。尤其是数字，可以以个位或小数点为基准对齐。

③ 表格内容若一页排放不完，可转下页，此时一要注意重复排表头，其字体、字号与前面的表头一致，并加"续表"二字，以方便阅读；再者前面的表格往往不排底线，以示表格未完，续表结束时排出底线。

（8）报纸排版　报纸常见的有 8 开、4 开和对开。版面由标题、正文、花边、图片、装饰线、广告等组成。精心地组合版面，力求美观大方，且不同类型的报纸有不同的风格和特点，是报纸排版的关键。

报纸的正文采用分栏排版，一份报纸在排版时有规定的基本栏数，在此基础上，根据文章的特点采用灵活的破栏排版，可以使版面设计显得更加活泼生动。报纸的正文多采用 5 号字体，对于日报、党报以宋体为主，除此，楷体和仿宋也是常用的正文字体。

重视标题的设计是报纸排版的特点，包括标题的修饰、布局和字体字号的选择。因为很多读者都习惯于首先浏览版面的标题，然后再有选择地阅读。所以报纸上主要内容的标题设计一定要醒目、突出，可采用较大的字号；各种美术字如：立体字、空心字等；加上底纹、花边、框线等装饰排版。但是，倘若都是大标题，则版面显得拥挤，只有大、中、小标题都有，才会使版面排列错落有致。

二、排版软件与排版技术

在数字印前工作流程中，排版是由专门的排版软件完成的。市面上的排版软件很多，常用的有 Adobe 公司的 Indesign 排版软件；方正的飞腾（FIT）排版软件和 Quark 公司的 QuarkXpress 排版软件。排版软件的基本功能相似，本书以 Indesign 排版软件简单介绍排版软件的最基本的功能以及数字排版技术。

1. 排版软件的基本功能和操作流程

排版软件的主要功能是将原先分别采集和处理后的文字、图像和图形按照版式的设计组合成单页电子文档。所以排版软件必须具备：版式设计的功能；将文本（包括表格）、图像和图形文件从原先的各类采集处理软件中导入的功能；对导入后的文本（包括表格）、图像和图形进行编辑、剪切、移动、旋转、放大和缩小等一系列与排版目的相关的操作功能；将版面各要素定位到版式确定位置的功能；将排版后的电子文档输出的功能等。不同的排版软件由于出自不同的公司，面对不同的用户群，可能在软件的细节上会有所不同，但是主要功能是一样的。

排版操作流程包括以下内容：新建文档并确定版式框架—导入并处理文本—导入并处理图像—导入并处理图形——存储文件与输出打印。

2. 新建文档并确定版式框架

Indesign 排版软件新建一个文档的时候，在首先弹出的【新建文档】对话框中可以设置待排版文档的总页数；选择待排版文档的显示方式是单页还是对页；选择或自定义单个页面的页面尺寸（在 Indesign 排版软件最大可指定的页面尺寸为 4233mm×5486mm）；选择页面方向；以及选择装订的订口在页面的左边还是右边，如图 5-7 所示。

点击【新建文档】对话框中的版面网络对话框，在弹出的【新建版面网络】对话框中可以设置：文字排版的方向；正文排版应用字体和字号；字距和行距；每页的行数和每行的字数；是否分栏以及所分的栏数；页面上边的空白尺寸（上边距）、下边的空白尺寸（下边距），订口边的空白尺寸（内边距）和外边的空白尺寸（外边距）。

图 5-7　Indesign 的【新建文档】对话框

不难看出，通过以上的设置，版式的基本框架就可以确定。在确定版式基本框架的基础上排版技术人员可以将来自不同采集和处理软件的文本、图像和图形元素导入基本框架中，利用 Indesign 软件对导入图文的整体编辑和准确摆放定位等功能进行更进一步的排版。

若对一开始设计的版式基本框架结构不满意，还可以选择【版面】/【版面网格】菜单命令，重新打开设置对话框进行更改。

3. 导入并处理文本

几乎所有的排版软件都具有比较系统全面的文本编辑处理功能，包括：文字的录入，文本的编辑排版，第三方软件的文本文件导入等。所以，出版物的文字内容既可以选择在专门的文字处理软件（如微软的 Word 软件）中录入，完成初排之后再导入 Indesign 排版软件进行图文混合排版；也可以直接由 Indesign 软件完成文字的录入并进行文本编辑，最后进行图文混合排版。

（1）文本的录入或导入　文字录入或从第三方软件导入文本，都必须从创建文本框开始：

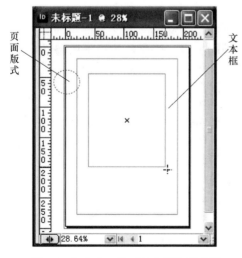

图 5-8　Indesign 的【文本框】示意图

① 在 Indesign 软件中创建文本框。选择工具面板中【文字工具】之后将鼠标移到文档页面中，拖动鼠标在页面上按照版式需要的大小大致拉出文本框，如图 5-8 所示；利用菜单栏下面的控制面板，可以准确地确定文本框的大小和位置，如图 5-9 所示。

利用【文字工具】只能创建文字矩形排列的文本框，利用工具栏中的【矩形框架工具】、【椭圆框架工具】或【多边形框架工具】可以创建椭圆或多边形文本框。

需要说明的是，在导入文本时，单个页面无需创建会自动构建成一个与版心同大的文本框，一旦置入文本，其属性便同于文本框。

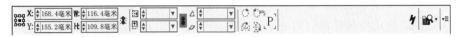

图 5-9 Indesign 的【控制面板】对话框

② 文字录入。选择【文字工具】可以在创建的文本框中直接进行文字录入的操作。打开第三方软件创建的文本文件，选中其中的部分文本，用【拷贝】的命令拷贝选中的文本，然后进入 Indesign 软件，选择【文字工具】，并在文本框中定位文字录入的插入点，利用【粘贴】命令，则可以将选中的文本粘贴到指定的位置上。

图 5-10 Indesign 的【置入】对话框

③ 导入第三方软件的文本文件。要导入第三方软件创建的文本文件，则必须在选择【文字工具】的状态下，选择【文件】/【置入】菜单命令，在弹出的【置入】对话框中选中待导入的文本文件，并点击【打开】命令，便可以将文件的全文导入如图 5-10 所示。

导入过程的控制可以是手动进行，手动导入过程的控制标记是每个文本框的入口标记和出口标记，如图 5-11 所示。在执行【打开】命令后，鼠标的指针符号变成文本置入符号，单击文本框，开始导入过程，若文本内容过多，在指定的文本框中无法全部显示，该文本框的出口标记则变成红色加号标记，如图 5-12 所示，点击该标记，鼠标指针

重新变成文本置入符号，在下一个文本框或下一页中单击，继续文本导入的过程，重复上面的步骤，直到完成全部导入过程。

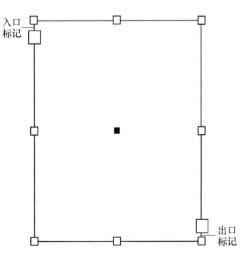

图 5-11 Indesign 的文本框出入口标记

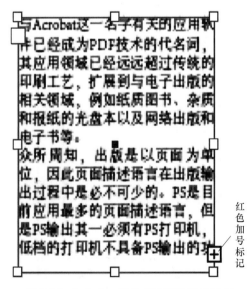

图 5-12 Indesign 的文本框内容溢出标记

导入过程也可以是半自动或自动进行。半自动的导入过程是：在执行【打开】命令鼠标的指针符号变成文本置入的符号后，按住 Alt 键，鼠标指针变成为文本自动导入标记，在某一文本框中单击开始导入过程。若文本内容过多，在指定的文本框中无法全部显示，鼠标指针会自动变为文本置入符号，提示需继续导入，此时需手动操作，在下一个文本框中或下一页中单击，才能实现继续导入。

自动导入过程与半自动的区别其一是：在执行【打开】命令，鼠标的指针符号变成文本置入符号后，按住 Shift 键；其二是：若指定的文本框或页面无法表示全部导入的文本内容，软件会自动添加页面和文本框，直到所有的内容全都在出版物中显示。

从上面的论述可以看出，在 Indesign 软件中，文本框是文本内容的显示容器。文本框本身可以创建；可以进行放大、缩小、长度或宽度尺寸变化的编辑；也可以进行复制、删除、位移、旋转的编辑。当导入的文本内容在一个容器中无法全部显示时，需要创建或指定另一个文本框容器。在 Indesign 软件中，通过依次点击两个容器的出口标记和入口标记，还可以建立容器之间的串接关系，在编辑文本的过程中，有串接关系容器中的文本内容可以视为一体化进行操作。

（2）文本的格式化 文字录入或导入后需要进行的就是文字的格式化排版。文字格式化排版包括文字字符本身的格式化和段落排版的格式化。

① 字符的格式化。字符的格式化包括确定字符的字体、字号、字形以及字间距离等。在 Indesign 软件中该操作是通过选中待格式化的字符，并同时在字符面板中选择合适的选项实现，如图 5-13 所示。在选择【文字工具】的状态下，控制面板也会显示与字符面板中相同的字符格式化选项，利用控制面板实现字符格式化的操作同于字符面板，如图 5-14 所示。

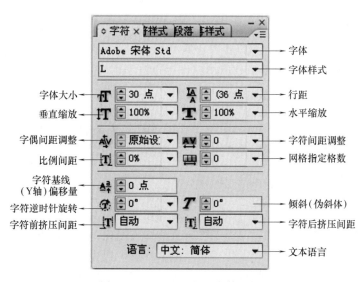

图 5-13　Indesign 的【字符面板】

图 5-14　Indesign 的【字符控制面板】

② 段落的格式化。段落的格式化包括确定文本对齐的方式、文本缩进、文本段间距以及项目和编号的设置等。在 Indesign 软件中该操作是通过选中待格式化的段落，并同时在段落面板中选择合适的选项实现，如图 5-15 所示。

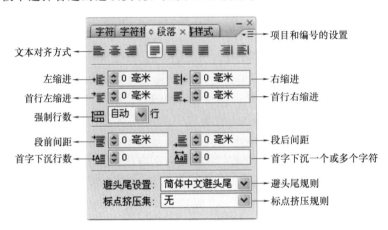

图 5-15　Indesign 的【段落面板】

在选择"文字工具"的状态下，点击控制面板上的段落控制面板按钮¶，控制面板也会显示与段落面板中相同的段落格式化选项，利用控制面板实现段落格式化的操作同于段落面板，如图 5-16 所示。

图 5-16　Indesign 的【段落控制面板】

4. 导入并处理图像

不同于文本处理，Indesign 软件本身不具有复杂图像的采集和处理功能。但是它支持多种图像格式，可以很方便地与多种应用软件进行协同工作，并利用软件中的【链接】面板，通过链接方式管理出版物中置入的图像文件。

Indesign 软件也以框架为容器放置并显示图像，框架容器在版式中的作用与相机的取景框有些类似，使用它可以对源图像进行不同部位的显示、剪切、放大、缩小以及旋转等处理。与文本处理相同的是软件既允许直接置入图像，自动生成与置入图像等大的框架；也可以先创建合适的框架，再将图像置入到创建的框架中。

（1）直接置入图像　选择【文件】/【置入】命令，可以打开【置入】对话框，在此对话框中，可以通过浏览的方式选择将要置入的图像文件，若选择【显示导入选项】的

图 5-17　Indesign 的【段落导入选项】对话框

复选框，在弹出的对话框中可以设置导入图像的色彩管理选项，如图 5-17 所示。

（2）在对象中置入图像 在置入操作之前，首先选中某个图形、框架或路径，则可以将置入的图像放置到该容器中；选择菜单【对象】/【适合】/【内容适合框架】命令，可以调整到置入的图像以最适合的方式显示在框架中。

（3）利用框架剪切 与文本处理中的机理相同，框架也是放置图像的容器。通过【选择工具】和【直接选择工具】，利用框架对置入的图像进行剪切。

利用【选择工具】选中置入的图像后，通过调整框架四周的 8 个控制点编辑框架，从而剪切得到图像的不同部分，如图 5-18 所示。

利用【直接选择工具】，选中置入的图像后，鼠标指针在图像上会变成手状符号，此时拖动鼠标可以对容器中的图像进行移动，使图像在框架中显示不同的部位，从而获得原图像的不同部位的分图像，如图 5-19 所示。

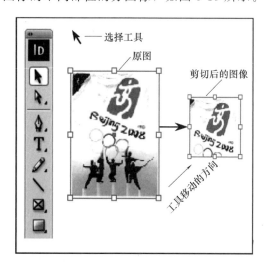
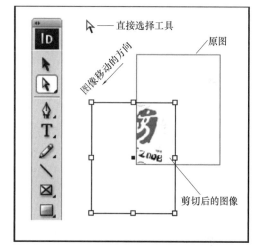

图 5-18 Indesign 的【选择工具】剪切图像　　图 5-19 Indesign 的【直接选择工具】剪切图像

（4）利用控制面板编辑图像 与文本处理的操作方法相同，图像导入后的剪切、位移、旋转、放大缩小等操作可以通过控制面板上的一系列选项实现。一旦置入图像或选中图像框架，控制面板会自动切换到图像控制面板，如图 5-20 所示。

图 5-20 Indesign 的【图像控制面板】

（5）图像的链接和嵌入 在页面中置入图像的操作，仅实现了在页面文件中添加源图像的低分辨率显示图像和链接源图像路径的代码。该图像的原始文件并没有被复制到页面文件中。只有当正式输出时才会利用链接寻找源图像，并以源图像的分辨率替代显示图像实现高质量输出。

置入的低分辨率显示图像与源图像之间的链接是通过【链接】面板进行管理，如图 5-21（a）所示。在【链接】面板中，单击某个链接文件的名称就选中了该链接，可以对该链接进行更新路径或重新链接其他源图像的操作；选择【嵌入文件】命令可以将源图像文件嵌入到页面文件中，此时，在文件名后面会出现文件嵌入图标，如图 5-21（b）所示。文件嵌入会导致文件尺寸增大很多；选择【取消嵌入文件】可以取消文件的嵌入，回到与源图像文件以链接方式相关的状态。在文件处于链接状态时，如果更改文件的名称或存储路径，那么在【链接面板】中的文件名后方就会出现链接丢失图标 ❓，如图 5-21（c）所示，下方【链接信息面板】中的文件状态会显示"缺失"状态，此时就需要重新链接更改后的图像文件。另外，如果在页面中嵌入图像文件，那么则不会出现链接丢失的问题。

图 5-21　Indesign 中的【链接面板】

5. 导入并处理图形

在 Indesign 软件中图形可以有两类处理方式：一是利用软件工具箱中的图形绘制工具和菜单【对象】中的一部分相关命令在页面中绘制所需要的图形；另一做法同于图像文件的【置入】，将已经转换成与 PDF 格式相兼容的图形文件以链接方式置入页面。

页面上的各种元素，包括图形、文本框、图像框架以及表格都是页面排版处理的基本对象，利用工具箱中的相关工具和【对象】菜单中的一系列命令可以对这些对象进行移动、变形、旋转、定位以及放大缩小的操作，也可以对一组选中的对象进行排列、对齐、组合等群组操作，方便地实现版面布局的调整和排版。

6. 预检打包

排版后的页面文件在输出前建议先进行预检，预检内容包括：①文件中使用的字体是否嵌入，是否存在缺失字体的问题；②图像所用颜色空间，以及是否存在链接文件缺失等问题；③文件中的颜色设置（专色设置）；④打印输出设备的设置等。完成预检后，确认该排版文件无问题后，可使用【打包】功能，将排版文件连同链接文件和链接信息导出到一个文件夹中。该文件夹为一个独立于本机的作业文件夹，无论在任何地方，其中的排版文件都能够正确输出，在【文件】菜单下的【打包】菜单项，可打开【预检和打包】对话框，如图 5-22 所示。

7. 输出打印

经排版处理后的页面可供输出，输出打印前首先要对打印进行各种设置。输出设置包括：①设置出版物打印的份数、打印的页码顺序、打印的页码范围等；②设置打印的纸张大小、纸张方向、打印的缩放比例等；③设置打印的标记和出血位；④设置打印过程中的陷

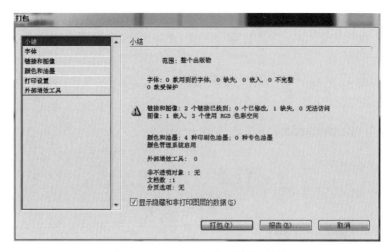

图 5-22 Indesign 中的【链接面板】

印、加网以及油墨控制等参数（参见第六章）；⑤设置图像的输出精度、打印字库中没有 PS 字库时的处理方式；⑥设置输出时的色彩管理选项和特性文件的调用等（参见第七章）。

（1）出血及出血位的设置 有些印刷品版式，是将图文元素直接印到印品的边缘，如图 5-23 所示。设计此种版式，应该做"出血"处理，即在排版的过程中，将图文元素靠近印品边缘的一边定位至裁切线之外 3mm 左右，以防在裁切的过程中因裁切误差产生露白边的现象。"出血位"的设置指设置图文元素定位至页面边缘外的尺寸，如图 5-23 所示。

（2）打印标记的设置 打印输出的过程中，为了检验打印的质量，如检验打印各色之间的套印精度、打印的色彩还原状况、打印的阶调层次表示状况等，或为了打印之后成品的裁切，需要在成品之外酌情配置一些打印质量测控条或套准标记、裁切标记等，如图 5-24 所示。凡具备印刷输出功能的软件在输出设置中通常都提供这一功能，图 5-25

图 5-23 页面出血、裁切标记示意图

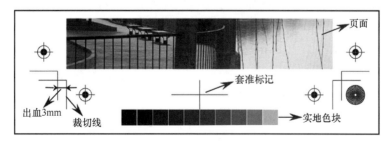

图 5-24 打印标记示意图

所示为 Indesign 排版软件中【打印】对话框中的标记和出血设置。

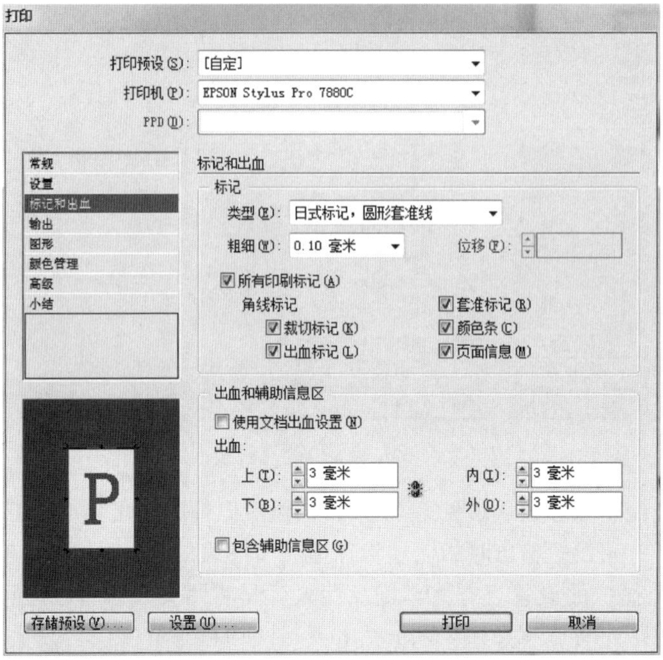

图 5-25　Indesign 中【打印】对话框的标记和出血设置

第二节　可变数据页面排版技术

一、可变数据页面排版技术的概念

可变数据页面排版技术主要应用于可变数据印刷领域。可变数据印刷（Variable Data Printing，VDP）是数字印刷的一个重要应用。它是指在数字印刷机不停机的情况下，利用来自数据库的信息，在每份印刷品或出版物上连续性地印刷各不相同的内容，包括文字、数字、图片、条码等。在追求个性化印刷服务的今天，可变数据印刷存在着很大的潜在市场，广泛应用于电信、银行、保险、证券等票据印刷、海量个性化卡证、个性化宣传单、直邮信函等领域。为适应可变数据印刷技术的快速发展和应用，除了可变数据印刷专业软件外，许多图形图像设计和排版软件也都增加了可变数据文件的制作和排版功能。以Adobe 系列印前处理软件来说，例如图像处理软件 Photoshop、矢量绘图软件 Illustrator和页面排版软件 Indesign 在其高版本中都增添了可变数据印刷设计功能。

二、可变数据页面排版案例

本节以 Indesign 软件为例讲述可变数据页面排版技术。如图 5-26 所示的"图书借阅证"案例中，借阅证背景模板可看作是静态内容，即不变内容，而图 5-26（a）所示版面中的"姓名"，"学号"和"头像照片"则可视作可变信息，即变量数据，如图 5-26（b）所示。假设需要印刷 20 个同学的借阅证，那么每个同学对应的 3 个可变信息将被视为一组变量数据，共有 20 组变量数据，该可变数据印刷作业的具体制作过程如下。

(a)   (b)

图 5-26 "图书借阅证"案例中的静态内容和可变信息

1. 静态背景模板的设计和制作

"图书借阅证"的背景模板可由任何图像图形或排版软件设计，如 PhotoShop 软件，然后将其保存为 TIFF，JPEG 等图像格式或 PDF 页面格式。

2. 创建数据源文件

本例中共有"姓名"、"学号"和"头像照片"三个变量，因此可利用 Excel 或 WPS 电子表格对应创建数据源文件，如图 5-27 所示。

① 数据源文件应当以逗号分隔（.csv）或制表符分隔（.txt）的文本格式存储。

② 第一行应包含将在目标文档中使用的变量名称；

③ 在数据源文件中添加图像域时应注意：打开数据源文件，在数据域名称的开头，键入"@"符，以插入指向图像文件的文本或路径名。如果在域的开头键入@符号后收到错误信息，则在@符号前键入撇号′（例如′@Photo）。

图 5-27 Excel 软件制作的
可变数据源文件

3. 插入变量数据

在目标文档中插入变量之前，需要先在【数据合并】调板中选择数据源。一个目标文档只能选择一个数据源文件。

① 选择【窗口】/【自动】/【数据合并】菜单项，打开【数据合并】面板；

② 从【数据合并】面板菜单中选择【选择数据源】选项，选择并打开之前制作的 Excel 数据源文件。文件打开后，【数据合并】面板中会显示相应的变量数据域"name"、"num"和"photo"。然后可以将这些变量添加到文档页面，之后它们将变成相应的变量占位符，如图 5-28 所示。

4. 创建合并文档

在目标文档中插入变量数据，且预览无误后，就可以正式将变量信息与目标文档合并了。

图 5-28　将【数据合并】面板中的变量指定给背景模板中的数据域

① 将目标文档打开，然后在【数据合并】面板的菜单项中选择【创建合并文档】选项，打开【创建合并文档】对话框，如图 5-29（a）所示。

② 合并时，InDesign 会创建一个基于目标文档的新文档，并将目标文档中的域替换为数据源文件中的相应信息；

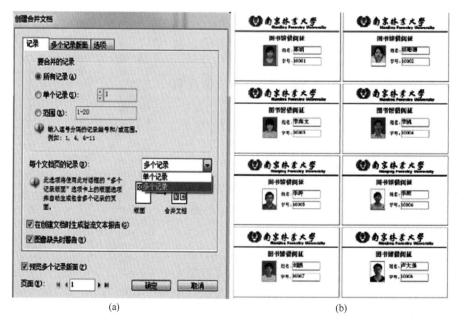

(a)　　　　　　　　　　　　　　(b)

图 5-29　【创建合并文档】对话框和可变数据页面拼板

③ Indesign 还能够根据需要将文档合并后的多个作业拼排在一个页面上，并可设置行栏间距和页边距，该功能可以通过在【每个文档页的记录】列表框中选择【多个记录】选项来实现，如图 5-29（b）所示，在一个文档页面上同时拼排了 8 个"借阅证"页面。具体拼版参数可以在【多个记录版面】标签页中设置，如图 5-30 所示。

5. 输出打印

专业级可变数据印刷软件能够使用 VIPP，PPML 等专用格式来描述可变数据印刷作业。而且，如果配置有支持可变数据输出的 PS 打印机，就能够实现页面静态内容和动态内容的单独光栅化处理，从而实现高效率的可变数据页面文件打印。与其相比，常规印前

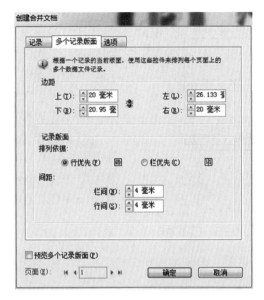

图 5-30　【创建合并文档】对话框中的【多个记录版面】标签页

处理软件如 Adobe Indesign，仅仅能够完成可变数据打印作业的设计，制作和排版，不支持专用格式描述可变数据作业文件，也无法实现页面静态内容和动态内容的单独光栅化处理，因此只能使用普通的非 PS 打印设备直接打印作业文件，打印效率较低。但是，对于数据记录较少且打印幅面较小的作业来说，使用 Indesign 软件可以更加便捷地排版可变数据页面文件，在工作效率上与专业级软件相差无几。

第三节　数字拼大版技术

印刷机的印刷幅面通常为 8 开～全开，图文混排的单页还必须按照一定的规则组合成印刷幅面大小，这样才能晒制印刷版。在印刷中这一过程称为拼大版。

一、拼大版基础知识

拼大版首要考虑的是单页开数和大版幅面，有了这两个已知条件，才能计算如何在大版版面上排布单页。由于印刷工艺的需要，拼大版还应考虑的因素有：印刷后的折页方式、装订时的页面排序、印刷控制条的位置、版面各种规矩线的位置等。

1. 大版的版面规格

拼大版是以印刷纸张尺寸为基准进行的，印刷后未经裁切的一张印刷品称为一个印张。它包括印刷品成品尺寸加上印刷机咬口尺寸、拖梢尺寸、规矩线及折页裁切线的尺寸，如图 5-31 所示，折叠之后的印张称为书帖。

（1）书脊线　书帖中用于装订一侧的折线。

（2）裁切线　书帖中除了书脊线所对应的书脊边无需裁切外，其他三面都需要进行整齐的裁切，称为"光边"。所以在拼大版中，凡是将要光边的部位都应该事先预留光边尺寸，通常为 3mm。

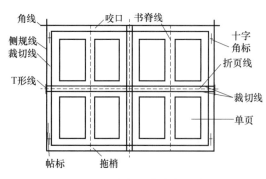

图 5-31　印版的结构与要素

（3）咬口尺寸　供纸张在印刷机上交接传递时的咬牙空留的尺寸，此范围内的印刷内容是无法正常转印到纸张上的，所以在咬口范围内不能有印刷内容。不同型号的印刷机的咬口范围略有不同，单张平板纸印刷机的咬口一般在 10mm 左右。

（4）拖梢尺寸　咬口对面是拖梢，一般预留 5mm。印版的另两边（横向）一般也各预留 5mm 的空白，我们可以把角线、十字线、色标、测控条及文件的有关信息放置在这个范围内。

2. 拼版工艺的类型

（1）折手拼版和自由拼版　按照工艺方法和应用对象的不同，拼大版工艺可以分为折手拼版和自由拼版两种类型。

① 折手拼版（折页拼版）。主要用于书刊印刷，这类工艺需要综合考虑折页、装订和印刷等工艺对版面内页面排布的影响，因此折手拼版过程比较复杂，需要操作人员对印刷和印后加工有一定的专业知识。

② 自由拼版。主要以节省材料（菲林胶片或印版）为目的，拼版方式较为简单，主要是将不同尺寸的不同文件拼合在一起，使胶片或印版的有效使用面积最大。不需要考虑折页，装订等问题，主要考虑裁切设计，既可单面也可双面印刷。自由拼版主要用于各种包装印刷品、海报、招贴画、商业卡片和各种标签等。图 5-32 所示的是单面印刷的卡片拼版印张。

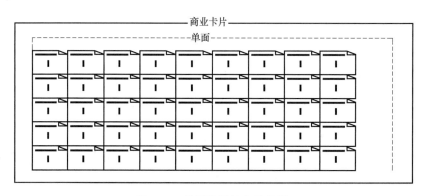

图 5-32　单面印刷的卡片印版

（2）RIP 前拼版和 RIP 后拼版

按照拼版工艺过程在整个印前流程中所处的环节不同，拼大版工艺又可以分为 RIP（Raster Image Processor）前拼版和 RIP 后拼版两种类型。

① RIP 前拼大版。首先将页面拼成大版文件后再送去光栅化处理器（RIP）进行分色加网处理（参见第六章）。这种拼版工艺的特点是先完成各单页页面的排版及补漏白，接着进行各页面拼大版作业，并制作包含 OPI（开放式印前接口）指令（用于 RIP 时进行高、低分辨率图像的调用）的输出文件，最后将文档送到 RIP 中进行处理。这类拼版的

缺点是要等待整个版面拼好之后才能 RIP，如果发现版面有错误，必须回到原来的软件中修改之后再拼版并重新 RIP，由于 RIP 过程比较耗费时间，因此这种拼版工艺效率较低。RIP 前拼大版是目前最常用的拼版方式。

② RIP 后拼大版。RIP 后拼版则是先对各单页页面进行 RIP 处理，然后再进行拼版。这类拼版工艺将最后文件的修改方式加以简化。若发现某页面中含有排版错误，只需在修正错误后，再将这份页面重新 RIP 一次，替换掉原来错误的页面即可，这比将整个大版文件重作 RIP 要省事得多，但缺点是 RIP 后文件的尺寸较大，对文件传输和存储有一定要求。

（3）合版印刷拼版　合版印刷，顾名思义，就是将不同客户相同纸张、相同定量、相同色数、相同印量的印件组合成一个大版，充分利用输出设备的有效印刷面积，形成批量和规模印刷的优势，共同分摊印刷成本，达到节约制版及印刷费用的目的。与自由拼版相比，合版印刷的重要特点是：它是一种结合网络和印刷的服务模式，将许多不同客户（自由拼版多是针对相同客户）小印量的印件组合成一个大版，不但分摊了制版费用，又能满足商业印刷的质量，这种服务模式已成为短版印刷的经典。合版印刷促进了印刷工业与信息网络化融合，报价单一透明，印刷快捷高效。

合版印刷企业一般采用全自动工艺流程，任何标准文件上传至合版印刷系统后，自动被移入生产流程中，依照客户的需求，直接转成 PDF 的格式进入自动拼版的工序，和其它的印件拼成一大版，直接输出 CTP 版后上机印刷。

合版印刷的主要优势是采用网络传版，集中印制，分摊费用的方式，使得印刷费用大大降低。主要缺点是不同客户的作业合版印刷可能会产生色偏问题；另一个缺点是交货速度较慢，有时可能需要凑够活件数量才能上机印刷。

3. 折手拼版的影响因素

折手拼版操作在考虑印刷幅面和单页开数的基础上，还应考虑的影响因素有折手方式、装订样式、印刷方式等，它们都对印刷大版上单页的排列方式和位置有影响。

（1）折手的类型　折手是一种对应于折叠成书帖后页面顺序的印张单页排布版式。一个印张在折叠成单页的过程中，折叠方式不同，拼大版中单页的摆放次序和单页本身的上下朝向就不同。

按折页的方向分为正折（也称为顺手折、正手）和反折（反手），如图 5-33 所示。折页的方式根据纸张旋转的方向变化可以分为交叉折、水平折、混合折三种。

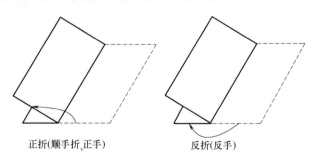

正折(顺手折、正手)　　　　反折(反手)

图 5-33　正反折

① 交叉折又称转折。将纸平放对折，然后顺时针方向转过一个直角后再对折，依次

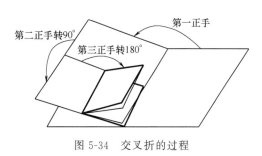

图 5-34　交叉折的过程

转折即可得到三折手和四折手，如图 5-34 所示。

② 前后折又称滚折。它的前后两折的折缝为互相平行的关系，包括图 5-35 中的几种折法。

③ 混合折则是在同一帖书折叠时混合使用交叉折和前后折。

（2）装订样式（Binding Styles）　装订样式不仅影响拼大版时单页的排序，对单页在大版中的位置也有一定的影响，装订样式比较多，现以常用的胶订和骑马订为例介绍其影响。

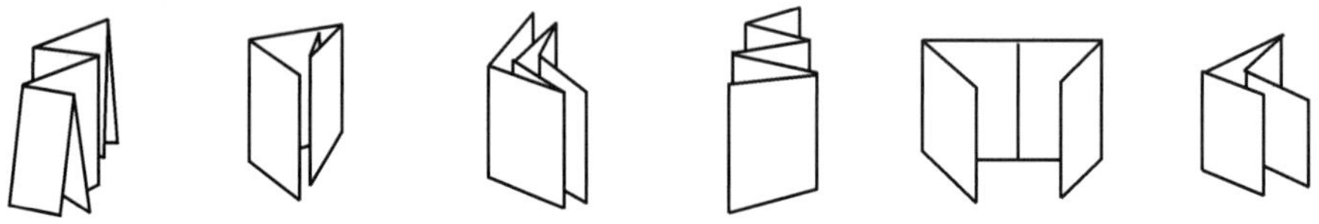

16页垂直折　　8页卷状折页　　12页平行折页　　10页琴式折页　　8页门式折页　　8页平行折页

图 5-35　前后折实例

① 胶订（Perfect-Bound Binding Style）。胶订是书刊印刷中最常用的装订方式，平装书大多按这种方式制作，它是将每个印张经过折页后形成单贴，再按如图 5-36 所示的将书帖的订口边对齐，上下摞在一起，对一本书刊的书贴进行组装。如果使用热熔胶粘连的工艺，则先使用铣口工艺磨毛订口，然后上胶、贴封面，最后形成平装书。另外，也可使用铁丝订或锁线方式完成帖的组装。分析这种装订方式可以知道，书帖内单页系列的排序只与自身的折叠方式相关，书帖与书帖之间的单页系列排序是串联的关系。由于帖的组装过程中往往要对订口边铣背磨毛，所以在拼排的过程中要预留出 4mm 左右的铣背余量，如图 5-37 所示。

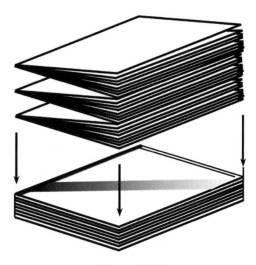

图 5-36　胶订

② 骑马订（addle-Stitched Binding Style）。骑马订通常用来装订厚度有限的小手册、杂志、各种目录等印刷品，它是将每个印张经过折页后形成单帖，再按如图 5-38 所示的将各帖的最后一折打开，以最后一折的折缝为基准"骑"摞在一起，将一本书刊的所有书贴用铁丝订组装在一起。

分析这种装订方式可以知道，由于书帖是"骑"在一起的，因此各帖的页码顺序是以最后一折的折缝为界，左右分别排序，所有书帖的左半部分单页排序后，再接右半部分的单页排序。

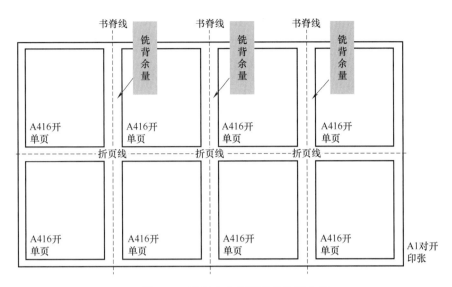

图 5-37　胶订中大版版面的铣背余量

③爬移。在骑马钉工艺中经常会出现"爬移"问题。"爬移"是指因纸张厚度，导致折页后的书帖内层的书页向折缝相反方向（书刊外侧方向）轻微移动的现象。如图5-39所示，书帖内层的页面被微微向外推出一个纸张厚度的距离，形成边缘凸出的现象。装订后裁切毛边的处理，虽然能裁切去除突起部分，但是会因光边的尺寸不一样，导致书帖上单页的左右页边距不等。所以骑马订方式在拼大版确定单页的准确位置时，通常还要考虑"爬移"影响。一般做法是在拼大版软件中设置外侧书帖的爬移量。如图5-40所示为骑马订中大版版面的爬移方向和爬移量。

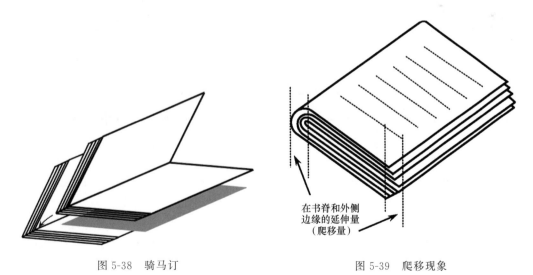

图 5-38　骑马订　　　　　　　　　　　　　图 5-39　爬移现象

（3）印刷方式　若拼大版时，大版的咬口和拖梢空留不同尺寸，印版就会因上下两边的尺寸区别而不对称。此种情况下，要达到一个印张的正反两面印刷内容的套合，就应考虑大版上机印刷的方向，考虑一个印张的正反两面对应的两块大版拼排的方向，而不能仅

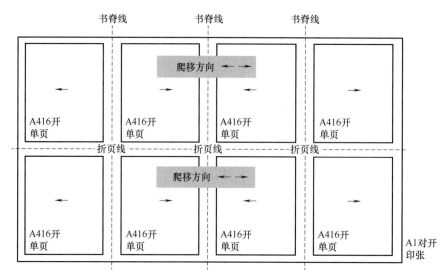

图 5-40　骑马订中大版版面的爬移方向和爬移量

考虑一块大版自身内容的拼排。下面介绍几种常用的印张正反面大版的拼排方式。

① 套版印刷（大套版）。套版印刷是最常见的印刷方式，它使用两张印版分别印刷一个印张的正反两面，印刷的方式是正面印完以后，印张以印刷的行进方向为中心轴左右翻转 180°，再使用对应于印张反面内容的印版完成印张反面的印刷，如图 5-41 所示。由于印张的正反面两次印刷过程中使用了同一位置为咬口位置，只要使用同样的尺寸进行拼大版就可以保证印张正反两面的套合。

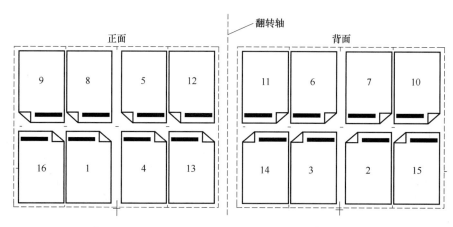

图 5-41　套版印刷的正背两面的关系

如图 5-41 所示为一个套版印刷的正反两面单页的排序，正反两面共有 16 个单页，单页中的数字表示了单页的页码。

② 自翻（Work-and-Turn Work Style）。自翻印刷方式的印刷过程与套版印刷方式完全一样，印张完成正面的印刷之后，印张以印刷的行进方向为中心轴左右翻转 180°，再进行反面的印刷，咬口的位置不变。不同的是用自翻印刷方式印刷的印张，其正反两面的内容是相同的，因此仅需制作一张印版完成正反两面印刷，如图 5-42 所示是用于自翻印

刷的大版上 8 个单页的排序。

③ 对翻（Work-and-Tumble Work Style）。对翻印刷方式和自翻印刷方式相同之处是，印张正反两面印刷使用同一张印版。不同的是印张印完正面后翻转成反面时的方向不一样。印张完成正面印刷之后，以垂直印刷行进方向为中心轴滚翻 180°，再进行反面的印刷。这样，咬口的位置是正面印刷时的拖梢位置。所以，印版上的单页排序与自翻不一样，对翻的单页排序如图 5-43 所示。

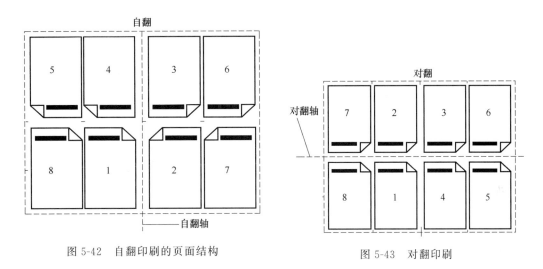

图 5-42　自翻印刷的页面结构

图 5-43　对翻印刷

④ 双面印刷机。具有双面印刷功能的印刷机可以同时安装对应于印张正反面内容的两张大版。印张在完成正面印刷之后，在线通过前后翻转的方式进入印张反面的印刷。印刷反面时纸张咬口位置是正面印刷的拖梢位置。如图 5-44 所示为双面印刷印张正反两面的单页排序，单页中的数字表示单页的页码，请注意与图 5-41 的区别。另外在进行此类印刷方式拼大版时，一定要注意正反面印刷版的印刷内容的准确套合。

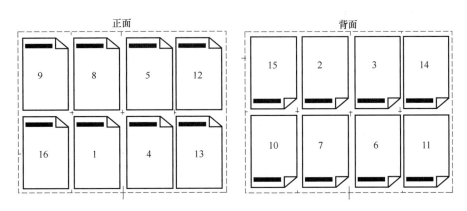

图 5-44　印版正反面的叼口位置相反（以咬口为对翻轴）

（4）页面的各种标记　拼大版操作除主要考虑版面的单页排序和单页位置外，还应考虑各种标记的位置，常用标记包括：

① 裁切标记。裁切标记是使用最多的标记之一，如图 5-45 所示。

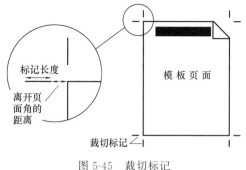

图 5-45　裁切标记

② 套准标记（Registration Marks）。彩色印刷时，每张印版只印一种原色，所有原色准确叠印之后再现彩色图像，供原色叠印的套准标记是必不可少的。各个原色版的套准标记叠印套合准确，彩色图才能准确再现。如图 5-46 所示是常用的套准标记。

③ 帖标（Collation Marks）。帖标的作用是供装订时标记每个书帖的排序和位置，如图 5-47 所示。它一般设置在书帖的订口外侧，为实地矩形标记，按照书帖的先后顺序逐渐降低标记的位置，这样在装订组合时就可以在书脊部位形成连续阶梯图案，以指示书帖的排序和数量。

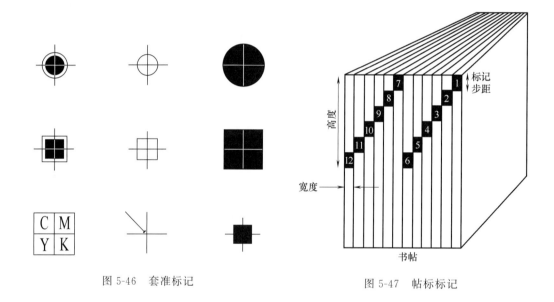

图 5-46　套准标记　　　　　　　　图 5-47　帖标标记

二、拼大版软件与折手拼版技术

常用的排版软件都具有拼大版的功能，如：Indesign、PageMaker、飞腾、QuarkX-press 等。但是排版软件的拼大版操作都是手动进行，是在计算机屏幕上通过手动移动单页定位至合适的位置进行拼大版，费时费力，操作困难，易出错。数字印刷流程软件也具有拼版功能，如富士施乐的 FreeFlow、Acrobat 软件的 Imposing 插件等，但是由于数字印刷机的印刷幅面不大，该类软件只具备简单的拼版功能，不能称为拼大版功能。拼大版软件专指那些可以自动按照印刷机幅面，依据拼大版规则自动根据折手等要求进行拼大版的软件，如海德堡公司的 Signastation、柯达公司的 Preps、方正公司的文合等，下面以海德堡公司的 Signastation 软件为案例来讲述一下常用拼大版软件的折手拼版功能。

1. 拼大版软件的基本功能和操作流程

拼大版软件的主要作用是在已知各项拼大版影响参数的基础上，计算出待拼排的电子文档所有单页在大版上的准确拼排位置，然后按照计算好的定位将单页和标记放置到大版的数字页面文件中。因此，拼大版软件的主要功能是大版样式设计功能，该功能要求软件能提供大版样式各项影响参数的设置界面，完成影响参数（包括印刷幅面、单页开数、折手方式、装订方式、印刷方式等）的输入后，软件能自动实现大版样式的设计，并可以将电子文档的每个单页和必须添加的标记按照设计好的大版版面样式进行排列组合。

拼大版操作流程包括以下内容：新建拼版任务并确定大版样式—导入单页电子文档并指派页面—存储任务与印刷输出。

2. 新建拼版任务并确定大版样式

使用 Signastation 拼大版软件新建一个拼版任务时，会弹出【活件向导】对话框，该对话框的功能是依次对大版版面拼排的影响因素进行定义，如图 5-48 所示。对话框分为活件数据、子活件定义、主页、装订方式、标记、印版、折页方案 7 个标签页。

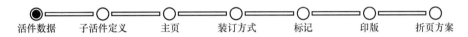

活件数据　　子活件定义　　主页　　装订方式　　标记　　印版　　折页方案

图 5-48　【活件向导】对话框的 7 个标签页

其中活件数据是用于填写待拼大版活件的基本信息，例如活件序号、活件名称、客户名称、预付日期和印数等。

子活件定义对话框可以定义活件的归属和活件作业模式。子活件是活件的一部分，例如，对一本书刊进行拼大版处理时，由于封面和内页是使用不同的纸张印刷，需要分别处理，可以将该书刊作为活件，下属分配两个子活件：封面和内页。一个活件中可以包含多个子活件。子活件定义的主要内容是定义活件的作业模式，Signastation 软件可供选择的作业模式有四种，分别是①（拼版时）排好页码，预先定义活件的页码数并在大版文件中预留相应数量的单页拼排位置，若实际需拼版活件的单页数多于预先定义的页码数，则有一部分单页无法进入大版文件；若实际需拼版活件的单页数少于预先定义的页码数，大版文件中将留有空页；②自动排码，按照需拼版活件的单页数目，软件

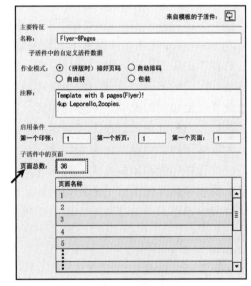

图 5-49　选择（拼版时）排好页码
模式的操作界面

在大版上自动生成数量相等的单页位置；③自由拼，利用软件的手动拼版操作界面，拼大版操作人员手动输入单页定位坐标值，或操作鼠标利用拖拽功能完成拼版；④包装，选择适用于包装印刷拼版的操作模式。选择了不同的作业模式，下方的详细参数设定及【活件向导】对话框的标签页选项也会相应有所不同。如图 5-49 所示是选择（拼版时）排好页码模式后的操作界面，操作人员必须预先定义拼版活件的总页码数。

（1）定义主页　定义主页的功能是：根据输入的各项参数值，软件通过内部计算确定每个单页在大版文件中所需预留的空间位置。需要输入的各项参数值有：单页页面尺寸、

裁边尺寸、页面是否旋转、页面是否经过镜像处理等信息，如图 5-50 所示。

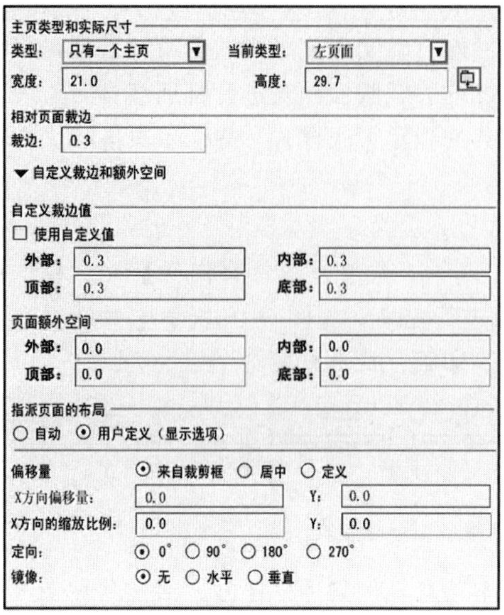

图 5-50 【主页】标签页 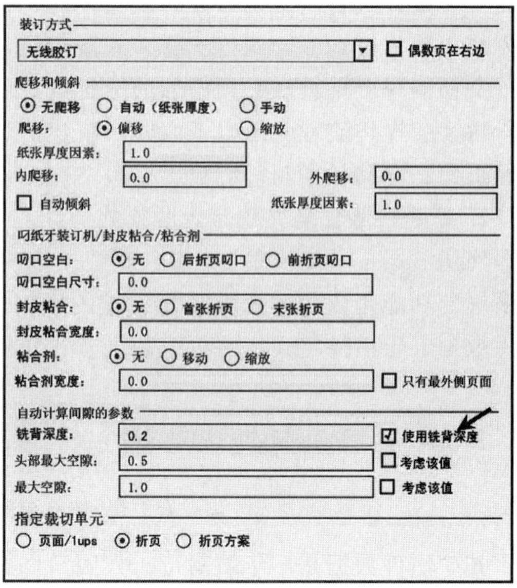　　　　图 5-51 【装订方式】标签页

（2）选择装订方式　进入【装订方式】标签页定义该作业的装订方式，如图 5-51 所示，Signastation 软件总共提供了 9 种装订方式，包括了常用的胶订、骑马订、线装以及一些较特殊的装订方式，如：分订合装、混合装订、无规则、线装、小册子折页等。根据所选装订方式的不同，可选用的参数选项也会有所区别，例如选择胶订时，需要输入为订口边铣背磨毛预留的尺寸——脊背深度。在【装订方式】标签页中，还可以根据活件的需要，选择适当的标记放置在大版版面上，并可详细定义某些标记在大版上的位置，如帖标等。大版标记的设置选项如图 5-52 所示。

（3）选择印版和印刷方式　进入【印版】标签页后，可以根据最终大版输出的要求，在印版模版和纸张标签页中选择相应的印版模版和印刷方式。拼排后的大版文件尺寸与所选印版模版相同。点击【选定的印版模版的列表】右边的"⌘"按钮选择印版模版，并指定印刷方式，软件提供了 5 种印刷方式：单面印刷、单面侧翻（自翻）、单面滚翻（对翻）、双面印刷和套版印刷。

（4）选择折手方案　进入【折手方案】标签页完成折手的相关设置，Signastation 选择折手的方案可以分两步。

第一步以帖为单位，选择该帖单页在大版版式上的排列方式，即选择单页排列的行数和列数，可供选择的有：2×1、2×2、4×1、4×2 等（"×"号前为列数，"×"号后为行数）。以书刊为例，若封面与内页采用不同的纸张印刷，封面仅有 4 个单页，分

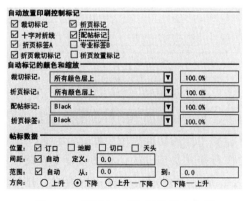

图 5-52 【装订方式】标签页中大版标记的设置选项

别为封 1、封 2、封 3、封 4。采用常用的装订方式，封 1 与封 4 在一面，应该拼排在同一块印版上；封 2 与封 3 应在另一面，它们也必须拼排在同一块印版上。在如图 5-53 所示的【折页方案】面板中，点击【折页方案名称列表】右边的"🖳"按钮，可以分别为书刊封面和内页选择不同的折页方案。对封面的选择应是：2×1，即封 1 与封 4 并排放置，封 2 与封 3 并排放置，两列一行，正反面放置。对于内页，若一块版上可以放置 8 个单页，放置的行数为 2 行，列数为 4 列，应该选择 4×2。

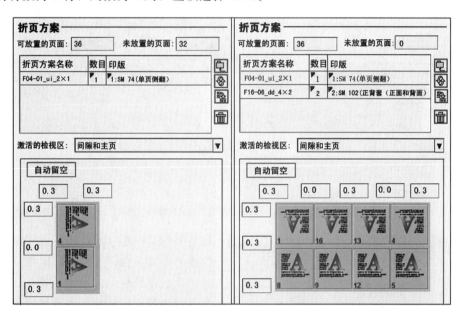

图 5-53　【折页方案】标签页

第二步应该考虑采用什么样的折手类型，Signastation 软件用两个字母组合标示折手的类型：第一个字母标示折叠后最上面单页的方向，共有四种方式：u 标示天头向上；d 标示天头向下；l 标示天头向左；r 标示天头向右。第二个字母标示页码的顺序，共有两种表示方式：i 标示升序，折叠后的第一页在正面；d 标示降序，折叠后的第一页在背面。例如：正文内页选择的折页方案为：F16-08_li_4×2，表示选择了帖的页码总数为 16 页，帖序列号为 08；该帖单页在大版版式上的排列方式为 2 行 4 列；最上面单页的方向为天头朝向左；折叠后第一页在正面，16 页页码从上至下为升序的折页方案如图 5-54 所示。

用户也可以在【浏览器】视图中的【资源】标签页中，选中某个折页方案，然后通过鼠标右键快捷菜单选择【打开折页动画】选项，打开【折页动画】对话框，如图 5-55 所示。用户可在该对话框内查看折页方案的动画，以便用户更好地理解折页过程，从而选择合适的折页方案。

上述设置完成后，大版样式的相关参数就基本确定了。这时，【活件向导】对话框将自动关闭，此时屏幕上会显示当前活件的主视图，如图 5-56 所示，除了菜单栏和工具栏之外，该主视图中又包含四个分视图，分别为：

①【浏览器】视图。类似于 Windows 系统中的资源管理器，该视图下有四个标签页：【活件】标签页用以查看当前活件的各部分信息，如折页方案，页面列表，印张和大版标记等；【资源】标签页用以查看系统的各类资源模板，如印版模板，折页方案，纸张模板，

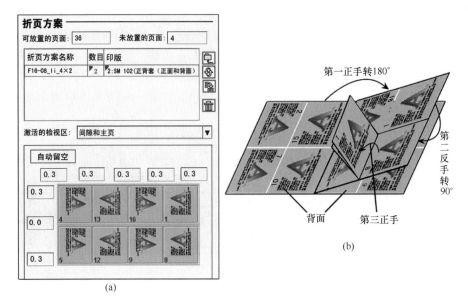

图 5-54　F16-08_li_4×2 的折手操作界面图

（a）F16-08_LI_4×2 折手的参数设置与正面预览示意图　（b）F16-08_LI_4×2 折手实际操作示意图

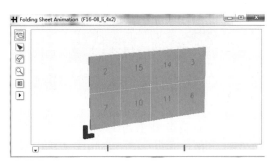

图 5-55　【折页动画】对话框

标记资源等；【内容】标签页用以查看待拼版的单面文件；【机器】标签页用以查看输出设备模板，如激光照排机、计算机直接制版机或印刷机的各项尺寸信息。

②【图形】视图。以预览图的形式显示活件的各部分元素，如印张预览图，印张列表预览图，页面列表预览图，折页方案预览图，电子文档预览图等。

③【印张检查器】视图。这里显示的是当前选中印张的基本参数，如印张名称、印张尺寸、印张折页方案、印张标记等。

④【列表】视图。以列表的形式显示活件的各部分元素。其所包含的元素与【图形】视图中的元素相同，只是表示方法不同。

3. 导入单页电子文档并指派页面

在 Signastation 软件中拼大版的过程可以分为两个阶段：阶段一是确定大版样式，在大版样式中，划分并预留好单页位置，以统一的单页图标指示；阶段二是导入待拼版的文档，并按页指派到大版样式预留的位置中。因此，大版样式的参数确定好之后，就可以将单页的电子文档添加进来，并进行指派。

（1）导入电子文档　点击【文件】/【导入】/【文档】菜单项，在弹出的对话框中选择待拼版的文档进行导入，Signastation 软件支持的文档类型为 PS 和 PDF。其它格式的文档可以通过其它软件或 Adobe Distiller 转换成 PDF 文档后进行导入。导入的文档会以列表的形式显示在浏览器视图的内容标签页中，如图 5-57 所示。每一个文档以一个文件夹的

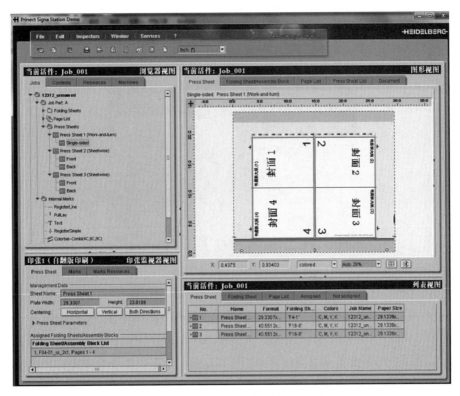

图 5-56　Signastation 软件的主视图

形式表示，展开后是单页列表，括号内会显示该单页所包含的颜色。

（2）显示单页预览图　在图形视图中，Signastation 软件提供了以预览图的形式来查看活件资源，这种方式更直观。单页的预览图可以在图形视图的【文档】标签页中进行查看。在浏览器视图的文档列表中（如图 5-57 所示），选择整个文档或者其中某一页，点击右键，选择【预览】或【高质预览】，图形窗口中便显示该单页的预览图，如图 5-58 所示。需要说明的是，预览图的作用是在指派页面后检查大版上单页位置的正确性，因此分辨率并不高。

（3）指派页面　指派页面也称为灌文，是指将单页文件按照一定顺序指派给大版上预留位置的过程。Signastation 软件会按照指派后的页面列表进行大版文件的拼制。

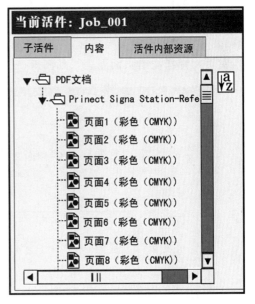

图 5-57　导入活件的单页列表

将图形窗口切换至【页面列表】标签页，可以看到一个由单个页面排列而成的列表，称其为页面列表。它的顺序与大版样式上的数字顺序相对应。

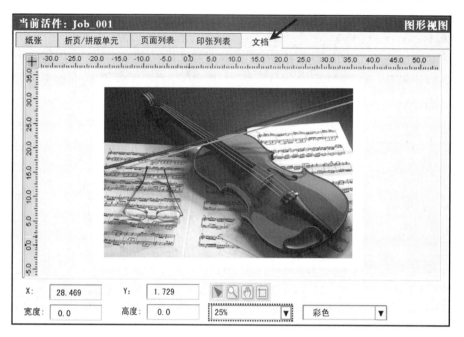

图 5-58 导入活件的单页列表

Signastation 软件指派页面有两种方式，分别是通过快捷菜单指派和拖拽方式指派页面。

① 通过快捷菜单指派页面。通过快捷菜单可以指派单个或多个页面，指派单个页面是指将选择的某一个单页指派到页面列表中。在【浏览器】视图中，右键点击【内容】标签页下指定文档中的某个页面，通过右键鼠标快捷菜单选择【指派页面】选项，页面便被指派到页面列表中的第一个空位，同时在浏览器视图的该单页文件名称左侧，用图标"✔"表示。也可选中文档图标，通过右键鼠标快捷菜单选择【指派页面】选项，将文档中所有页面都指派给页面列表，如图 5-59 所示。

图 5-59 指派所有页面给页面列表

② 拖拽方式指派页面。这是 Signastation 中最直观的指派方式。在浏览器视图中，用鼠标左键将电子文档或其中某一单页拖拽至页面列表的某一位置，则页面将从这个位置开始向下依次指派。

4. 活件输出

完成大版版式设计和页面指派（灌文）后，软件有以下几种输出功能：

① 【文件】/【保存】。将活件保存为软件指定的 ".sdf" 格式的作业文件；

② 【文件】/【导出】。将活件文件连同单页文档等外部文件一并导出；

③ 【文件】/【打印】。将拼版后的活件直接通过输出系统（打印机、数字印刷机或直接制版机 CTP）输出，或输出为 PDF 格式的大版文件。另外，软件还可以输出 JDF 格式的大版版式文件，供海德堡的数字化工作流程系统的自动化工作流程完成自动拼版（参见第八章）。

三、合版印刷拼版软件

本节以当前使用较为普遍的"合众汇鑫"合版印刷拼版系统为例，讲述合版印刷拼版软件的操作原理。"合众汇鑫"合版印刷拼版系统采用 CS（服务器-客户机）模式，登录客户端程序后，打开如图 5-60 所示的系统主界面。主界面中主要有两个功能面板，点击界面左上角的"施工单组版"按钮和"施工单办公台"按钮，可分别打开【施工单组版】面板和【施工单办公台】面板，前者主要用于客户单页文件的拼版，后者主要用于组版作业的管理。

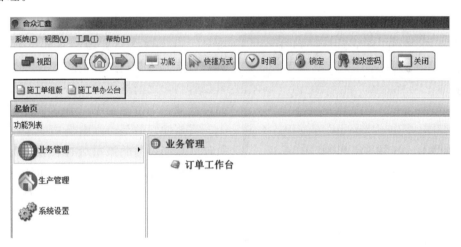

图 5-60 "合众汇鑫"合版印刷拼版系统的主界面

1. 【施工单组版】功能面板

打开如图 5-61 所示的【施工单组版】功能面板，在面板列表中可以看到网络接单后每个客户订单（待组版订单）的详细信息，包括订单编号和类型、客户信息、页面尺寸、印刷份数、用纸定量、后加工工序以及交货时间等。在合版印刷中，只能把产品类型、纸张类型和克重相同的订单拼合在一张印版上（印量最好也相同）。通过面板上方的一系列选项框，用户可以为这些待拼版订单定义不同的筛选条件，筛选出需要拼合在一张印版上的订单。如图 5-61 所示的列表中显示了用户筛选出的产品类型为"单页"，纸张定量为

$105 \mathrm{g/m^2}$，并使用铜版纸印刷的所有订单。

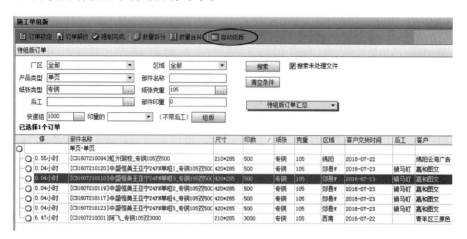

图 5-61 【施工单组版】功能面板

在图 5-61 所示的列表中，选中已经筛选好的四个单页尺寸为 420×285（八开）的订单，然后点击面板上方的【自动拼版】按钮，即可打开如图 5-62 所示的【选择开纸属性】对话框。在该对话框中，首先需要选择版芯尺寸，本例选择了"对开小森 1 机 870×595"选项，代表了编号为 1 号，印刷尺寸为 870×595 的对开幅面的小森印刷机。"拼数"选项代表印量，需要根据客户订单要求设定。另外，还可以在"用刀方式"选项框里选择后加工的裁刀方式。

图 5-62 【选择开纸属性】对话框

在【选择开纸属性】对话框中设定好参数后，点击【确定】按钮，即可打开如图 5-63 所示的【自动组版】面板。在面板右侧可以看到，之前选中的四个单页尺寸为八开的订单被自动拼合在了一张定义好的对开版上。需要注意的是，本案例中四个订单的单页尺寸相同，因此该拼版过程较为简单，可由拼板系统自动完成。如果待拼版的单页尺寸不同，版面较为复杂时，那么自动拼版结果可能无法令人满意，这时拼版系统还允许用户手动进行拼版调整，以达到最佳利用版面有效印刷面积的目的。

在【自动组版】面板左上角的列表中，双击打开该组版作业的【版式设置】对话框，如图 5-64 所示，该对话框主要用来选择印刷纸张类型，确定最终的印版规格和印量，也可设置印刷翻版方式。完成设置后，点击【确定】按钮。

2.【施工单办公台】功能面板

完成组版后，进入如图 5-65 所示的【施工单办公台】面板，在该面板中用户可以检查、审核并向生产部门提交确认后的组版工单。双击列表中标记为"待审核"的组版工

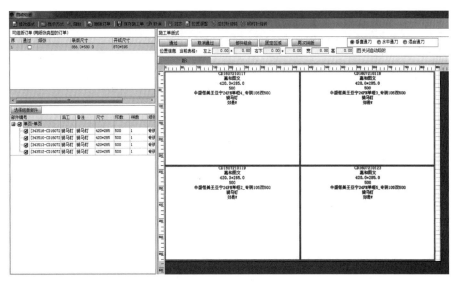

图 5-63 【自动组版】面板

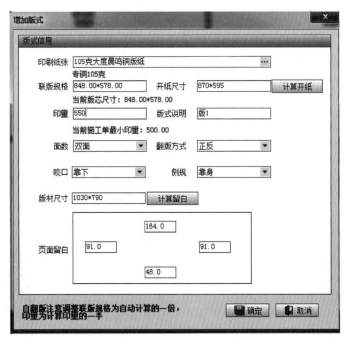

图 5-64 【版式设置】对话框

单，打开图 5-66 所示的【施工单审核】面板。

在该面板中，检查组版工单的各方面信息，确认无误后点击面板上方的【提交】按钮，将该施工单提交给生产部门。

将组版后的施工单提交给生产部门后，在系统的指定目录中会同时生成大版 PDF 文件，可使用 Adobe Acrobat 软件打开该文件预览拼版后效果，如图 5-67 所示。可以看到，四个八开的订单单页被规整地拼合在一张对开大版上。

图 5-65　【施工单办公台】面板

图 5-66　【施工单审核】面板

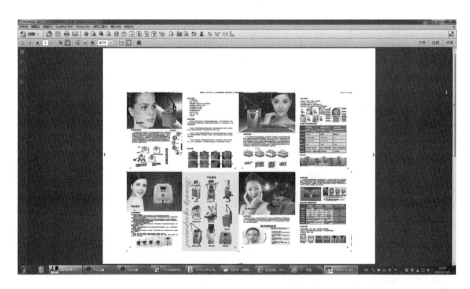

图 5-67　使用 Adobe Acrobat 打开大版 PDF 文件

为达到节省印刷成本的目的，合版印刷有时可以灵活地处理印量不同的订单。例如，如果有四个订单分别是：一个印量为 1000 的 8 开单页和 16 开单页，两个印量为 500 的 16 开单页，那么就可以在一个对开版上拼合两套 8 开单页和两套印量为 1000 的 16 开单页，再拼另两个印量为 500 的 16 开单页，拼版效果如图 5-68 所示。然后将实际印量设定为 500，这样就可以在一块对开版上完成这四个订单的合版印刷。鉴于合版印刷可能产生的色偏问题，在拼版时可能需要考虑尽可能将相同色调的印件依印版纵向拼列。另外，在印前制作时务必采用 CMYK 颜色模式进行设计，不建议采用 RGB 模式以避免合版印刷后的色偏争议。如果对颜色要求极高，建议依传统印刷方式独立开版印刷。

图 5-68　不同印量订单的合版印刷拼版案例

第四节　数字页面描述

印刷复制的大量图文信息是按页面组织的。页面上的信息单元称为页面元素，页面元素按印刷过程中的处理技术不同，可以分为三类，即在第一章第一节中介绍的图像要素、图形要素和文字要素。由于三类要素自身的特点不同，在数字印前的前期阶段使用了不同的处理软件，分别存储成不同格式的文件。但是在印前的输出阶段，在图文混排组成了单页之后，三类要素被组合在同一页面上，所以必须有一种数字描述方式，能描述图文混排的页面。

一、PS 页面描述语言

1. 页面描述的基本概念

数字印前中，图文混排页面的数字描述方式有两种：一种是栅格描述方式，该方式将页面上的所有要素（包括文字、图形和图像）都使用像素阵列来表示。另一种是矢量描述方式，该方式对页面上的文字、图形和图像采用不同的表示方式，文字使用编码来表示，图形使用一系列特征点的坐标位置集来表示，图像用像素阵列来表示。区分这两种方式最简单的方法就是将页面进行不断放大，放大后如果文字和图形部分发虚，出现马赛克现象，那就说明该页面采用的是栅格描述方式；如果文字和图形不发虚，仍然保持很高的精度，那就说明该页面采用的是矢量描述方式。栅格描述方式和矢量描述方式的特点参见表5-3。

表 5-3   **栅格、矢量描述方式的特点比较**

	栅格描述方式	矢量描述方式
数据存储量	大	小
坐标精度	低	高
输出质量	栅格像素大小确定后,输出分辨率无法改变	可以针对不同的输出设备提供不同的输出精度
数据结构	简单	复杂
数据获取速度	快	慢
RIP 解释速度	快	慢
再编辑方式	有限	丰富

由于印刷页面描述是描述输出前的数字页面，该数字页面要求：能够根据用户的需求在不同的输出设备上以不同的精度输出；文件量不应该太大，这样才能便于拷贝或传输；若有可能还应对其做一定的修改。针对这些要求，参见表5-3，不难推断出印刷页面描述应该选用矢量描述的方式。

印刷数字页面描述文件在印前的数字信息传输过程中占有非常重要的作用，它是连接排版及拼大版软件与 RIP 输出的纽带。如图 5-69 所示可知，排版或拼大版之后的图文混排页面信息存储成数字页面描述的 PS、EPS 或 PDF 文件，专门负责输出的 RIP 软件将其转换成对应于输出设备的 One bit Tiff 格式再进行输出。

图 5-69　印刷流程中常用的数字文件格式

2. PS（PostScript）语言

页面描述语言（Page description Language，PDL）有多种，如 Adobe 公司的 PostScript 语言（简称 PS 语言），惠普公司的 PCL 语言，施乐公司的 Interpress 语言等。目前在印刷领域使用最多的是 Adobe 公司的 PostScript 语言。

Postscript® Language 简称 PS 语言，是由 Adobe 公司 1985 年正式推出的一种页面描述语言，该语言是一种适合于图像、图形和文字描述的解释性语言，它拥有大量的、可以任意组合使用的图形算符，可以对文字、几何图形和图像进行描述和处理；它可以准确地描述页面各种元素之间的相互关系，包括相交、遮盖、交叠以及交叠部分上层元素的透明度；它也可以支持以不同的颜色空间描述元素的色彩，如 RGB 颜色空间、CMYK 颜色空间、LAB 颜色空间等。因此从理论上说 PS 语言可以描述任意复杂的版面。

它可以用由 ASCII 字符写出，也可以由二进制数字写出。若采用 ASCII 字符写出源代码的方式，PS 语言程序可以直接用文本编辑器打开和修改，但是该方式生成的文件较大。若采用二进制数写出源代码的方式，生成的文件小，便于处理。

由于 PS 是以编程的方式描述页面，该数字页面文件的使用受到一些限制，如：页面的显示只有当 PS 程序文件全部解释完之后才能实现；PS 文件一般比较大，不利于网络传输；PS 程序中任何错漏都会影响整个程序的解释；PS 程序文件中的错误很难定位和修改；PS 语言描述的文件内部页与页之间是相关的，无法分页单独处理等。

3. 基于 PS 语言的 EPS 格式

EPS（Encapsulated PostScript）格式是封装了的 PS 格式，它的文件主体是由 PostScript 语言构成，同时它还包含一个由 TIFF 或 PICT 格式描述仅供浏览的低分辨率预视图像，以及实现封装效果的文件头。使用不同软件生成的 EPS 文件有一定的差别，因此交叉使用时要注意它们的兼容性。因为 EPS 格式本质上仍然是一种 PS 格式，所以 EPS 格式同样可以由 ASCII 码编写，也可以由二进制字符编写；它既可以包含矢量图形，也可以包含像素图像，以及可以嵌入整个字库等。

EPS 格式与 PS 格式的区别主要体现在三个方面：①EPS 格式封装是以单个页面为单位，即一个 EPS 文件中只包含一个页面的描述。因此，一个含有 50 个页面的出版文件就会产生 50 个 EPS 文件，但是页面的大小可以自定义。②EPS 文件包含一个低分辨率的预视图像，便于用户在无法显示 PostScript 页面的系统上也能看到文件的概貌。③由于有了封装的文件头，EPS 文件可以很方便地嵌入到其它页面文档中，如排版软件生成的页面文档。

与 PS 格式一样，EPS 格式的输出也需要 PostScript 打印机，才能获得高质量的输出图像。如果采用非 PostScript 打印机输出，只能将预视图像输出，得到非常粗糙的图像。

二、PDF 页面描述格式

PS 语言是一种编程语言，PS 页面描述文件是利用编制一个程序的方法描述数字页面，所以，只有等到整个文件从头至尾完全解释之后，才有可能浏览文件所描述的页面。尤其是没有按页限定的 PS 文件，在未解释完之前，甚至不可能在整个文件中确定一页的开始和另一页的结束。PS 页面描述文件的这种特点导致在印刷输出的过程中，由于无法预视输出前的数字页面，造成输出废品的增加。印刷输出人员无法提前了解被输出的页面文件在解释的过程中会出现什么差错。

1. PDF 格式的基本概念

Adobe PDF（Portable Document Format，可移植文档格式）是基于 PS 的成像模型和各种页面对象描述基础上的一种数字页面描述文件格式，1993 年，Adobe 公司首次发布了这种跨媒体出版文件格式。所谓跨媒体出版，就是指出版信息能在多种媒体介质上以多样的形式输出。PDF 将印刷出版、电子出版和网络出版融为了一体，可以说是全世界电子版文档的公开实用标准，如今版本已更新为 PDF1.7，其支持的软件版本为 Adobe Acrobat 8.0。

PDF 是一种描述页面的文件格式，与 PS 文件相比，它具有如下特点：

（1）PDF 文档浏览方便　与 PS 文件无法预视的特点相比，Adobe 公司提供免费浏览 PDF 文档的 Acrobat 软件，所有读者都可以很方便地使用 Acrobat 软件浏览 PDF 文档。与常用浏览网页的 IE 浏览器一样，使用 Acrobat 软件浏览 PDF 文档时也可以使用超链接等非线性阅读的方式，并可以在普通的打印机上打印输出 PDF 文档。PDF 文档是分页描述的，这一特点既使得 PDF 文档在网络媒体发布过程中具有分页接收并浏览单页的功能，加速网络的输出效率和方便浏览阅读；也使得 PDF 文档在印刷拼大版过程中可以方便地配置单页位置，可视化地完成拼大版操作。

（2）PDF 文档可以修改　在 PDF 文档方便浏览的基础上，PDF 文档还具备可标注、可修改的功能。用户可以方便地使用 Acrobat Professional 软件的修改功能修改 PDF 文档的图文。当然与前期的图像、图形和文本处理软件的编辑功能相比，PDF 文档只能进行有限的修改。当然，还有其它一些功能强大的 PDF 编辑软件，如 Foxit PDF Editor，该软件可以方便快捷地实现 PDF 文件中图像、图形、文字等对象的替换、编辑和修改。

（3）PDF 文档压缩技术完善　与 PS 文件相比，PDF 文档的压缩技术更为完善，PDF 文档可以针对图像、图形选择采用不同的压缩技术，例如，对彩色图像采用 JPEG 或 ZIP 压缩技术；对图形采用 CCITT 或行程压缩技术。同样输出质量的 PDF 和 PS 页面描述文件，PDF 文件所占用的空间要小很多。

2. PDF 文件的生成和格式转换

由于 PDF 文件最初的发布就是为了跨媒体出版，即 PDF 文档可以方便地适用于各种媒体技术的输出，包括电子媒体、网络媒体、印刷媒体等。出版方式的不同，对数字文件格式也会有不同的要求，PDF 文件不仅自身应该更多地满足各种需求，能较方便的生成并转换成其它格式也是非常需要的。PDF 文件的生成方法有：

① 利用插件 PDFMaker 生成 PDF 文件。对于已经安装了 Acrobat Professional 的计算机，其插件 PDFMaker 会自动挂在目标应用程序中（例如 WORD），因此只要满足该条件的应用软件都可以直接在本软件的界面中将自己的文档转换成 PDF 文档，还可以设置转换后的 PDF 质量、文件大小、压缩方法等选项。

② 利用 Acrobat 将其他格式转换成 PDF。利用 Acrobat Professional 可以直接将其它格式的文件转化成 PDF，例如 WORD、HTML、PPT 等，同时还提供了许多可编辑 PDF 文件的功能，而菜单中的【首选项】可对转换后的 PDF 进行质量设置。

③ 利用 Adobe PDF 打印机创建 PDF。安装 Acrobat Professional 软件后，就可以利用 Adobe PDF 虚拟打印机创建 PDF 文件，即利用程序的打印功能，在选择打印机时选择【Adobe PDF】，并在【属性】对话框中进行 PDF 文档质量设置。

④ 利用 Distiller 将 PS 文件转换成 PDF 文件。转换方法可分为两种：其一，安装了 Acrobat Professional 后，在印前软件（如 PhotoShop，PageMaker 等）中，可以通过【另存为】或【导出】命令，借助后台运行的 Acrobat Distiller 将文件存为 PDF 格式；其二，没有安装 Acrobat，可以先将文件保存为"＊.ps"文件，再借助 Acrobat Distiller 将 PS 文件转换成 PDF 文件。而第二种方法生成的 PDF 文件更可靠、更有效。如果没有调用 Distiller 生成 PDF 文件而直接由印前软件生成，就不可能按照用户的意愿选择 PDF 文件的质量，这会导致生成的 PDF 文件质量不高。

利用 Acrobat Professional 软件，也可以很方便地将 PDF 文件格式转换成其他格式的文件输出。例如：对于文本，可以转换成"WORD"、"RTF"以及纯文本格式输出；对于图像可以转换成"TIFF"、"JPEG"以及"PNG"格式输出；对于网页可以转换成"HTML"、"XML"输出；还可以转换成"PostScript"格式输出。

3. PDF/X 格式

由于 PDF 格式功能强大，选项繁多，使它迅速在印刷和电子出版领域普及。但是，对于印刷来说，PDF 中许多选项的功能是用不到的（例如声音、动画、视频等），这些不需要的选项不但减慢了文件处理的速度，还导致了文件最终印刷效果的不可预知性。因此，美国图像技术及标准委员会的组织（简称 CGATS，是经过美国国家标准局认可的，专门开发图像印刷标准的组织）基于 PDF 格式开发了 PDF/X 标准。其中，X（/Exchange）的意思是用于印刷的可进行"交换"的 PDF 标准文件。PDF/X 标准通过确定印刷专用的 PDF 对象有限集合，限制使用与印刷无关而仅仅与电子出版相关 PDF 对象的方式来保证最终结果的可靠性。这些有用的 PDF 对象包括了字体、图像、媒体框、陷印标志及印刷条件等内容。例如，PDF/X-1 要求符合该标准的 PDF 文件中必须嵌入所有字体，以保证印刷输出的时候不至于因为找不到字体而出错。这种基于 PDF/X 标准的文件交换在印刷中也被称为盲交换（Blind Exchange），即 PDF/X 标准的文件无需做额外处理，就可以方便地用于各种印刷输出。为满足不同用户的需求，PDF/X 标准分为三大类：PDF/X-1、PDF/X-2、PDF/X-3。

① PDF/X-1 是 CGATS 最早发布的 PDF/X 标准，分为 PDF/X-1 和 PDF/X-1a 两个子版本。它仅支持专用于印刷输出的 CMYK 模式、专色模式和灰度模式，由于该标准不支持 RGB 和 LAB 模式，所以 PDF/X-1 和 PDF/X-1a 还不能支持色彩管理（不支持嵌入 ICC 特性文件），其主要应用于美国报业、广告业和书刊印刷业。PDF/X-1 和 PDF/X-1a 的唯一区别是，PDF/X-1a 限制更为严格，它要求所有输出的页面内容都必须包含在输出的 PDF 文件中，不允许采用链接的 OPI 方式（OPI，Open Print Interface，开放式印前接口指输出文件中仅包含低分辨率的图像，而将高分辨率的图像存储在专门的服务器中，输出时调用服务器中高分辨率图像实现高精度输出的方式）。同时，PDF/X-1a 也不支持文档加密。

② PDF/X-3 是 PDF/X-1a 标准的扩展集，兼容 PDF/X-1a 标准，它不仅支持 CMYK 和专色数据，还支持 RGB 和与设备无关的色彩模式，如 CIE-Lab 颜色模式，因此 PDF/X-3 标准具备更加灵活和完善的色彩管理功能，包括支持不同颜色空间之间的转换，支持嵌入 ICC 特性文件等。鉴于 PDF/X-3 标准在色彩管理方面更具灵活性，采用 PDF/X-3 标准的 PDF 文件既可以用于印刷和出版输出，也可以输出到 RGB 设备、复合打印设备等，很适合于跨媒体输出。

③ PDF/X-2 是在 PDF/X-1a 和 PDF/X-3 的基础上开发出来的，比二者更加灵活，可调节的选项也更多。在使用 PDF/X-2 时，需要设计师与输出中心进行充分交流，针对文件的情况交换信息，以确保最终输出结果的可靠性，它主要应用于商业印刷和包装行业。

习 题

1. 常用印刷纸张有哪几种规格？什么是正度纸？A4 纸的标准尺寸是多少？

2. 排版工序主要完成的任务有哪些？

3. 常用排版软件有哪些？它们的主要功能是什么？

4. InDesign 软件中文本框的主要作用是什么？该软件中有哪些对文本框的操作功能？

5. InDesign 软件中的框架在图像置入的过程中起到什么作用？

6. 什么是出血设置？它的作用是什么？

7. 解释 InDesign 软件的可变数据页面拼版的实现步骤。

8. 什么是合版印刷？合版印刷拼版有哪些特点？

9. 什么是折手？常见折手有哪些类型？

10. 详细列举书刊折手拼版过程中要考虑的各项因素。

11. 什么是爬移？针对这一现象在拼大版中要做何种处理？

12. 套版印刷、对翻和自翻的基本概念各是什么？这些不同的印刷方式对拼大版会产生什么影响？

13. 印刷 1000 本 16 开尺寸的书刊，包括：彩色封面（2 页，封 1，封 2，封 3，封 4），黑白内页（共 192 页）。假如企业现有对开和四开幅面的印刷机，请设计拼版印刷方案（如何选择印版数量和尺寸，如何选择装订、折手和印刷方式，不算过版纸还需要多少纸张）。

14. 什么是灌文？Signastation 拼大版软件中灌文有几种方式？

15. 数字页面描述分为哪两类？各有何特点？

16. EPS 与 PS 相比有哪些特点？

17. PDF 与 PS 相比有哪些特点？

参 考 文 献

[1] 金杨. 数字化印前处理与技术 [M]. 北京：化学工业出版社. 2006.

[2] 刘真，蒋继旺，金杨. 印刷色彩学 [M]. 北京：化学工业出版社. 2007.

[3] 刘真，邢洁芳，邓术军. 印刷概论 [M]. 北京：印刷工业出版社. 2007.

[4] 刘真，史瑞芝，魏斌等. 数字印前原理与技术 [M]. 北京：解放军出版社. 2005.

[5] 曹波，王蓓. InDesign CS3 实用教程 [M]. 北京：清华大学出版社. 2008.

[6] 朱明，王佳欣. 两类可变数据印刷应用方案的实践 [J]. 包装工程，2016，37（15）：169-173.

[7] 顾桓. 印前技术与数字化流程 [M]. 北京：机械工业出版社. 2008.

[8] 易尧华，李蓉. Acrobat 8.0 从技术到应用 [M]. 北京：印刷工业出版社. 2008.

[9] Folding Techniques [M]. Heidelberg. 2007.

[10] 刘彩凤. 设计与印刷案例宝典 [M]. 北京：印刷工业出版社. 2007.

[11] ISO 15930-1：Complete exchange using CMYK data (PDF/X-1 and PDF/X-1a) [S]. 2001.

[12] ISO 15930-3：Complete exchange suitable for colour-managed workflows (PDF/X-3) [S]. 2002.

第六章　数字印前输出技术

一件印前作品无论制作得多么完美，其最终目的是输出。输出是将计算机处理好的文字、图形、图像或页面文件通过各种输出设备以及相应的输出方式形成产品的过程。目前数字印前常见的输出方式有：数码打样输出、直接制版输出（也称为 CTP 输出，Compute To Plate）以及直接印刷输出。本章首先介绍印前图文输出处理的几项关键技术：图像加网原理与技术、光栅化原理与技术、陷印原理与技术，然后介绍各种输出方式。

第一节　印前输出关键技术

无论以何种方式输出，其输出设备都采用机器扫描点来描述文本、图形和图像对象，所以，任何格式的文件在印前输出前都必须通过 RIP 换成与特定输出设备相关的"机器像素点阵格式"；图像都必须通过加网转换为网点半色调图像。

一、图像加网原理与技术

图像加网技术经历了传统模拟加网技术和现代数字加网技术，传统模拟加网和现代数字加网虽然采用的手段不一样，其基本原理和结果是一致的。从生成网点的类型上划分，数字加网基本技术可分为调幅加网、调频加网。本部分先介绍数字加网基础，在此基础上介绍调幅和调频加网。

1. 数字加网基础

（1）设备像素与网格

① 设备像素。本章指输出设备像素（如图 6-1）。如激光照排机和直接制版设备的激光曝光像素点。设备像素的大小决定设备的输出分辨率，输出设备每英寸包含的设备像素越多，每个设备像素的面积越小，其分辨率也就越高。同一台记录设备可以在最高分辨率的限制基础上，提供几档分辨率进行选择。

② 网格。在调幅加网时分配给一个网点的一组设备像素阵（如图 6-1）。在设备像素大小已确定的前提下，其大小与加网线数（加网线数/in 或加网线数/cm）相关，加网线数越大，网格越小。获得 100％网点面积率的网点时，网格中的所有设备像素都曝光。

（2）记录分辨率与加网线数

① 记录分辨率。指每英寸或每厘米中的输出设备像素数。用 dpi（Dot Per inch,）表示（概念见第二章）。

② 最小网点直径。理论上，输出设备记录分辨率的倒数（即扫描设备像素的直径）

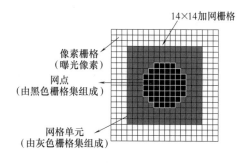

图 6-1　像素栅格和网格示意图

14×14加网栅格

像素栅格（曝光像素）

网点（由黑色栅格集组成）

网格单元（由灰色栅格集组成）

等于加网图像的最小网点直径。若输出设备（激光照排机）的记录分辨率为 $2400dpi$，则设备像素的直径为 $1/2400＝0.0004167in$，即为 $0.01058mm$。设网格由 $16×16$ 个设备像素组成，当使用其表达扫描图像中一个 256 个灰度等级的扫描像素时，此时最小网点的面积率（仅一个设备像素曝光为 1/256）对应的网点直径为 $0.01058mm$。

采用调频加网时，网点的直径需大于或等于输出设备能再现的最小网点直径。

③ 实际加网线数。网格点阵中包含的设备像素数由输出设备的记录分辨率和加网线数决定，可以用式 6-1 表示：

$$n＝(dpi/lpi)^2 \tag{式 6-1}$$

式中　　n——网格点阵包含的设备像素数

　　　　dpi——输出设备的记录分辨率

　　　　lpi——加网线数

记录设备的分辨率越高，构成网点的设备像素数目越多，能表现的灰度级数也越多。当记录分辨率固定时（输出设备的记录分辨率只有有限的挡数），选定加网线数后，网格中能包含的设备像素数也就固定下来。例如照排机的输出分辨率（记录分辨率）为 $2400dpi$，假定选择了 $175lpi$ 的加网线数，则网格在水平或垂直方向上应该包含 $2400/175＝13.7$ 个设备像素。考虑到，记录分辨率 dpi 与加网线数 lpi 的比值（即网格将由多少个设备像素组成）必须为整数，故需把 13.7 约整为 14，这样实际获得的加网线数为 $2400/14＝171.4lpi$。在这一选择下可表达的灰度级数为 $14×14＋1＝197$ 个，即由 196 个设备像素组成一个网格。因为，除了所有的设备像素都没曝光这种情况外，还有所有设备像素（196 个）都曝光的情况，故可以表示的层次数应该加 1。如图 6-2 所示为加网线数相同记录分辨率不同时的 100％网点的轮廓形状比较，可以看出高记录分辨率的情况下，不仅可以表现的灰度级多，而且网点外形也很圆滑。

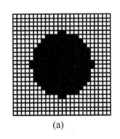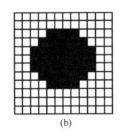

此外，记录分辨率越高，对加网角度的改变就越容易实现。

（3）图像分辨率与加网线数　通常，数字图像的每一个像素分色后输出到胶片或印版上时，至少需要使用一个网格表示。不同面积率的网点表示数字图像像素的不同灰度等级。即加网线数应该等于数字图像的分辨率，比如，当数字图像的分辨率为 $133dpi$ 时，加网线数应该等于 $133lpi$。

图 6-2　不同记录分辨率下同样尺寸的两个网格

但加网线数等于图像分辨率这一规则仅适合于沿水平和垂直方向加网（即网线角度为 0°或 90°）的情况。由于四色印刷的四个印版采用不同的加网角度，当网线角度不等于 0°或 90°时，在加网角度方向上会发生像素不够的情况，其中加网角度为 45°时最不理想。

如图 6-3 所示，为了方便说明问题，设数字图像在纵向和横向均有 10 个像素，图像的边长为 L（这里 L 指图像的实际尺寸），则该图像的分辨率为 $R＝10/L$。当加网角度为 45°时，图像对角线长度为 $1.414L$，在这样的长度上像素数也为 10 个，因此在对角线方向上的分辨率为 $110/1.414L＝0.707(10/L)＝0.707R$。根据上面的叙述可知，当加网角度为 45°时，在对角线方向上图像的像素数不够了，它不能满足输出一个网点需要一个像素的要求，需要提高图像的分辨率。因此，无论是对灰度图像还是彩色图像，考虑到均要采用 45°的加网角度，需将图像的分辨率提高 1.414 倍，取整数为 1.5。

为了方便，桌面出版系统在扫描原稿时使用的一条实用规则是按加网线数的 2 倍取图像的扫描分辨率。从理论上讲，用以产生一个网点的像素数越多，复制效果就越好。因此，许多文献把图像分辨率与加网线数之比称为加网质量因子。

（4）数字网点的生成　调幅加网有网点面积率、网点形状、加网线数和加网角度四个特征参数，网点面积率与原图的灰度等级相关，网点形状、加网线数和加网角度在输出时根据需要设置。数字网点生成的实质是确定网格中需要曝光记录的设备像素的数量以及位置。

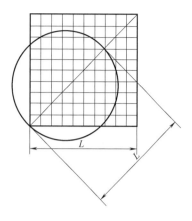

图 6-3　加网角度为 45°时需
提高图像分辨率

① 不同面积率网点的生成。网点面积率是相对值，是构成网点的网格点阵中，曝光设备像素数/设备像素总数。它与网点形状、加网线数和加网角度无关，只与分色数字图像的灰度级相关。

调幅加网实现的基本原理是：按照网格中包含设备像素的数量及排列方式，建立排列"阈值数据阵列"，阈值数据阵列相当于照相网屏的数字化形式，称之为"数字网屏"。加网时，图像像素的灰度值（或网点面积率数据）与数字网屏中的阈值数据逐一进行比较，根据比较结果来判断某个设备像素是否需要曝光记录。如图 6-4 所示为 0°角的数字网屏的一个网格，网格中包含了 $14 \times 14 = 196$ 个阈值。中心位置的阈值最大（255），随着位置由中心向外偏移，阈值的数据逐步下降，4 个边角的阈值很小，最小值为 1。加网时，像素的灰度数据与网格中所有位置上的阈值做比较，某位置上的阈值大于像素灰度数据，该位置的设备像素曝光记录，反之不记录。若某像素的灰度数据是 255，由于数字网屏的网格中所有阈值都不大于像素灰度数据 255，故没有设备像素曝光记录，网点面积率为 0；若某像素的灰度值为 0，因所有阈值都大于 0，都曝光记录，达到面积率为 100% 的实地网点。图 6-4 中画出了三种不同灰度数据下生成的网点轮廓。

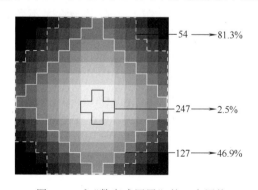

图 6-4　0°"数字式网屏"的 1 个网格

因此，通过与数字式网屏阈值阵列的比较判断，不同的图像灰度值可以生成不同面积率的网点。

② 不同形状、加网角度和加网线数网点的生成。将数字网屏中阈值阵列的数据按照需要的形状，从中心的最大值到边缘的最小值排列可以实现不同的网点形状；将数字网屏内的阈值数据按照不同的角度倾斜排列可实现不同的加网角度。

如前所述，数字加网中，记录分辨率和加网线数共同决定网格中设备像素的总数，但鉴于数字记录具有整数行/整数列的特性

139

（即一个完整的设备曝光点是不可能被切割分别属于不同的网格），选择不同的加网角度，加网线数可能略有变化，而且为了均衡加网线数的误差，一般不同角度的网格尺寸也并不完全相等。

2. 调幅加网原理与技术

数字调幅加网技术包括有理正切加网技术（Rational Tangent Screening，RTS）、超细胞加网技术（SuperCell-based Screening）和无理正切加网技术（Irrational Screening）。

（1）有理正切加网 当加网角度的正切值为有理数时，这样的加网称为有理正切加网。有理正切加网是数字加网的基础。有理正切加网技术的核心是：网格的四个角点必须与输出设备设备像素的角点重合，加网角度相同时，每一个网格的大小和形状均相同，可在输出设备的设备像素上重复复制，加网角度的正切值为有理数。

由于数字加网具有整数行/列记录特性（即一个完整的设备曝光点是不可能被切割分别属于不同的网格），这种特性对加网造成了限制，主要体现在两个方面，一是常规的加网角度无法全部实现有理正切加网，比如15°和75°角；二是整数行/列记录特性以及加网角度的变化可能使网格尺寸出现偏差，导致加网线数不准确。

传统加网方式中，各色版的加网角度通常排列为0°、15°、45°和75°，其中15°和75°的正切值为无理数，不适合有理化正切加网，须将其加网角度适当旋转使网格的各角点与输出设备像素的角点重合，以满足有理正切加网的要求。限于当时的技术条件，采用1：3和3：1的有理数作为网线角度的正切值，因为 $\tan 18.4° = 1/3$，$\tan 71.6° = 3/1$，故得到0°、18.4°、45°和71.6°的加网角度组合。

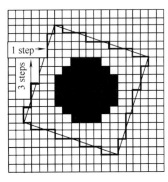

图6-5 18.4°和71.6°的由来

如图6-5所示，将网格放置在输出设备（激光照排机或直接制版机）的设备像素上，垂直方向设备曝光点递增量为3，水平方向的递增量为1形成的网屏角度是18.4°，而垂直方向像素点递增量为1，水平方向的递增量为3形成的网屏角度是71.6°。

采用有理正切加网，由于加网角度的改变使得实际加网线数也发生改变。

为方便说明，设一个网格由4个设备像素组成，用9个这样的网格组成一个记录单位，再由9个记录单元组成一个大单元，将这样的大单元各自旋转0°、18.4°、—18.4°和45°，并使该大单元在上述角度下将左下角角点与设备像素的一个小方块的角点对齐后放置到设备像素平面上。

① 加网角度为0°时。一个大单元中将含81个网格，这样每个记录单位的平均网格数为81/9＝9。

② 加网角度为18.4°时。当超级单元的旋转角度为18.4°时 [图6-6（a）]，在一个大单元中共包含90个网格。因此，每一记录单位的平均网格数为90/9＝10。当大单元旋转—18.4°时，一个记录单位的平均网格数与旋转18.4°时相同。

③ 加网角度为45°时。当超级单元旋转45°时 [图6-6（b）]，一个超级单元中共包含72个网格，每个记录单位的平均网格数为72/9＝8个。

由此可得到在0°、18.4°和45°加网角度下，加网线数之比为：

$$f_0 : f_{\pm 18.4} : f_{45} = \sqrt{9} : \sqrt{10} : \sqrt{8} \tag{式 6-2}$$

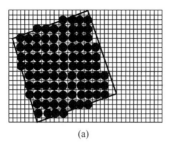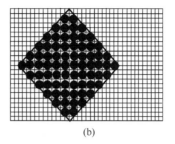

(a)　　　　　　　　　　　　(b)

图 6-6　加网角度对加网线数的影响示意图
(a) 加网角度＝18.4°　(b) 加网角度＝45°

由式 6-2 可知，若 0°的加网线数为 $150lpi$，则 18.4°分色版的加网线数为 $166.7lpi$，45°分色版的加网线数为 $133.3lpi$。

因此，有理正切加网采用 $\sqrt{9}$：$\sqrt{10}$：$\sqrt{8}$：$\sqrt{10}$ 的相对比例，生成四种不同的数字网屏（阈值阵列），分别用于不同角度的加网。

（2）超细胞结构加网技术　超细胞结构加网的技术是为了解决有理正切加网的问题开发的，其原理核心部分与有理正切加网相似。具体方法是：在输出设备有限的记录分辨率范围内，采用超大型细胞结构（SuperCell），超细胞的 4 个角点与设备像素角点准确重合，这个超细胞中包含多个网格，其中的各个网格的 4 个角点位置不一定与理论计算的位置重合，各个网格的尺寸不一定完全一致；通过使用规模较大的数字网屏（SuperCell），使有理分数的比值更接近所需要的无理数正切值，因此多个网格边界构成的加网角度更接近正确的加网角度。

为了提高精度，超细胞结构加网技术将有理正切算法中按单一网点单元循环来生成网点的思路，改由采用更大的网点单元矩阵（超细胞），由多个（$n×n$）个网点单元组成一个超细胞，其网点生长方式是从多个中心点开始。比如一个由 4 个网点单元组成的超细胞，就有 4 个中心点，如图 6-7 所示。只要超细胞的 4 个角点与输出设备的设备像素角点重合，则每个这样的超细胞都有相同的形状，并包含相同数量的网点单元和曝光点。

超细胞是将多个单网点单元融合成一个大的单元，单个网点单元可以有不同的尺寸和形状，这些不同在超细胞内部得到弥补，如图 6-8 所示。

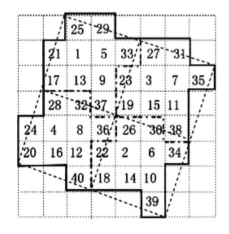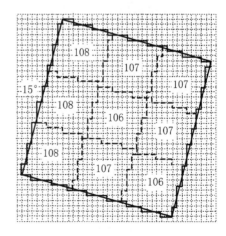

图 6-7　超细胞结构中拥有多个生长中心点示意图　　　图 6-8　超细胞结构单元示意图

超细胞结构加网技术采用有理加网算法，在保证一定加网线数时，能够提供更接近传统的加网角度。但其计算量比无理加网技术小的多，因此，它很快成为印前领域主流的调幅加网技术。

国际上主要的激光照排机和 RIP 生产商都推出了各自独立并具有自身特色和竞争能力的基于超细胞结构的网点技术，其中典型的网点技术有 Heidelberg 的高质量加网 HQS（High Quality Screening）、Adobe 公司精密网点技术 AS（Accurate Screening）、Agfa 公司平衡网点技术 BS（Balanced Screening）和 Scitex 的高定义网点技术（High Definition Screening，HDS）等。

（3）无理正切加网技术　加网角度的正切是无理数的加网称为无理正切加网，也称无理加网。当加网角度的正切为有理数时，网格的角点可以与输出设备像素的角点准确重合。遗憾的是，只有特定的几个角度可满足这一条件。在其他加网角度下，网格只有一个角点与设备像素的角点重合，其他三个角点都不能与设备像素的角点重合，即这时的加网角度的正切不是两个整数之比，而是一个无理数。如图 6-9 所示为有理正切加网和无理正切加网的比较，有理正切加网每个网格中包含相同数量的设备像素，无理正切加网网格中包含的设备像素数量不一定相同。

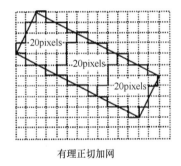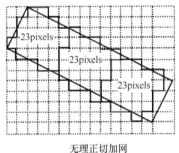

有理正切加网　　　　　　无理正切加网

图 6-9　有理正切加网和无理正切加网的比较示意图

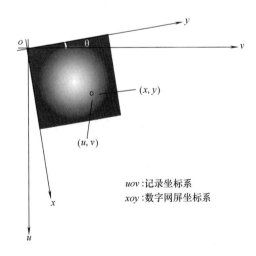

uov:记录坐标系
xoy:数字网屏坐标系

图 6-10　无理正切加网的坐标变换

无理正切加网原理的关键在于高精度的坐标转换计算，如图 6-10 所示，设备像素构成的坐标系为 *uov*，网格坐标系为 *xoy*，*xoy* 坐标系的倾角为 θ，根据坐标转换原理，有如下转换公式：

$$x=u \cdot \cos\theta + v \cdot \sin\theta$$
$$y= v \cdot \cos\theta - u \cdot \sin\theta$$

（式 6-3）

每个设备像素的位置（*u*，*v*）都可以转换到网格的坐标系（*x*，*y*）。

加网时，使用 1 个网格的高精度阈值阵列数据，逐个网格进行比较计算。设备像素位置（*u*，*v*）经坐标转换与网格内的阈值数据位置（*x*）对应，用图像的灰度数据与（*x*，*y*）位置上的阈值进行比较，即可决定

(u，v）位置上的设备像素是否应该曝光记录。

所以，无理加网的基础是网点矩阵，在网点矩阵中，两个相邻点的中心之间的距离与一个指定的值精确对应，比如，$150lpi$ 的网点对应的距离为 $166.66\mu m$。

无理加网符合理想网线角度，但由于网格的前后顺序不同，网点的形状会发生变形，如垂直方向上 3 个或 4 个像素与水平方向上 1 个像素轮换交替，网点变形如图 6-11 所示。图 6-11 清楚地给出了模拟、有理正切和无理正切加网的角度之间的不同。图 6-11（a）显示了各分色版的加网线数不变、加网角度为 15°的模拟加网；图 6-11（b）所示的是有理正切加网产生 18.4°的加网角度，有理正切加网对于不同的分色片（青、品红、黄、黑），加网线数存在偏差；图 6-11（c）所示采用无理加网，可实现各分色版加网线数不变和理想的加网角度（15°）。

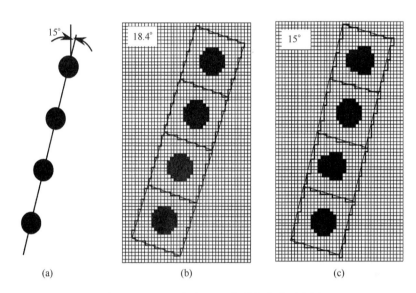

图 6-11 无理正切加网网点形状变形示意图
(a）角度 （b）有理正切加网 （c）无理正切加网

有理数正切加网是将网格边界线的斜率固定在 1∶3 或 3∶1 上，超细胞加网可以将加网角度和加网线数的误差扩散到相对较大的范围内，而无理数正切加网则依靠精确的坐标计算和累加，将误差扩散到整个记录幅面内的网格，因此，误差比其他加网技术小很多。

3. 调频加网原理与技术

调频加网（Frequency Modulated Screen，FM）技术特征可归纳为：网点的大小可以相同，网点没有固定空间位置，随机分布，不同的加网算法产生不同的空间位置；数字图像的灰度值决定单位面积内网点的数量，即通过改变网点出现的密集程度来表现图像的颜色、层次变化。无需考虑再现常规加网角度问题。

调频加网又称随机加网（Random Screening），调频加网技术的实现方法有很多，本部分主要介绍模式抖动加网和误差扩散抖动加网两种。

（1）模式抖动（Pattern Dither）加网技术 模式抖动是用原图像灰度值与"抖动矩阵"相对应位置上的数据比较，决定所生成的二值图像像素的"黑/白"状态。

在模式抖动算法中，最有代表性的是 Bayer 抖动法，是 1973 年由 Bayer 提出的。Bayer 抖动算法是迄今为止将灰度图像转换为二值图像的最简单的方法。用 Bayer 抖动算法将灰度图像处理为二值图像时要用到 Bayer 抖动表，抖动表由下式通过递推程序得到：

$$D_n = \begin{bmatrix} 4D_{n/2} & 4D_{n/2}+2U_{n/2} \\ 4D_{n/2}+3U_{n/2} & 4D_{n/2}+U_{n/2} \end{bmatrix} \qquad \text{（式 6-4）}$$

$n=2^2$，2^3，2^4，$\cdots 2^r$，式中，U_n 表示各成分都为"1"的 $n\times n$ 阶矩阵（即 $n\times n$ 的单位矩阵）。

令 $D_1=0$，$n=2$ 可求出 2×2 抖动矩阵：

$$D_2 = \begin{bmatrix} 0 & 2 \\ 3 & 1 \end{bmatrix} \qquad \text{（式 6-5）}$$

用这一 2×2 矩阵可实现对原图像的 2×2 模式抖动处理。易于推得 4×4 的模式抖动矩阵，过程如下：

$$4D_2 = \begin{bmatrix} 0 & 8 \\ 12 & 4 \end{bmatrix}$$

且有：

$$U_2 = \begin{bmatrix} 1 & 1 \\ 1 & 1 \end{bmatrix}$$

由此导出：

$$4D_2+2U_2 = \begin{bmatrix} 2 & 10 \\ 14 & 6 \end{bmatrix}$$

$$4D_2+3U_2 = \begin{bmatrix} 3 & 11 \\ 15 & 7 \end{bmatrix}$$

$$4D_2+U_2 = \begin{bmatrix} 1 & 9 \\ 13 & 5 \end{bmatrix}$$

将 $4D_2$、$4D_2+2U_2$、$4D_2+3U_2$ 和 $4D_2+U_2$ 拼合起来，就得到一个 4×4 的抖动矩阵：

$$D_4 = \begin{bmatrix} 0 & 8 & 2 & 10 \\ 12 & 4 & 14 & 6 \\ 3 & 11 & 1 & 9 \\ 15 & 7 & 13 & 5 \end{bmatrix} \qquad \text{（式 6-6）}$$

再大一级的抖动矩阵是 8×8 方阵，将 $4D_4$、$4D_4+2U_4$、$4D_4+3U_4$ 和 $4D_4+U_4$ 这四个方阵拼合起来，即可得 D_8：

$$D_8 = \begin{bmatrix} 0 & 32 & 8 & 40 & 2 & 34 & 10 & 42 \\ 48 & 16 & 56 & 24 & 50 & 18 & 58 & 26 \\ 12 & 44 & 4 & 36 & 14 & 46 & 6 & 38 \\ 60 & 28 & 52 & 20 & 62 & 30 & 54 & 22 \\ 3 & 35 & 11 & 43 & 1 & 33 & 9 & 41 \\ 51 & 19 & 59 & 27 & 49 & 17 & 57 & 25 \\ 15 & 47 & 7 & 39 & 13 & 45 & 5 & 37 \\ 63 & 31 & 55 & 23 & 61 & 29 & 53 & 21 \end{bmatrix} \qquad \text{（式 6-7）}$$

利用抖动矩阵加网时，由于矩阵的行列数一般小于图像像素行列数，故需要将矩阵分块移位，以便使整个图像都能进行抖动矩阵处理。另外，为使图像灰度数值范围与抖动矩阵数据范围一致，还需要将图像灰度数字进行范围分配处理。（如从 $0\sim255$ 转换成 D_8 矩阵要求的 $0\sim63$，由于 8×8 形式的 Bayer 抖动矩阵元素表的取值从 $0\sim63$，而灰度图像的取值为 $0\sim255$，故在运算时需将灰度图像灰度值的二进制表示向右移 2 位，这种移位操作的结果是前二位被置为 0。）

　　将该抖动方阵扩充成与被抖动图像有相同的行和列，并将图像中每一像素值与该抖动矩阵的元素进行比较，若像素值大于或等于抖动矩阵中对应的元素值，则该像素被置为 1（黑），反之置为 0（白）。图 6-12 给出了用 4×4 矩阵处理某一图像的结果。

　　这是对灰度图的抖动过程，对于彩色图像，同样可用 Bayer 抖动进行处理，过程与抖动一幅灰度图像基本相同。可将彩色图像可分解为 R、G、B 三幅灰度图像，然后分别对 RGB 通道进行抖动。

　　Bayer 抖动并不是很好的算法，但由于 Bayer 抖动运算基本上不涉及数学，仅是移位和位比较，因此执行得特别快。

　　模式抖动的缺点是，它将一个固定的模

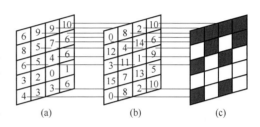

图 6-12　Bayer 抖动算法二值化示意图
（a）原图像　（b）抖动模型　（c）二值化后的图像

式强加于整幅图像，产生的二值图像带有该模式的痕迹，这是图像处理中不希望出现的视觉副产品。

　　一般认为，用 Bayer 抖动法二值化图像时，抖动矩阵的规格以 4×4 或 8×8 为宜。抖动矩阵太小，会使抖动结果留下明显的人工痕迹；抖动矩阵太大，对进一步提高二值化图像的质量没有明显的效果，但所需处理时间会大大增加。

　　（2）误差扩散加网技术（Error Diffusion）　误差扩散法是一种经典的调频加网算法，其原型是 1975 年由 Robert W. Floyd 和 Louis Steinberg 提出的，是一种较为著名的调频加网算法。

　　误差扩散法的每一个输出值不仅与当前像素有关，还与邻近的像素有关。它总是把一个像素上产生的误差，按一定规律向周围像素传递，再由周围的像素把此误差向下传递，直到整个图像处理完毕。

　　工作原理是：设被加网图像的灰度级 G_0 的范围为：$0\sim G_{\mathrm{MAX}}$，灰度值 0 表示黑，G_{MAX} 表示白。将灰度值归一化，即用 $G=G_0/G_{\mathrm{MAX}}$ 将灰度范围转换为 $0\sim1.0$，取灰度中间值为阈值 T，即 $T=0.5$。

　　加网时，用原图像某像素的灰度值 G 与阈值 T 比较，若 $G\geqslant T$，则将该像素置为"白"，所产生的误差 E 为：$E=G-1.0$；反之亦然。

　　随后，将所产生的误差向灰度图像当前像素的周围 4 个像素上扩散，扩散的比例如表 6-1 所示。

　　在 $G\geqslant T$ 时，二值像素置成"白"，产生的误差 $E\leqslant0$，误差扩散后，周围的像素灰度值下降，相当于周围像素亮度下降用于弥补记录像素置成白色带来的影响，使此小区域的总的明亮程度不会有过分增加；反之，$G<T$ 时，二值像素置成"黑"，产生的误差 $E>0$，误差扩散后，周

表 6-1　　过滤器误差分配表

	当前像素	7/16
3/16	5/16	1/16

围的像素灰度值上升，用于平衡记录像素置成黑色带来的影响，使此小区域的总的明亮程度不会过分降低。

误差扩散的行列顺序是逐行倒向的，即左向右处理到一行右端末尾，接着下一行从右向左进行处理，按这样的方式直到所有行全部处理完毕。

Floyd 和 Steinberg 的误差扩散法能够简单快速生成调频二值图像，但还不够完善，多年来，许多科研人员采用各种方法对算法进行了完善。具体方法可参阅相关书籍和文献。

作为调频加网的进一步发展，"二阶调频加网（2nd order FM screening）"已经开始应用。这种面积可变的随机网点表现了更好的印刷传递特性。网点的生成可以采用网格面积适应型抖动（cell size adaptive dithering）。

二、光栅化原理与技术

以印刷为目的的输出方式有：打样输出（Proof）、胶片输出（CTF，Computer to film）、直接制版输出（CTP，Computer to Plate）以及直接印刷（Digital Printing）输出。所使用的输出设备都是使用机器扫描点来描述文本、图形和图像对象，所以，任何格式的文件在印刷输出前都必须通过 RIP 转换成与指定输出设备相关的"机器像素点阵格式——One Bit Tiff"格式文件，才能驱动该设备输出印品。

1. RIP 的工作原理

RIP（Raster Image Processing）也称为栅格图像处理器，它的主要功能是将 PS 或 PDF 文件描述的数字页面转换成与输出设备对应的二值栅格图像，并控制输出设备输出。

待输出的页面文件格式通常为面向对象的文件格式（如 EPS、PDF 格式），其中文本和图形是以矢量格式的方式存储，图像虽然是栅格格式，但是每个像素点都具有 8 位以上的灰度值。必须将页面文件格式描述的图像、文本、图形统统转换成机器像素点阵的二值格式才能控制输出设备输出，这一过程由 RIP 完成。由于在"一、图像加网原理与技术"部分中已经对数字加网技术做了详细的论述，本节仅介绍图形和文本的 RIP 处理机理。

如图 6-13 所示为一个"中"字如何由矢量格式描述转换为机器像素点的示意过程。

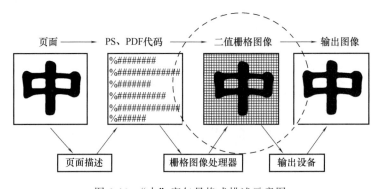

图 6-13 "中"字矢量格式描述示意图

（1）图形输出的光栅化处理　图形轮廓光栅化处理的实质是：将一个原先用数学公式表示的图形对象变成用输出设备上的机器像素点阵中相应位置上的像素集表示的对象，如图 6-14 所示。

在这一转换过程中完成：①矢量图形轮廓原来是用数学公式表示点的轨迹，现要转换成一组直接用机器像素点阵坐标值 i，j 表示的点，因此，所有点和对象都必须在设备上的机器像素点阵上重新定义；②原先用数学公式表示的矢量对象的任意点，其 x，y 坐标值是实数，但是在机器像素点阵中坐标值 i，j 只能是整数，因此实数坐标必须转换为整数坐标值。

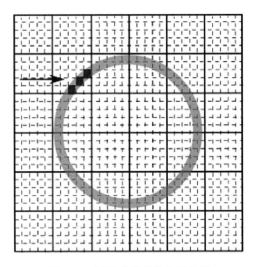

图 6-14　图像轮廓栅格化示意图

例如：当前的输出对象是一个圆，用数学公式表示为：

$$y - y_0 = \sqrt{R^2 - (x - x_0)^2} \qquad （式 6-8）$$

设页面的左下角为输出设备定义的记录平面坐标系的原点，且以 Point（磅）为基本记录单位。

在图 6-14 中设输出圆的 $R = 9.5$，输出圆的圆心坐标值（x_0，y_0）为（15，15），输出圆上的某一点 $x = 7$，可以算得 $y = 20.12$（图 6-14 中箭头所指处）。栅格化后这一点被确认为输出设备记录平面上（7，20）的像素，以此类推，可以计算出对应于输出圆对象上的像素集，在输出的过程中使这些像素集曝光变黑，形成胶片或输出介质上对应的图形。

上面只是简化地描述图形轮廓光栅化处理过程，实际操作过程中为了使输出图形保持原有的形状，要用到很多复杂的算法和技术，具体可以参考计算机图形学中的知识。

（2）文字输出的光栅化处理　文字信息在计算机内是用代码形式进行处理、存储和传输的，但是显示和输出时必须调用字库资源中与代码一一对应的字符，将处理结果的代码信息转换成文字形式输出，输出方式包括显示和打印。字库就是计算机系统存储有关文字的字形信息地方。虽然对字形数据的描述方式有点阵字、矢量字和曲线字三种类型，但是现阶段广泛使用的只有曲线字（参见第三章）。因此可以说，文字输出是图形输出的特例，它们的基本机理相同。但由于文字输出又有其特殊性，针对文字图形组合的特殊性，栅格化时必须有特殊的约定规则。如在文字中有的笔画比较细，有的部位是很多笔画相交之处，对于这些特殊部位的显示输出，如果不做特殊的处理，字体较小的情况下，细小的笔画会丢失，笔画集中的部位会出现糊的现象。对文字特殊的处理技术被称为"Hinting"技术，"Hinting"技术的实质就是根据文字图形组合的规律，找出影响文字正确显示的特征部位，对这些特征部位的描述相应地给出一系列的规则，这些规则被称为控制信息。控制信息是字体轮廓描述数据之外的字形特征的描述信息。

例如，Type 1 的"Hinting"技术机制认为，字形的大部分特征部位包含水平和垂直笔段，因此对这些笔段在字形还原时的宽度做了一致性的处理，并在空间位置上作了优化安排，从而间接约束了显示和输出的字形轮廓，提高了字形显示和输出的质量。True-Type 的"Hinting"技术给出的约定规则有：①控制多笔画字形缩小输出时的笔画宽度一致。如"量"字，有 9 笔横画，假设在用 128×128 点阵表示时，每一横笔画占 3 行高度，缩小一倍显示输出时，将奇数行删除。如果没有专门的约束规则，会出现原先占 2 行偶数行和 1 行奇数行的横笔画比原先占 1 行偶数行和 2 行奇数行的横笔画宽一倍。为避免出现这一现象，就需要在字体上附加控制信息，保证笔画的宽度一致。②控制重要笔画间的距离。在汉字中，多笔画的汉字笔画之间的距离较近，当字号较小时，这些笔画之间的间隙容易丢失，导致笔画粘连，使字符无法辨认，此时也需要专门的控制信息，控制笔画之间必须保持最小的距离。③保证笔画不丢失。同样，当字号较小时，细小的笔画也容易丢失，一旦发现字符缩小到有的细小笔画连用一个像素表示都不可能的时候，控制信息就会约束至少保留保证笔画可见的像素集表示这一笔画。④保证字体的清晰。汉字的交叉笔画很多，在交叉笔画集中的地方，控制信息可以保证缩小后，多笔画的交叉处，变黑的像素减少，避免出现变糊的现象等。

"Hinting"技术在曲线字形高质量的显示输出中发挥了很大的作用。它是字库制作技术人员用指令写成的程序。在一个字库中，指令有时会占用大量的空间，甚至会超过字符本身的轮廓信息。对于不同的字体，控制信息是不同的，因此，一般采用的方法是先针对字体中共同特征的部分，加入共性的全局控制信息；再对不同字符的个性部分增加个体的控制信息，这方面的工作做的越细，字形显示输出的质量越高。

（3）RIP 的工作机理　如图 6-15 所示是印前工作流程中 PS RIP 工作流程示意图，该RIP 只能接受 PS 语言描述的页面文件。PS 文件进入 RIP 后第一步通过解释软件模块，处理为非程序语言表示的、按页面对象描述的页面格式（类似于 PDF 文件格式）——显示列表格式。显示列表格式是一类按单页排列的，面向页面对象的描述格式，该格式中的文本和图形仍保持矢量描述状态。第二步是将显示列表格式通过再现软件模块转换为栅格图像格式，但是此时栅格图像格式中的每个像素仍为多值表示，通常为每个通道 8 位或 8位以上，此时的文件格式也被称为"Contone"文件格式。第三步是将多值图像格式通过光栅化软件模块处理为二值栅格文件格式，也就是与指定输出设备相关的"机器像素点阵格式——One Bit Tiff"格式文件，直接用于设备输出。

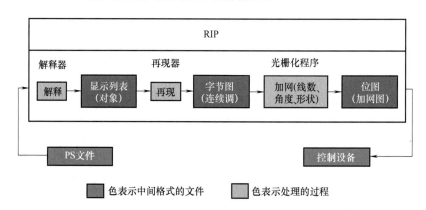

图 6-15　印前工作流程中的 PS RIP 工作流程示意图

有两点要强调的：① RIP 后输出的一定是分色后文件。若 RIP 输入的是彩色图像文件，RIP 后输出为 YMCK 4 个分色文件，所以一般 RIP 都带有分色的功能。②RIP 后输出的一定是二值栅格文件，即"One Bit Tiff"格式文件，也被称为位图文件。

如图 6-16 所示是 RIP 过程中的各种中间文件转换示意图，与图 6-15 相对应，向量化的 PDF 文件就是显示列表格式，与一般的 PDF 格式不同的是，向量化的 PDF 格式已经将文字的轮廓描述全部嵌入文件中。进一步分析图 6-16 可知：若是输入 PS 文件，在 RIP 处理文件的流程中，必须经过"过滤（Distiller）"处理，才能进入 RIP 的下一步"再现"处理，而输入 PDF 文件则可以省略"过滤"处理，直接进入"再现"处理阶段，减少 RIP 处理的步骤和工作量。

无论是 RIP 处理的中间文件格式，还是 RIP 输出的 One Bit Tiff 文件格式，描述一个页面的文件容量都非常大，所以过去通常不将它们作为一种可以传输或存储的格式。但是随着计算机的计算速度加快，将 RIP 的中间格式作为交换和存储格式已经越来越普及。

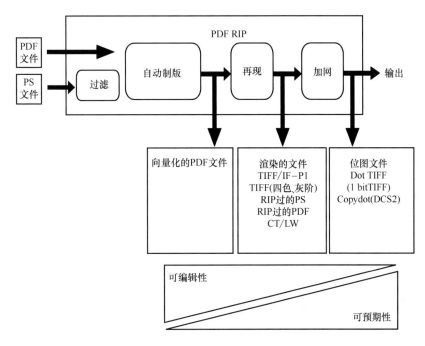

图 6-16　RIP 过程中各种中间文件转换示意图

2. RIP 的分类

不同的分类依据，可以对 RIP 进行不同的分类。

（1）硬件 RIP 和软件 RIP　硬件 RIP 使用专用的计算机和相应的配置软件。硬件 RIP 的特点是带有专门的页面点阵存储器并配备专用计算机，故处理速度快。但制造成本高，修改和版本升级代价大，支持多种不同外设有困难。硬件 RIP 的主要优势是它的处理速度和工作稳定性。

软件 RIP 与一般的软件一样，相当于桌面系统中的一个应用程序，只需安装在配置比较高的普通计算机上就可以工作，它的处理速度完全取决于计算机的速度。软件 RIP 具有修改和版本升级方便、比较容易实现，开放性比较好等优点。

近些年，随着计算机性能的提高，软件 RIP 已经逐渐普及，但在很多时候，为了改善其速度或功能，许多运行在普通 PC 和 Mac 上的软件 RIP 仍增加一些硬件配置，例如为了加快 RIP 的处理速度，增加速卡或输出端口。为防盗版，增加一个硬件加密狗等。

（2）Adobe RIP 和非 Adobe RIP　由于 PostScript 语言和 PDF 格式都是由 Adobe 公

司开发的，Adobe 也就当然成了 RIP 的主要生产商。Adobe 开发了 Adobe RIP，CPSI RIP，并将之出售 OEM 合作伙伴。照排机生产商购买该软件 RIP，并配上自己的硬件及其他配套软件，可以制造自己的照排机。

当然 Adobe 公司并不是唯一生产 RIP 的公司。有些公司也遵循 Adobe PostScript 或 PDF 标准生产 RIP。其中最著名的是 Harlequin 公司开发的 RIP 和方正公司开发的 RIP。

（3）全功能 RIP 或部分功能 RIP　　根据 RIP 的功能进行分类也是常用的分类方法，例如：有些 RIP 生成的数据，可以直接输出到照排机或绘图仪上，即 RIP 输出的是最终控制输出设备输出的"机器像素点阵格式"。还有些 R IP 仅生成前面介绍的 RIP 中间文件格式，需要被其他软件加工，再控制输出设备输出。

3. RIP 的主要功能

从 RIP 的名字就可以判断，它的主要功能是光栅处理器功能。由于 RIP 是印前系统的最后一个软件处理系统，它的输入端接受 PS 或 PDF 页面格式文件，输出端直接输出输出设备可接受的 One Bit Tiff 格式文件，所以，通常将印前流程中需要在 PS/PDF 页面格式文件转换成 One Bit Tiff 格式文件过程中需要完成的处理统归在 RIP 中，主要包括：

（1）光栅处理器的功能　　RIP 最主要的功能是将页面描述文件转换成为构成页面曝光点的二进制 0、1 值文件。这个转换的工作量十分巨大。如由一台分辨率为 $3600dpi$ 的照排机输出一个 A4 页面就需要产生 10 亿个机器像素点（约为 100 兆字节）。

（2）陷印功能　　由于目前印刷过程中不同色版套印精度不够高，造成印刷品上本应密接的不同颜色色块之间出现露白的现象，RIP 可以利用陷印功能可以解决这一问题。

（3）拼版功能　　为了节约胶片，或生成更大幅面的完整页面，一般要求 RIP 能对解释过的页面再进行拼版。

（4）预视功能　　由于 RIP 的输出的过程中可能发生错误，为了避免重新输出的浪费，有的 RIP 有预视的功能，可以对内容以及颜色进行检查，通常既可以对单色版也可以对综合输出结果检查，并可以随意放大和缩小预视图。

（5）自动分色功能和色彩管理功能　　RIP 具有将 RGB 转换成 CMYK 颜色空间和自动分色的功能；具有色彩管理的一些基本功能，能接受 ICC 特征描述文件和进行颜色补偿。

（6）存储功能　　因为 RIP 是印前的最后一步，到达 RIP 的文件已经完成了前面一系列非常耗时的各种数据处理工作，花费了大量的人力和耗材，因此 RIP 的存储功能就非常重要，这样可以保证已经进行到 RIP 阶段的文件有备份，不会因意外而造成从头重来的情况。

三、陷印原理与技术

彩色印刷复制过程中，经常出现文、图相互叠合的现象，当这些对象（以透明、半透明或不透明方式）相互叠合时，它们之间就有前后的次序差别，位于前面的对象遮盖其后的对象。

陷印技术的实质是处理这些不同对象重叠或相接时，印刷这些对象的油墨之间相互关系的技术。例如当一个面积对象叠印在颜色完全不同的背景上，由于油墨是透明的，面积对象会与背景色叠印会变色，所以当面积对象与背景色为不同颜色时，背景色在面积对象的部位必须镂空（挖空），以保证面积对象不会因为与背景色叠印而变色，如图 6-17 和图

6-18 所示。但由于不同的原色（专色）是分版印刷的，各版之间印刷的套合不可能完全准确，会造成面积对象与镂空背景印刷套印偏移，两者之间露出白纸的现象（称为露白）。为此，镂空后还必须对面积对象或背景进行扩边处理，弥补因套印不准形成的露白现象。这样就产生了陷印技术（也成为补漏白技术）。

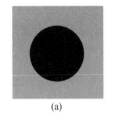

(a)　　　　　　　(b)

图 6-17　青背景上品红圆的挖空效果　　　图 6-18　露白（纸白）现象
　　　　　　　　　　　　　　　　　　　　（a）套印准确　（b）套印不准

1. 陷印处理的基本原理和陷印类型

陷印处理基本原理是将颜色交界处浅色一方适当向深色扩印，扩印的宽度称为陷印值。这样可确保印刷时，即使产生套印误差，但只要在浅色油墨扩印的陷印值范围内，就不会出现露白现象。

陷印处理的过程可以分为自动和手动处理两类：自动处理是由陷印软件自动检索，寻找两种颜色交接界面，并依据软件规定的陷印规则和预设值判断是否进行陷印处理，然后在需要处理的边界根据前景色和背景色的具体情况决定怎样进行陷印处理。手动是在自动检索的基础上，对于较复杂的情况，人工干预设置陷印规则和处理方法。

陷印对象由前景色和背景色组成，处于孤立被包围状态下的面积较小的对象称为前景，另外一方称为背景。根据被处理的情况和处理方法不同，陷印的类型有：

（1）非连续调陷印　陷印主要使用于图形对象套印和叠印过程中，因此，大部分陷印是非连续调陷印，通常分为扩张（Spread）和收缩（Choke）两类。

① 扩张。浅色的前景被深色的背景包围，做陷印时，浅色的前景向外扩张，在背景色一侧形成陷印色带，这时，前景的面积被扩张了，背景轮廓形状保持不变。

② 收缩。深色的前景被浅色的背景包围，做陷印时，浅色的背景向深色前景方向扩张，在前景色一侧形成陷印色带，前景的面积稍微缩小，前景轮廓形状保持不变。

（2）连续调陷印（滑尺陷印或比例陷印）　两种不同的连续调（包括图像深浅变化的颜色边界或图形渐变边界）相切时，为了得到理想的均匀边界过渡效果，有些软件具有逐点设置连续调中间陷印色带的能力。其本质是产生随陷印边缘颜色和色调深浅变化而变化的陷印色带，从而避免因明显的不协调陷印色带造成视觉干扰。

（3）叠印（压印）　当前景图案或文字颜色较深，是由实地黑版或网点面积率足够大的黑版网点构成时，采用背景处不做镂空处理，直接将前景图案或文字压印在较浅的背景上的处理方法。这类处理的对象主要是细小文字。

（4）让空（keepaway）　若在两个亮浅色对象的边界做陷印，因套印不准出现的叠印区域会成为比较显眼的色带，其对影像质量的影响远大于露白。例如，在亮黄色和青色的边界处设置陷印，就会产生一个很明显的绿色陷印色带。此时的处理方法是：在交界线上，非但不对两边设置扩张印刷，而是沿边界线向各自内部紧缩印刷，如图 6-19 所示，即沿边界将两个颜色故意离开一段距离，进行露白印刷。这样的处理称为让空。

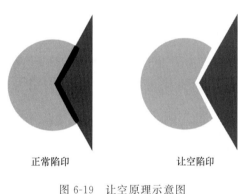

正常陷印　　　　　让空陷印

图 6-19　让空原理示意图

2. 陷印规则和陷印生成方法

陷印处理前，陷印处理器对页面上的每一对相邻颜色进行判断，决定其是否要在边界处进行陷印处理。判断的基本规则是：如果一对相邻颜色含有的相同原色分量的非常少（网点百分比低于 10％）或没有，在这一对颜色的交界处需要做陷印；在满足上述条件下进一步分析：一对相邻颜色虽然含有的相同的原色分量非常少，但是若这对颜色的颜色为浅亮色，可能要做让空处理。

陷印规则之一：浅色向深色扩张。所有颜色向黑色扩张，亮色向暗色扩张，黄色向青色、品红色扩张。

陷印规则之二：若相邻对象的油墨颜色深浅度接近，而且处于中性密度范围，则两边颜色各扩张 1/2 的陷印值。例如：青色和品红色的密度较接近，因此在青色和品红色交界处采用对等各扩张 1/2 的陷印值的方法。

陷印规则之三：当平网和实地交界处需做陷印时，扩平网而不扩实地。

陷印的生成方法有矢量法和点阵法：矢量法是针对矢量图形和文字元素组成的页面。陷印作业就是按陷印规则产生"陷印扩张"后的新边界线及其填充色。点阵法是针对彩色图像对象或矢量图形经光栅化后生成的位图对象。用点阵法工作的陷印软件必须逐个检查有关边界附近的每个像素的色相，以决定陷印的方式和参数。由于点阵法处理的是光栅图像，因此资源消耗和计算量都较大。

3. 陷印量与印刷适性

陷印量的大小要根据承印材料的特性及印刷系统的套印精度而定。一般胶印的陷印量小一些，凹印和柔印的陷印量要大一些，可根据客户印刷精度或要求而定，机器的套准精度越高，陷印值就越小。通常设置为略大于印刷机的套准精度，为 0.2～0.3mm。表 6-2 是美国制版中心和印刷厂常用的数据，这些数据对国内的有些印刷厂可能过于苛刻，需要在实践中作适当调整。需要特别强调的是，陷印只适用常规印刷，显示器和复合打印机（如彩色喷墨打印机等）无需作陷印处理。

由于陷印涉及的对象可以是所有的页面对象，因此处理复杂，出错的概率大，制作成本高。最好尽量简化陷印过程。通常，不要为连续调图像（如照片）内部创建陷印。在 C、M 和 Y 印版上，过多的陷印可能产生标志线效果（甚至十字线）。

表 6-2	美国制版中心和印刷厂常用的陷印数据		
印刷方式	承印材料	网点线数/lpi	陷印值/mm
单张纸胶印	有光铜版纸	150	0.08
单张纸胶印	无光纸	150	0.08
卷筒纸胶印	无光铜版纸	150	0.10
卷筒纸胶印	无光商业纸	133	0.13
卷筒纸胶印	新闻纸	100	0.15
柔性版印刷	有光材料	133	0.15
柔性版印刷	新闻纸	100	0.20
柔性版印刷	瓦楞纸	65	0.25
丝网印刷	纸/纺织品	100	0.15
凹版印刷	有光表面	150	0.08

第二节　数码打样

打样是印刷生产流程中联系印前与印刷的关键环节，是印刷生产流程中进行质量控制和管理的一种重要手段，目的是确认印刷生产过程中的设置、处理和操作是否正确。为客户提供的最终印刷品的参考样品，称为样张。打样的主要作用有：①检查和校对文字排版、版式、彩色图像复制的质量；②为客户提供与印刷品一致的整版样张，供其认可签字付印，签字认可的样张是批量正式印刷的依据。所以，打样既能作为印前处理的后工序来对印前制版的效果进行检验，又能作为印刷的前工序来模拟印刷进行试生产，为印刷寻求最佳匹配条件并提供墨色的标准。

一、样张分类和打样方式

1. 样张分类

按样张的作用可分为设计效果样、校对样、版式及组版样、客户合同样。

① 设计效果样。是在印前设计制作阶段供客户看设计效果的样张。主要看页面的颜色搭配效果及基本设计，可附带用于文字及版式校样。

② 校对样。主要用于文字及版式的修改，由于印前系统最终输出胶片或印版时的设备是 PostScript 语言支持的，为了在输出时不出错，校对样用 PostScript 激光打印机输出最为理想。校对样的主要作用是：检查文字有无错漏、页面的图形有无错误、图像的大小及位置是否正确、页面规线是否完整，供客户做输出胶片的签字样。

③ 版式及组版样。用来检查书籍的版式及组版。书籍的印前制作和简单的印刷活件不同，需要进行拼大版输出和检查版面是否正确。因此，需要有一种打样方法用来检查版式及组版。一般采用打印机输出页面缩略图或用输出的胶片晒蓝图进行版式及组版打样，将打样结果按照装订方法折叠成书，就可以检查版式及组版是否正确了。

④ 客户合同样。客户合同样张用于交付客户签字认可，它是整个印前处理的最终结果，预示了印刷成品的外观，也是随后正式印刷的依据，因此十分重要，通常需要在色彩

管理系统的控制下，进行大幅面高精度的输出。

2. 打样方式

打样最常见的分类法是分为传统机械打样和现代数码打样，现代数码打样按照输出模式可分为软打样和硬拷贝打样，软打样通过计算机显示器显示样张内容，没有实体样张输出，硬拷贝打样是利用各种打印机输出样张，又称为硬打样。没有特殊说明，数码打样一般是指数码硬拷贝打样。常用的打样方式有传统机械打样、数码打样和软打样。

数码打样是在数字页面信息正式输出（输出为印版或胶片）之前进行，通过打样检查整个印刷页面准确无误后，再正式输出（输出为印版或胶片）；机械打样是在数字页面信息输出之后进行，先经过图文输出过程得到胶片，然后用胶片晒制印版。

（1）软打样　软打样是将数字页面直接通过显示器输出显示的一种打样技术，它可使印刷活件在正式印刷前随时在显示器上进行浏览，以显示器代替纸张等介质。由于显示器显示直观方便，再现灵活，不需要材料的消耗，是今后技术发展的方向。但计算机显示器显示色域与印刷色域不同，故这种打样不精确。

软打样的关键技术在于屏幕的精确校正和整个系统的色彩管理，其中屏幕校正就是对显示器进行测试和调整，使其特性符合某种状态的设备特征，或产生符合当前工作状态的新的设备特征。色彩管理系统支撑显示器色域和打印机与胶印机色域中的颜色之间的相互仿真转换（参见第七章）。

（2）机械打样　机械打样又称为传统打样，其中打样机的工作原理与印刷机的工作原理相同。机械打样是传统印刷工艺流程中不可缺失的环节，目前印刷流程中几乎都采用数码打样或软打样，除特殊的印刷外，很少使用机械打样了。

（3）数码打样　数码打样是经过印前处理得到数字图文页面数据不经过任何模拟方式处理，以数字方式直接由彩色打印设备（墨水喷绘、色粉激光静电或其他方式）输出样张的打样技术，即由页面（印刷版面）数据直接输出印刷样张。数码打样系统通过彩色打印机模拟仿真印刷色彩和效果来完成打样，替代传统机械打样的冗长工艺流程。

数码打样的工艺流程为：经过印前处理得到数字图文页面数据→数码打样→签样→正式输出（输出胶片或印版）。

二、数码打样系统

数码打样系统主要包括两部分：输出设备和数码打样控制软件。数码打样输出设备是指任何能以数字方式输出的彩色打印机，如彩色喷墨打印机、彩色激光打印机、彩色热升华打印机、彩色热蜡打印机等。数码打样控制软件主要包括 RIP 驱动、色彩管理软件、拼大版软件、数据管理软件等，主要完成图文的页面解释、数字加网、印刷色域与打印色域的匹配以及页面拼合与拆分、生产流程控制等功能。

1. 数码打样系统的核心技术

数码打样要求解释用户提交的作业，并且在打印设备上逼真地模拟印刷效果，因此数码打样技术的核心包括两部分：PostScript 解释技术和色彩管理技术。PostScript 解释器保证用户的文件能得到正确的解释，并且与最终输出的胶片或版材完全一致，否则由于打样 RIP 和照排 RIP 之间解释结果的不一致，会产生差异；色彩管理技术保证打样输出结果与印刷输出结果的颜色和效果一致。

数码打样系统通过色彩管理软件进行色彩和各类印刷效果的仿真，再经过打印机驱动程序或 RIP 系统，将印刷输出用的电子文件直接输出到数码打样机，从而获得印刷效果的预期样稿。

2. 数码打样类型

① 按照接受数据类型方式的不同可分为 RIP 前打样和 RIP 后打样。RIP 前打样是指数码打样管理软件直接接受 PS、TIFF、PDF 等页面描述文件，依靠数码打样系统自身的 RIP 解释这些文件，并将其生成的光栅化文件（又称为 One Bit Tiff 文件）用于打样。特点是处理文件的数据量相对小，文件计算速度快，生产效率高。

RIP 后打样也称为网点打样或真网点打样，是指数码打样管理软件直接接收其他系统（如 CTP 或照排机输出系统）的 RIP 所生成的光栅化文件（One Bit Tiff），并基于这些文件进行输出打样。

直接使用印刷输出系统（照排机和 CTP）的 RIP 数据在打样机上输出，能够最真实地反映印刷输出版面的全部信息，包括文字、版式、图像、图形及印刷网点结构（网点线数、网点形状与角度）的所有信息，特点是一次 RIP 多次输出（ROOM，Rip Once Output Many），采用与印刷同样加网数据输出数字样张，保证了色彩、层次和清晰度的一致性。但是由于来自照排机和 CTP RIP 的光栅文件（One Bit Tiff）数据量巨大，在实际生产运用过程中对软硬件要求非常高。

② 从数字样张的网点形态来区分，可分为真网点数码打样（Screen proof）和普通彩色数码打样（Color proof）。真网点数码打样模拟印刷调幅网点的半色调形态来表达层次，达到用最接近的网点物理结构来尽量真实地模拟印刷样张的视觉效果。而彩色数码打样则是采用连续调和调频网表达层次，注重强调对颜色的真实复制，而无法满足对半色调微观结构以及相应的细节的描述。

三、远程打样

远程打样是指利用网络系统将数字文件传送到目标所在地，直接通过安装在目标所在地的数字打样设备输出样张。远程打样系统是以网络传版技术、数字打样技术与色彩管理技术为基础的跨空间距离的打样生产体系，是印刷产业向信息化迈进的重要体现之一，不仅实现了异地打样而且同时实现了远程校样、异地印刷、网络印刷等，带动了整个印刷生产模式的网络化发展。

现有的远程打样系统主要包括数字文件远程传输和在色彩管理下的异地打样两个过程。它利用网络环境完成数字文件的远程传输，利用色彩管理达到异地打样的色彩一致。由于安装在客户端的打样系统直接反映了印刷企业的生产环境，因此，客户可以放心地根据样张反复修改自己的稿件，并迅速反馈修订信息给印刷企业，直到满意为止。

1. 远程打样的分类

远程打样分为两种：一种是以彩色喷墨打印或彩色激光打印的样张为最终打样结果的硬拷贝打样；还有一种是以彩色显示器的屏幕显示为最终打样结果的软拷贝打样。

2. 远程打样系统的组成及工作流程

远程打样系统包括本地和远程端两套数码打样系统、网络和专业的远程打样软件，通过网络和专业的远程打样软件将两套数码打样系统相连接。两端的数码打样系统各自是一个由数字化色彩管理软件和专业数码打样机组成的应用系统。远程打样系统的工作流程是：生成远程打样文件→文件的远程传输→终端（远程目的地）接收文件→数码打样输出样张，如图 6-20 所示。

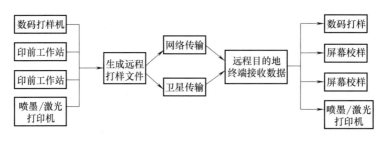

图 6-20　远程打样示意图

传统机械打样、数码打样（包括远程打样）、屏幕软打样（包括远程软打样）这几种打样方式中，传统打样越来越少，但在金属色、荧光色以及饱和度大的专色打样上优于数码打样。

数码打样（包括远程打样）和软打样（包括远程软打样）的共同特点是符合数字网络时代以及计算机集成生产和开放环境的要求。数码打样的突出优势是最可能与实际印刷品完全一致，可以满足不同打样的要求；屏幕软打样突出的优势是速度快，可以实现在线实时打样，成本低，无须使用耗材以及其他辅助设备；因此，这两种打样方法各具优势，互为补充，在数字时代共同分享打样市场。

第三节　CTF 输出与 CTP 输出

CTF（Computer to Film）输出技术，是指由激光照排机将数字印前系统生成的数字页面信息用细小的激光光束准确精密地记录在分色片上的过程。之后由分色片晒制印刷用的印版（平版印刷中常用 PS 版）上机印刷。CTF 的工艺流程：印前系统图文处理——打样——校对修改——输出分色片。

CTP（Computer to Plate）输出技术，是指由直接制版机将数字印前系统生成的数字页面信息直接输出到印版的工艺过程，即通过 RIP 将数字页面信息转换成位图点阵信息后，再由直接制版机将 RIP 后的数字页面信息直接扫描输出在印版板材上，经后处理制成印刷用印版。

CTP 输出与 CTF 输出基本相同，本节在 CTF 输出的基础上学习 CTP 输出。

一、CTF 输出技术

CTF 输出又称为激光照排输出，通常包括：硬件的准备—软件的准备—输出—胶片冲洗加工。

1. 硬件的准备

硬件的准备包括输出设备的开机检查和输出胶片的准备，为了使激光照排机能稳定工作，通常需要预热 5～6min。在计算机直接制片工艺中使用的仍然是银盐感光胶片，因此将输出胶片安装到位后，还要检查自动冲洗设备是否能正常工作，显影液和定影液是否已经达到工作的温度要求。

2. 软件的准备

软件的准备包括字库的安装、激光照排机的线性化和各种输出参数的设定。

（1）字库的安装　由于 PS 字库不是系统本身自带的字库，所以必须专门购买并安装。字库只需安装一次，一经安装，就可以连续使用。不同厂商生产的 PS 字库在安装时有不同的软件设置要求。

（2）激光照排机线性化　激光照排机的线性化指激光照排机接收的输出指令值（即设备接收的计算机给与设备的输入值）与实际输出值的一致性。由于在实际生产中，常常以图表表示，其横坐标是输入值，纵坐标是输出值，若输入与输出值的相互关系呈 45°的线性关系，则表明输入与输出值是一致的，因此简称为线性化。激光照排机的线性化是设备校准的重要控制技术，通常是通过对一组面积率等量递增的网点标尺（如图 6-21）输出，测定输出后的网点面积率，反馈给激光照排机后，可自动进行线性化校准。

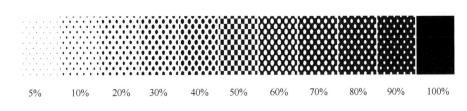

| 5% | 10% | 20% | 30% | 40% | 50% | 60% | 70% | 80% | 90% | 100% |

图 6-21　用于校准的网点标尺

一般的照排机或 RIP 都提供了线性化功能，有些应用软件也有此功能。照排机线性化的操作步骤有：显影条件测定、照排机的曝光量调整、网点大小的线性化。

① 显影条件的测定。显影条件的正确与否直接关系到胶片的密度、网点的正确再现和灰雾度的大小。可以根据冲洗套药和胶片的说明进行实验，确定最佳的显影条件。在此，主要确定的是显影时间和显影温度。

将经过了精密曝光的显影控制条（如 GY—X 显影控制条或樱花显影控制条）放入显影机内。显影之后，观察得到的控制条，如果连续标尺上黑白对半，而且两者过渡尺寸短（显影反差较大），说明显影时间适中；如果黑暗部分长，白亮部分短，说明显影时间长；如果黑暗部分短，白亮部分长，说明显影时间短。胶片上的黑白部分的过渡与显影温度也有关。显影温度高，黑白过渡快；反之，黑白部分过渡慢。但温度过高，会产生较高的灰雾度。所以，显影温度的控制以不产生灰雾为准。可参考显影控制条提供的数据确定最佳的显影条件。一般常用的冲洗条件是显影温度 25～38℃，显影时间 35s 左右。

② 曝光量的调整。曝光量的调整即调整激光光束的光强，其目的是针对感光速度不同的感光片，分别设置正确的曝光量。各种照排机激光光强调整的方法虽各不相同（具体调整应参考产品说明书进行），但通常采用的方法都是：找到使感光片的最大密度达到符合要求密度基础上的最小曝光量，利用这一曝光量作为输出曝光量。具体做法是：输出一张 11 级灰标尺，如图 6-21 所示；用密度计检查 100％处的密度值，通过调整照排机曝光数值，找到使显影后胶片的实地密度值达 3.0 以上的最小曝光量值（最佳曝光量）。

③ 网点大小的线性化。在最佳曝光量确定的基础上，再次输出 11 级灰标尺如图 6-21 所示，用密度计逐级测量各级的网点面积率。并在 RIP 的线性化对话框中，将测量结果

按要求输入，RIP即可自行调整。第一次调整之后，仍然达不到线性化输出，可以再次重复上述调整步骤，一般通过2～3次可完成。最终应达到各级误差±2％，50％网点面积率级的误差±1％即可。测量结果可以存储，供以后调用。

照排机线性化不需要天天做，但在下述几种情况下必须进行线性化调整：

a. 新的照排机安装后，在正式生产前必须进行线性化调整，以保证输出网点的准确。

b. 每过1～3个月进行线性化定期调整。照排机使用一定时间后，各种设置都会发生变化，尤其是由于灰尘的影响会使激光的曝光强度发生改变，直接影响线性化。另外，显影液使用时间长了也会失效，因此应定期更换新的显影液，清洗显影机。

c. 更换不同品牌和型号的感光片和显影液后。由于不同品牌感光片的感光特性有差异，不同的显影液对冲洗条件的要求不同，因此这些条件改变后都应重新进行线性化调整。

d. 照排机经过修理重新工作前，其参数可能有较大改变，而在激光光路清洗后影响更大，软片曝光量改变会较大，因此应重新进行线性化调整。

（3）输出参数的设定 由于RIP是控制激光照排机工作的软件，它将印前处理的图文信息转化成为对应于激光照排机输出方式的曝光记录点阵信息，驱动激光照排机曝光输出制版胶片。所以在RIP软件中可以最终对输出参数进行设置（若前端有设置，RIP也可以接收前端的设置）。输出参数主要包括：加网参数（如加网角度、加网线数、网点形状）设置；输出页面设置；阴片还是阳片输出设置；以及与色彩管理有关的设置等（参见第七章）。数字印前制版胶片输出的工作流程示意图如图6-22所示（若利用数字化流程软件进行输出，参见第七章）。

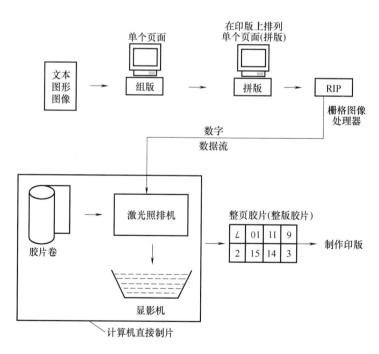

图6-22 数字印前制版胶片工作流程示意图

3. 输出和胶片冲洗

软硬件都准备好之后，点击输出指令，在RIP的控制下，胶片记录设备开始曝光输出。输出后的胶片，自动进入冲洗机完成显影、定影、水洗并烘干处理。

二、CTP 输出技术

CTP 输出的基本过程与 CTF 相同，包括：硬件的准备—软件的准备—输出—印版的冲洗加工，如图 6-22 所示，为 CTF 工作流程示意图。所不同的是 CTP 直接输出印版，而且随使用的感光版不同，直接制版机的类型不同，印版的冲洗加工过程也不同。

CTP 系统包括控制输出的软件系统、直接制版机和直接制版版材三大部分组成。软件系统参见第八章数字印前工作流程；直接制版机参见第二章中直接制版设备。本章仅介绍直接制版板材。

CTP 版材是直接制版技术的核心之一，CTP 版材是通过激光扫描的方式在印版上记录影像，因此直接制版版材首先要满足激光扫描记录信息的要求，同时又应具有传统印版版材的制版适性和印刷适性，即应具有高感光度、高耐印力、制版后处理简单等特点。

直接制版版材种类较多，按照成像机理分主要有光敏型 CTP 版材、热感敏型 CTP 版材、喷墨型 CTP 版材。

计算机直接制版中的 CTcP 技术，将传统 PS 版制版优势和计算机直接制版优势融为一体，扩展了直接制版技术的应用范围。

1. 光敏型 CTP 版材

光敏型 CTP 版材是指版材带有光敏涂层，用低功率紫外光或可见激光进行曝光，版材表面光敏层通过吸收光量子而产生感光作用成像。根据光敏材料的不同，又可分为银盐扩散型、光聚合型、复合型等。

（1）银盐扩散型版材　银盐扩散型直接制版版材主要由支持体、感光乳剂层、物理显影核层组成。

成像机理：版材经过激光曝光、显影后，曝光部分的卤化银经过化学显影还原为银，留在乳剂层中，未曝光部分的卤化银与显影液中的络合剂结合，扩散移至物理显影核层，在物理显影核层的催化作用下还原成银，形成银影像，水洗去除非影像部分，稳定处理即由固版液进行亲油化处理，使由银膜组成的图文区域具有稳定的亲油性，即可形成印版图文部分和空白部分，如图 6-23 所示。

（2）银盐/PS 版复合型版材　该复合型版材是常规 PS 与银盐乳剂层复合而成，即在一般 PS 版上涂布银盐乳剂制成。银盐/PS 版复合型版材由支持体、感光树脂层和卤化银感光层组成。这类版材将银盐乳剂层的高感光度、宽感色范围和 PS 版的优良印刷适性相结合，因此，其印刷适性和耐印力与传统的 PS 版完全相同。版材结构及成像机理如图 6-24 所示，需经两次曝光。

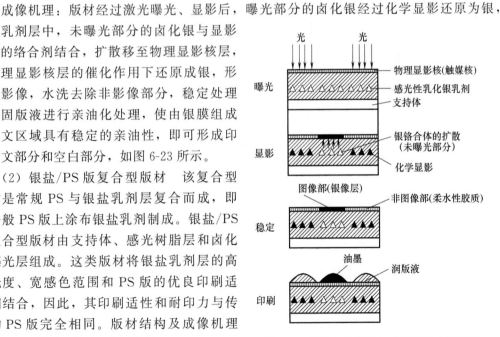

图 6-23　银盐扩散型版材的结构及成像机理

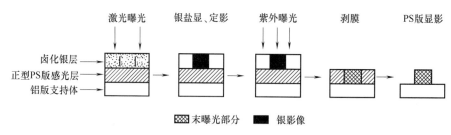

图 6-24　银盐/PS 版复合型版材结构及成像机理

首先利用激光对版材进行第一次曝光，形成银潜影。经显影、定影后，卤化银乳剂层曝光区域形成银影像层；该银影像层是第二次曝光的蒙版层（起到晒版底片的作用）。接下来用 UV 光对整个印版版面进行第二次曝光（可以用常规晒版的紫外光），PS 版非图文部分见光，感光层发生光学变化，去除乳剂层后，第二次显影时，见光部分溶解，露出铝版基，成为亲水区域，未见光部分保留在版面上，成为亲油区，经过固版液进行亲油化处理，完成印版制作。

（3）光聚合型版材　光聚合型版材由经过砂目化的铝版基、感光层、保护层三部分组成，多为阴图型版材。感光层主要由聚合单体、引发剂、光谱增感剂和膜树脂构成。保护层的作用主要是将大气中的氧分子隔开，避免其进入感光层，以提高感光层的链增长效率，从而获得高感光度。其结构及成像机理如图 6-25 所示，曝光时，感光剂吸收激光能量和引发剂一起产生聚合基团。显影之前，先将未见光部分的保护层洗掉，再用碱性显影液溶解高感光度的高分子层，显影完毕，用毛刷彻底消除保护层。

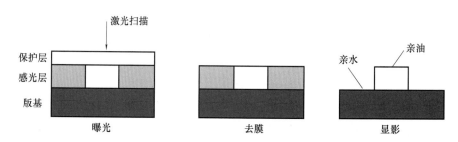

图 6-25　光聚合型版材结构及成像机理

（4）紫激光 CTP 版材　紫激光 CTP 制版技术由紫激光 CTP 制版机和可用于紫激光曝光的 CTP 版材组成。紫激光 CTP 版材最显著的特征是曝光光源是紫激光（波长 390～455nm）。用于紫激光 CTP 的版材主要由两类：一类是在原蓝绿激光 CTP 版材的基础上改进的银盐扩散性版材；另一类是高感光度的光聚合型版材。

与其他激光直接制版系统相比，紫激光系统的特点是：紫激光波长短，产生的激光点更细小，可在版材上扫描出更精细的网点；成像速度快，生产效率高；紫激光版材对红光和绿光不敏感，可在黄色安全灯下操作；激光器寿命长，造价更便宜。

光敏版材中银盐扩散型和复合型板材因需化学显影，不利于环保，消耗贵重金属银等特点，发展受到制约；紫激光光聚合型版材因使用碱性显影液污染小、利于环保以及可用紫激光曝光的特点而发展很快。

2. 热敏型 CTP 版材

热敏型直接制版版材是使用红外激光的绝对热能进行成像。热敏技术中，临界值是形成影像的关键，临界温度以下，印版不生成影像，临界温度或临界温度以上，印版才生成影像，而且已生成的网点大小和形状不会受到温度的影响，避免了传统工艺中因曝光过度、不足或人为因素导致的网点复制不精确，是目前在商业印刷中使用最广泛的 CTP 版材。按成像机理划分可分为热交联型、热熔解型、热烧蚀型、相变化型等。这类版材具有以下优点：

（1）明室操作　热敏 CTP 在 830nm 处具有较高的感光度，在可见光范围内不感光，可在明室操作，利于版材保存。这是区别于光敏成像的重要特征。

（2）环保性能好　热敏成像不使用银盐，对环境无污染；无化学药液冲洗或免冲洗。

（3）印刷适性好　影像稳定、网点增大不明显，热敏只在临界温度和临界能量时才会成像，成像精确，网点边缘清晰。如图 6-26 所示热敏与光敏版材再现网点的比较，光敏版材由于保护层会使曝光光束扩散导致解像力下降，而热敏版材光束直接照在感光层上，不受保护层影响。而且，热敏版材印刷稳定耐印力高。

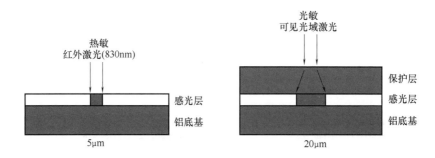

图 6-26　热敏与光敏版材再现的网点

（4）操作简单易用，设备种类较多、维护成本低　由于大多数热敏版材的敏感波段都为 830nm，所以只要制版机采 830nm 激光光源，在选择版材时，易于配型，有较大的选择余地。

热敏版版材结构和成像机理如下：

① 热交联型版材。该版材结构简单，基本与普通 PS 版相同，是在经过砂目处理的铝版基上涂布一层热聚合材料，然后在其上涂一层保护层。成像机理是：曝光的图文部位，热聚合物发生交联聚合反应，形成不溶于显影液的高分子亲油化合物，显影处理后仍然留在版面成为亲油的图文部分；而未曝光部位，材料本身因没有发生聚合反应，可以溶于显影液，露出亲水的铝版基表面，形成亲水的非图文部分。有些版材为了进一步提高热交联的效果，曝光后还要对版材进行预热处理。其版材结构和成像机理如图 6-27 所示。

② 热熔型版材。热熔型版材的结构一般是在亲水的版基上涂布不溶于碱性显影液且

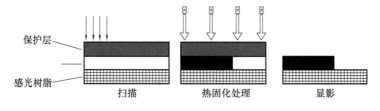

图 6-27　热交联型版材结构及成像机理

161

具有亲油性能的感热物质，由光滑且不需要粗化的铝版、热熔材料亲墨层、PVA 层（常规胶印中）或硅胶（无水胶印中）组成。

红外激光扫描曝光时，激光的热能使感热物质发生物理或化学变化，变成可以溶于显影液的物质，用碱性显影液处理版面，除去曝光部分的感热物质，露出亲水的铝版基表面，形成亲水的非图文部分；而未曝光部分的感热物质留在版面上，形成亲油的图文部分。

热熔型成像的版材中，另一种成像方式是：红外激光扫描曝光时，受热部位的热熔材料与版基结合，形成亲墨层，未见光部分可剥离或冲洗掉，不需要显影，属于免处理直接制版版材。

③ 热烧蚀型版材。热烧蚀型版材是一种免处理版材，即版材在直接制版设备上曝光成像后，不需显影处理，即可上机印刷。由于免处理版材无显影工序，提高了生产效率，节省成本，有利于环保。

热烧蚀板材一般为双层涂布，涂布的下层是亲墨层，上层是亲水层。曝光时，红外激光能量将亲水层烧蚀去除，露出亲墨层，形成图文。未曝光部分仍然保持亲水性质，为版面空白处。如图 6-28 所示。

图 6-28　烧蚀型免处理版材结构即成像机理

热烧蚀型版材的一个典型应用是无水胶印版，该版材采用三层结构，如图 6-29 所示。由上到下分别为亲水斥油的硅橡胶层、热烧蚀层、亲油层版基。制版时，用波长为 1064nm 的大功率红外激光曝光，曝光部分热烧蚀层燃烧，其上的硅橡胶层在热量的作用下气化一起被除去，露出亲油的版基；而未曝光部分的硅橡胶则是排斥油墨的，这种版材使用特殊油墨，不用润版液，无水墨平衡，故称为无水印版。

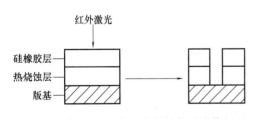

图 6-29　无水胶印热烧蚀版材结构及成像机理

④ 热致相变型版材。热致相变型版材也是一种免处理版材，为单涂布层，其涂布层为亲油性（或亲水性）。曝光后，涂布层产生相变，转变为亲水性（或亲油性），曝光部分为印版图文部分（或空白部分），曝光后，不需要任何处理可直接上机印刷。

如前所述，热敏版材具有不经过化学处理、耐印力高、网点再现性好，可在明室操作的优点，在 CTP 技术中占有优势地位，而热敏技术中的三类免处理版材备受关注，发展很快。

3. 喷墨型 CTP 版材

喷墨型计算机直接制版利用在普通 PS 版上涂布一层特殊墨层或者在经过粗糙、氧化处理得到多孔的铝版上，接受并固定喷墨打印油墨（油墨可以是水性墨水溶液、热固油墨或紫外光 UV 固化油墨）形成的图像和文字，然后经曝光、显影制成印版。其中喷墨形成的图像和文字经加热、干燥处理后为亲油的图文部分，没有油墨的多孔铝版部位为亲水的非图文部分。

喷墨 CTP 版对环境无污染，被称为绿色环保产品。用该技术制出的印版文字清晰，图像色彩逼真，其画质比一般激光打印效果好。

喷墨版材有两种基本类型：一种是传统的 PS 版，通过在 PS 版的感光层上喷涂能够接受油墨的受像层，对喷墨后的印版进行全面的紫外曝光，使没有喷到油墨影像的 PS 版感光层曝光，然后经过 PS 版显影处理即可去掉这部分 PS 版的感光层，使下面的亲水版基裸露出来称为空白区域。成像机理如图 6-30 所示。

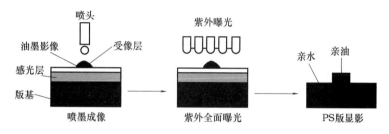

图 6-30 普通 PS 版的喷墨成像机理

另一种是具有优良亲水和保水性能的基材（如未涂布感光涂层的 PS 版铝版基），通过在基材上喷涂特殊油墨形成最终的亲油的图文区域，没有接受到喷墨的区域是亲水的空白部分，如图 6-31 所示。

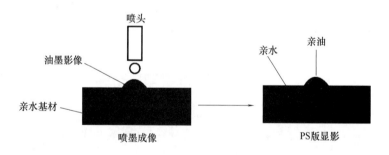

图 6-31 "裸版"的喷墨成像机理

4. 传统印版的 CTcP 技术

CTcP（Computer To conventional Plate），指利用传统 PS 版材作为计算机直接制版版材的直接制版技术。CTcP 是 CTP 直接制版技术中的一种，但一般泛指的 CTP 都不包括 CTcP。主要原因是 CTP 系统须开发与之配套的高成本 CTP 版材，激光曝光光源不同于晒版用紫外光源。

CTcP 系统采用波长范围为 360～450nm 的紫外线光源在传统 PS 版材上进行曝光，与其他 CTP 系统的根本区别是无需使用专用直接制版版材。同时还可以利用原有传统制版的冲洗设备实现直接制版技术，而不需投资额外的版材冲洗设备。因此，CTcP 技术具有 CTP 技术的时效性、高质量等方面的优势，同时因使用传统 PS 版材而具备了低成本的优势。

CTcP 是在传统的 PS 版上直接数字曝光成像，因此曝光方式需与 PS 版材的成像机理匹配。

第四节　数字印刷输出

数字印刷是一个完全数字化的生产流程，可以将数字印前系统、印刷设备和印后加工设备组合成一个整体，统称为数字印刷机。图文的输入处理、组版、拼大版、输出印品、印后折页、装订等处理都可以在一个数字印刷机中完成。若与网络相连接，数字印刷机可以和其他印前处理系统或印刷输出设备交互，使本地的数字印刷机融入到更大的印刷出版体系中。

数字印刷系统主要是由数字印刷机（数字印刷机工作原理详见第二章第三节）和相应的软件系统（软件系统详见第八章第二节）组成。本章以常用的静电成像数字印刷机和喷墨印刷机为例，介绍数字印刷输出。

一、静电成像数字印刷系统

静电成像数字印刷机是目前使用最为广泛的数字印刷机类型。下面以富士施乐公司的 DocuColor iGen5 150 Press 和惠普公司的 HP Indigo 为例，介绍静电成像数字印刷机系统的组成和主要功能。

1. DocuColor iGen5 150 Press 数字印刷机

2015 年，施乐公司推出了具有第五色单元的最新数字印刷设备 iGen5，该设备是 iGen 系列第一台在原有的 CMYK 选项上扩展至第五色的印刷设备，第五色可以使用橙色、绿色或蓝色碳粉，设备的主体印刷部分和印后折页装订部分如图 6-32 所示。

图 6-32　DocuColor iGen5 150 Press 数字印刷机

该设备配置的主要软件为 FreeFlow 流程软件（客户也可根据需要选择 Fiery 流程软件），该软件实际上是一个组合软件，由数字化印刷生产全流程的系列模块组成，主要包括：

（1）网络服务模块　它使数字印刷机能通过网络顺利地接受各种稿源和提交活件的电子成品，可以通过网络和其他的数字印前系统以及输出设备交互，组合成一个更大的生产系统。

（2）文件制作模块　它是一个浏览、编辑和组版软件，可以导入图文原稿，对接收的图文原稿进行后期图文编辑处理，完成组版和拼版，生成待输出的数字页面文件。

（3）流程管理模块　它是一个流程管理软件，功能与常规印刷的流程软件（如第八章介绍的印能捷）相似，它负责将接收后的各种文件转换成 PDF 格式，对页面文件进行最后的印前检查，按照客户的需求设计数字印刷的工艺流程，并监控全数字化印刷流程的实现。

（4）打印控制和打印管理模块　它们是负责印刷输出的两个模块，不仅可以将拼版之后的页面文件转换成静电成像印刷机可以接受的 One Bit Tiff 文件，并控制输出部分曝光输出成印品，而且可以管理数字印刷机中处理的文件系列，按预先设置好的先后顺序自动输出。

iGen5 可实现三种印刷速度：iGen5 150/120/90，分别可实现 150 页每分钟、120 页每分钟和 90 页每分钟的印刷速度。该设备的分辨率为 2400dpi，最大纸张尺寸为 364mm×660mm，可以使用克重为 50～350g 的涂布、非涂布、纹理和特种承印物。

2. HP Indigo 数字印刷机

HP Indigo 印刷机是典型的使用液体呈色剂（电子油墨）的印刷机。其成像过程是：①充电。给成像版均匀的充电；②曝光。激光头根据 RIP 后的点阵格式用激光束在成像版上放电（放电后成像版该点电位变为零）；③显影。电子油墨在电场力的作用下附着在成像版的成像区域形成图像层；④转印。图像层在成像滚筒和橡皮布滚筒的电位差的作用下转移到橡皮布上；⑤定影。电子油墨在橡皮布上被加温后部分溶解，通过压力被转移到承印物上，然后固化并附着在承印物上。各色版的颜色转移在同一组滚筒上依次实现成像。

与其他数码印刷技术一样，比如碳粉色剂，HP Indigo 也是通过电场控制电子油墨颗粒的位置来实现印刷技术数码化。不同于碳粉技术的是，HP 的电子油墨颗粒非常小，小至 $1\sim2\mu m$。因此，HP Indigo 的印刷品由于印刷精度高、均匀光滑度好、图像边缘清晰锐利，墨层薄等特点，使其印刷品质达到胶印的效果。但碳粉色剂的颗粒又不能做得太小，原因是干的小颗粒在空气中传播会变得无法控制。因此采用碳粉技术的数码印刷机印刷速度越高，碳粉颗粒就越大。

二、喷墨印刷系统

近年来喷墨印刷快速发展，为印刷业实现了更为宽广的应用。据最新的调查研究显示，全球喷墨市场将在 2016 年至 2019 年期间高速增长，年均增长率将保持在 12.7％左右。喷墨技术的最大优势就是能进行非接触式成像，几乎可以在任何承印物上进行印刷，包括不规则形状的物体，用户在印刷系统、油墨和承印物的选择上具有更大的灵活性，目前典型的喷墨印刷机有以下几种。

1. 柯达鼎盛 1000 Plus 黑白轮转喷墨印刷机

柯达鼎盛 1000 Plus，如图 6-33 所示，使用柯达专有的 Stream 喷墨印刷技术，柯达鼎盛 1000 喷墨印刷平台和增强的传送和软件功能，其印刷速度为 304.8m/min，非常适合图书印刷市场中不断变化的需求。

图 6-33　柯达鼎盛 1000 Plus 黑白轮转喷墨印刷机

2. 兰达 W50 纳米轮转喷墨印刷机

兰达 W50 纳米轮转喷墨印刷机，如图 6-34 所示，印刷分辨率为 600dpi×600dpi，印刷速度为 200m/min（双面印刷），承印物厚度为 $50\sim300\mu m$（纸张），采用独特的纳米油墨和超长的橡皮布转印技术，配有触摸显示屏。兰达 W50 适用于宽度为 560mm 的直接邮寄品、账单广告和出版领域。

图 6-34　兰达 W50 纳米轮转喷墨印刷机

3. 富士胶片 JetPress 720 喷墨印刷机

富士胶片 JetPress720 喷墨数码印刷机，如图 6-35 所示，其将胶印机的外观和感觉与数码印刷设备的作业处理方式结合在一起，印刷速度是 3500 张/h，每小时可印刷高达 2700 页 749mm×528mm 的页面，相当于每小时印刷 10800 页 216mm×279mm 的页面。

图 6-35　富士胶片 Jet Press 720 喷墨印刷机

JetPress720 印刷机脱墨性能很好，所用的油墨均为水性油墨，可在最大程度上维持设备的色彩稳定，并保证设备不受任何温、湿度的影响。无论在印刷第一张，还是最后一张，均能保证稳定的色彩品质，将色差出现的可能性降至最低。

4. 佳能 Niagara 喷墨印刷机

佳能 Niagara 喷墨印刷机可实现黑白、专色以及全彩色的印刷，可以较为全面、灵活地满足客户在出版印刷方面的需求，如图 6-36 所示。Niagara 喷墨印刷机定位在数字化图书生产领域的终端市场，其生产速度可达最高 3800 张/h，B3 双面全彩和产量每月最高 250 万张（相当于每小时 8500 张 A4 双面，每月 1000 万张 A4 双面）。

Niagara 喷墨数码印刷机整合了 Océ PRISMA 软件平台的端到端数码工作流，与稳定的进纸、出纸及连线装订系统组合，生产力可达最多每月 150000 册图书。

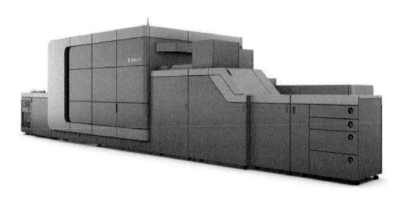

图 6-36　佳能 Niagara 喷墨印刷机

习　　题

1. 什么是网格？在设备像素大小确定的前提下，网格大小与何种因素有关？
2. 什么是网点面积率？它与网点形状、加网线数、加网角度有无关系？为什么？
3. 什么是有理正切加网技术？什么是无理正切加网技术？两者的主要区别是什么？
4. 什么是调频加网技术？常用的调频加网技术有哪些？它的主要应用领域是什么？
5. RIP 在印刷方式输出过程中的作用是什么？
6. 矢量格式表示的圆形轮廓，如何通过 RIP 进行印刷输出？
7. 什么是"Hinting"技术？
8. 为什么 RIP 后的文件一定是分色后的文件？
9. 常用的 RIP 软件有哪些主要功能？
10. 印刷过程中为什么要进行"陷印"？陷印的类型有哪些？各用于解决什么问题？
11. 陷印的规则有哪些？如何理解这些规则？
12. 按照成像机理，常用的 CTP 制版技术分为哪几大类？各自的特点是什么？
13. 数字印刷机包括哪些单元？
14. 试列举静电印刷机及其特点。
15. 试列举喷墨印刷机及其特点。

参 考 文 献

[1]　万晓霞. 数字化工作流程标准培训教程 [M]. 北京：印刷工业出版社，2009.

［2］　顾桓. 印前技术与数字化流程［M］. 北京：机械工业出版社，2008.

［3］　金杨. 数字化印前处理与技术［M］. 北京：化学工业出版社. 2006.

［4］　刘真，史瑞芝，魏斌，许德合. 数字印前原理与技术［M］. 北京：解放军出版社，2005.

［5］　张逸新，刘春林. CTP 技术与应用［M］. 北京：印刷工业出版社，2007.

［6］　刘全香. 印刷图文复制原理与工艺［M］. 北京：印刷工业出版社，2008.

［7］　郝清霞，郑亮，刘艳，田全慧. 数字印前技术［M］. 北京：印刷工业出版社，2007.

［8］　谢普南，王强主译. 印刷媒体技术手册［M］. 广州：新世纪出版公司，2004.

［9］　姚海根. 数字印刷［M］. 上海：上海科学技术出版社，2006.

［10］　Wil Van der Aalst&Kees Van Hee. 工作流管理——模型、方法和系统［M］. 北京：清华大学出版社，2004.

［11］　刘真，邢洁芳，邓术军. 印刷概论［M］. 北京：印刷工业出版社. 2007.

［12］　张兰. 发展中的 RIP 技术［J］. 广东印刷. 2007.

第七章　印刷中的色彩管理技术

印刷工程是图文信息复制与传播的媒体工程，色彩信息在媒体之间的正确传输与再现是媒体可视化的基础。每类媒体的呈色机理不同，混合颜色的基本原色也就不同；每个色彩再现设备显示色彩信息的特性和能力有差异，表示的色域范围也就不同。印刷中的色彩管理技术就是为了保证色彩信息在各种媒体或各设备之间正确传输再现的一种技术。

第一节　色彩管理技术的基本原理

色彩的正确复制与再现是从印刷术的开始就被关注的问题，最初只是在颜色比对的基础上依靠人眼主观判断，以定性的方式保证色彩的正确复制与再现。随着计算机在印刷工程中的应用，以及先进颜色测量设备的推出，色彩管理逐渐演变成为印刷工程中一个非常重要的关键技术。尤其是国际色彩联盟 ICC（International Color Consortium）在 20 世纪 90 年代中期推出了开放式的色彩管理机制，色彩管理技术正式被提升到印刷工程核心技术的位置。

一、影响色彩信息准确传输再现的因素

在印刷复制的过程中，色彩信息从数字式或模拟式原稿传输到胶片、印版以及印刷品上，在色彩信息传输和再现的全过程中，有很多因素会影响到色彩信息的准确传输和再现。

1. 图像采集设备的影响

常用的图像采集设备有扫描仪和数码相机。两者采集色彩信息的基本过程可以归纳为：

光源照射到图片原稿或被摄物体上→被图片原稿或被摄物体反射/透射的光线通过光学透镜→通过分光滤色器件形成"红/绿/蓝色光"→通过光电转换器件生成红/绿/蓝模拟电信号→通过模拟/数字转换器件生成红/绿/蓝数字信号（该数字信号即设备获取的颜色信号，简称设备色）。

由于不同种类的图像采集设备的光源、光学成像镜头、分光/滤色系统、光电转换器件不可避免地存在着差异，分析上述过程不难看出：即便同一张原稿或同一个被摄体，扫描或拍摄后得到的红/绿/蓝信号会有差异，即用不同扫描仪扫描同一幅原稿，或用不同数码相机拍摄同一物体所获图像的 RGB 值会有不同，而且有时差异还会很大。此外，光电转换器对微弱色光的敏感程度差异会导致扫描仪采集颜色空间（色域）的大小不同，如图 7-1 所示是两种不同扫描仪的采集颜色空间，可以看出专业平面扫描仪的呈色颜色空间远大于商用平面扫描仪的颜色空间。

2. 彩色显示器的影响

彩色显示器是一种色彩再现设备，它借助屏幕上微小的红/绿/蓝单元发光呈现颜色。

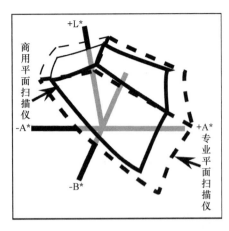

图 7-1　两种扫描仪呈色空间差异

目前常用的是液晶（LCD）类型的显示器。

液晶显示器通过液晶对背光光源的光线进行控制，光线再经红/绿/蓝微型滤色片从屏幕表面射出而呈现色彩。显然，控制的差异或红/绿/蓝微型滤色片的差异也会导致相同的 RGB 信号会有呈现色彩的差异。同时，微小的红/绿/蓝单元的特征差异也会导致呈色范围（色域）的不同。不同品牌的显示器之间以及同一品牌的专业显示器和普通商用显示器之间，其显色性能差异很大，而且同一个显示器，当其背光源亮度设置不同时，显示器的色域差异也较大。

3. 彩色打印和印刷的影响

彩色打印机是在色彩信号值驱动下向承印物上传递呈色剂（墨粉或墨水）的设备。打印机的种类很多，有喷墨打印机、静电成像打印机、热升华打印机等。不同种类的打印机成像原理不同，所以，在同样的 CMYK 色彩信号值驱动下打印出的色彩会有差异。即便是同类型的打印机，如都是喷墨打印机，墨水的型号不同、纸张的型号不同，也会造成同一色彩驱动信号，但使用不同设备、墨水或纸张获得的色彩会有较大的差异。

印刷机通过压力将印版上图文部分的油墨转印到承印物上。印刷机的类型不同、油墨的型号不同、承印物接受油墨的特性不同，都会导致原先相同的颜色在转印过程形成色差，如图 7-2 所示。

彩色打印和印刷输出更主要的影响是：图像采集设备和彩色显示器都是用红/绿/蓝三原色表示色彩，而彩色打印和印刷是用黄/品/青/黑呈色剂表示颜色。在 RGB 颜色空间，RGB 使用 0～255 数值表示；而在 CMYK 颜色空间，CMYK 是以打印或印刷输出的 0～100％的网点面积率表示。色彩信号从采集的 RGB 颜色空间必须经过颜色空间转换，才能转换成输出的 CMYK 颜色值。而且加色法呈色的 RGB 颜色空间与减色法呈色的 CMYK 颜色空间色域大小相差较大，如图 7-3 所示。

上述只是分析了在印刷过程中，由于设备或媒体的特性差异，影响颜色准确传输再现

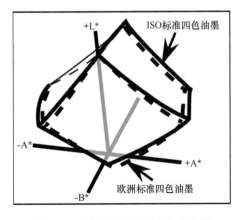

图 7-2　两种不同油墨呈色空间差异

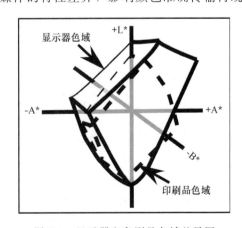

图 7-3　显示器和印刷品色域差异图

的主要因素。因工艺参数设置不当、操作有误或设备没有调整好产生的这一类影响因素，严格地说不属于色彩管理技术控制的范畴。

二、色彩管理的基本概念

印刷过程中影响色彩信息准确传输、再现的因素可以分为两类：一类是印刷操作工艺参数的影响，例如图像采集设备操作过程中的各种参数的正确设定、显示器的调整、印刷机的压力控制等，这类因素的产生主要是由于操作人员没有科学地设置工作参数，没有正确地使用印刷复制过程中的各种软硬件设备造成的，通过设备校准（参见本章第二节二、ICC 色彩管理技术的实现 1. 设备校准过程）以及正确设置各类操作参数可以避免（参见第四章第五节数字印前图像输出技术）；另一类是由于设备或媒体自身呈色特性差异造成的影响，例如：不同图像采集设备光源的发光特性、不同分光/滤色系统的分光/滤色特性；不同显示器的显示特性；不同种类打印机的输出特性、不同类型油墨或纸张的印刷适性，加色法呈色设备（利用 RGB 颜色空间表示颜色）还是减色法呈色设备（利用 CMYK 颜色空间或专色表示法表示颜色）的表色特性等，这类因设备或材料呈色特性不同而产生的影响只能通过色彩管理技术解决。

色彩管理技术是在设备校正的基础上进行，解决的是那些因设备或媒体自身呈色特性差异造成的影响，这些影响因素无法通过调节设备或媒体的工作参数来消除。

呈色设备或媒体的呈色特性可以用颜色空间表示，色彩在不同的设备和媒体之间传输，其实质是颜色信息数据在不同的颜色空间之间转换，所以不同颜色空间转换（匹配）技术是色彩管理的核心技术。说得更具体一点，若要将计算机屏幕上的一个颜色准确地输出到数字印刷机输出的印品上，就必须准确地完成颜色从屏幕 RGB 值到数字印刷油墨 CMYK 值的转换。

如图 7-4 所示是屏幕显示与彩色打印机输出颜色空间转换的示意图。首先需要说明的是屏幕是利用 RGB 加色法呈色，而打印输出是利用 CMYK 减色法呈色；其次，分析该图可以看出：打印输出的颜色空间小于屏幕显示的颜色空间，也就是说有一部分屏幕上显示的颜色在打印输出后是无法表示的。正确处理这些由于设备或媒体自身呈色特性差异对色彩信息传输和复制造成的影响因素，使得输出设备或媒体上再现的颜色能与输入颜色最佳匹配，是色彩管理的主要目的。

由此可见，色彩管理技术是保证颜色信号在输入、处理和输出过程中不受损失的一种技术，其核心技术是基于色彩正确可视化的输入输出颜色空间（颜色输入输出设备或媒体的呈色空间）匹配技术，也被称为色域映射技术。

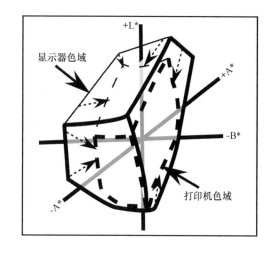

图 7-4　显示器和打印机颜色空间转换示意图

第二节　ICC 色彩管理

目前在印刷工程中使用最广泛的色彩管理技术是 ICC 色彩管理技术。ICC 是国际色彩联盟 International Color Consortium 的英文缩写。该组织成立于 1993 年，其创建者包括：Adobe、Agfa、Apple、Kodak、Microsoft、SGI、Sun、Taligent 公司以及德国印刷研究所（FOGRA）。ICC 建立了一种色彩管理机制，使色彩信息在设备、应用软件、操作系统之间传输时，能够达到匹配，利用该色彩管理机制进行色彩管理的技术被称为 ICC 色彩管理技术。

一、ICC 色彩管理的基本原理

早期的色彩管理方案比较简单，是一对一的颜色空间匹配技术，这种一对一颜色空间匹配技术亦称为"设备相关色彩转换方案"。其特点是：每台设备必须和所有与其有色彩信息传输的设备建立一对一的双向转换关系。这样需要建立的转换关系数量较多，而且每增加一台设备就需要新建多组匹配转换关系，较为繁琐，如图 7-5 所示为设备相关色彩转换方案。

第二种方案的特点是：在各设备颜色空间之间不直接建立转换关系，而是建立一个标准的颜色空间，每一台设备的颜色空间都与这个标准颜色空间之间建立双向转换关系，每增加一台设备只需要新建一组与标准颜色空间的双向匹配转换关系。这种方案称为"设备无关色彩转换方案"，其应用较为广泛。

与第一种方案相比，第二种方案也是一种开放式的色彩管理方案，它必须制定相关的色彩管理标准，凡是承认该标准的颜色输入输出设备，只需新建自己与标准颜色空间的双向匹配转换关系，就可以加入到整个颜色管理群中。ICC 制定了现有的国际认可的 ICC 色彩管理标准：①确定 CIEXYZ 或 CIELAB 作为 ICC 色彩管理方案的标准颜色空间；②制定了描述色彩输入输出设备的色彩特征文件的标准格式；③初步推出了 4 种色空间转换的色域映射（即颜色空间匹配）方案等，从而构建了开放的 ICC 色彩管理框架，如图 7-6 所示。

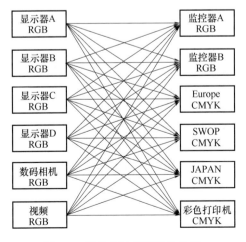

图 7-5　设备相关色彩转换方案

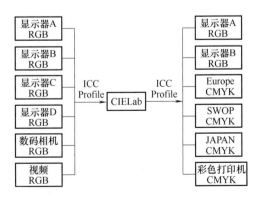

图 7-6　开放的 ICC 色彩管理方案

1. 标准颜色空间

ICC 规定的标准颜色空间是 1931 CIEXYZ 或由其转换得到的 CIELAB 颜色空间，由于后者是均匀颜色空间，凡是用于连接印刷输出设备的标准颜色空间一定是 CIELAB 颜色空间。标准颜色空间中，用 X、Y、Z 或 L、$a*$、$b*$ 分量值唯一地标定一个颜色，这些分量值称为"色度值"，任意颜色的色度值可以用色度计或分光光度计测量获得。

2. 色彩特征文件（Profile）

（1）设备值　输入输出设备的设备颜色空间有其本身的原色分量值，如显示器、扫描仪的 RGB 分量值，印刷设备的 CMYK 油墨网点面积率分量值等，这些原色分量值称为"设备值"，设备值是设备的控制信号值，将设备值传送给设备，设备就会产生相应的颜色。

由于设备本身的特性不同，能表示颜色的能力或原色有差异，同样的设备值在不同的设备上可能会产生不同的颜色；同理，不同设备为呈现视觉感受完全一致的颜色，设备值也有可能是不同的。例如，利用不同的扫描仪对同一色块扫描会获得不同的 RGB 值，从图 7-7 可以看到，利用 HP、Epson 和紫光扫描仪分别对同一色块扫描会得到不同的 RGB 值。因此得出的结论是：设备值不能准确地标定颜色。

（2）色度值　只有转换到标准颜色空间，利用色度值才能准确地标定并比较各个设备表示颜色的能力和色域。色度值是利用专门的测色仪器（如分光光度计）测量获得颜色的 CIE 标准值，色度值可以唯一地标定颜色。

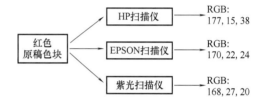

图 7-7　不同扫描仪扫描同一色块获得设备值不同

（3）色彩特征文件　色彩特征文件（也称为色彩特性文件，或配置文件）是描述设备表示颜色能力和色域的数字文件。它的主体是一组颜色的设备值和对应的色度值，由于这组颜色是一组从设备颜色空间中选择的能表征设备色域形态的特征颜色集（包括能标定色域边界的颜色，表征色域白点、黑点的颜色等），利用这组特征颜色的色度值可以描述设备表示颜色的能力和色域。

同时，由于特征文件提供了特征颜色对应的设备值和色度值，利用特征文件可以方便地完成任意彩色图像在设备颜色空间和标准颜色空间之间的转换，所以色彩特征文件也是提供设备值到色度值转换关系的数字文件。

若设备空间为 RGB 颜色空间，从设备空间到标准颜色空间的正、反向转换都是三维到三维转换。这种情况下，采用基于矩阵的转换方式。对于基于矩阵的转换方式，色彩特征文件需要提供由 RGB 三原色的 XYZ 值组成的 $3×3$ 转换矩阵；RGB 通道的阶调复制曲线。基于这些已知条件，颜色空间转换引擎就可以完成从设备空间到标准颜色空间的正、反向转换。

若设备空间为 CMYK 颜色空间，从设备空间到标准颜色空间的正、反向转换都是三维与四维之间的转换。这种情况下，通常采用基于查找表的转换方式。色彩特征文件需要分别提供对应于每种色域映射方法的 CMYK 值和 Lab 值之间的正向和反向关系查找表，如图 7-8 所示。由于 ICC 标准规定了 4 种色域映射方法，因此色彩特征文件中需要提供的查找表数量为 6 个，其中相对色度映射方法和绝对色度映射方法共用一对关系查找表。

基于查找表转换方式特征文件体积远远大于基于矩阵转换方式特征文件的体积。

（4）ICC色彩特征文件格式　ICC制定了一个标准的profile文件格式，该标准文件由三部分组成：文件头、标记列表、标记列表对应的数据，如图7-9所示。

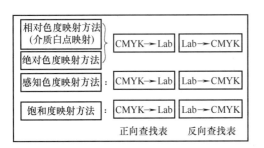

图7-8　ICC色彩特征文件中查找表类型

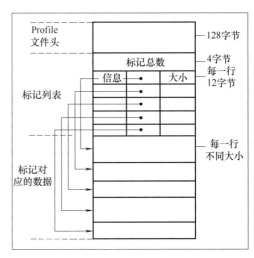

图7-9　ICC色彩特征文件格式示意图

① Profile文件头提供了该特征文件的主要特征信息，如：Profile文件大小；Profile文件的版本号；该特征文件的设备值空间是RGB还是CMYK颜色空间；是显示器特征文件、扫描仪特征文件还是输出设备特征文件等。profile文件头长128字节，包含18个字段。

② 标记列表是特征文件的第二部分，也是最小的部分。这一部分相当于数据库中的索引文件（类似于一本书的目录）。这部分给出的信息是：本特征文件中标记的总数（标记的具体内容在特征文件的第三部分中）；所包含的标记名称列表（这些标记名称是在ICC注册过的，没有自定义的）；第三部分中描述标记的对应数据的起始地址偏移量（类似于页码）；以及标记数据的长度。有了这一部分信息，读取软件可以顺利地找到后面第三部分每个标记的具体内容。

③ 标记列表对应的数据是特征文件的第三部分。若将第二部分标记列表比成是一本书的目录，第三部分就是利用目录要查找的内容。这部分内容包括：设备值到色度值（或色度值到设备值）的转换关系，白点信息、阶调复制曲线等。利用这些颜色空间转换必要的已知条件数据，可以完成从设备颜色空间到标准颜色空间（从设备值到色度值）的转换或标准颜色空间到设备颜色空间的转换。

3. 色域映射

色彩管理的核心是基于色彩正确可视化的不同颜色空间的匹配，在色彩管理中通常称之为"色域映射"。每种色彩相关设备/材料/工艺都具有其色彩响应和再现的能力范围，我们称这种范围为"设备色域"。对实际设备而言，其色域是有限的。设备的色域较大，则其能够"容纳"和再现的色彩范围/数量就大，反之，则色彩再现范围就小。

色彩管理技术涉及色彩在不同设备之间的匹配转换和传输问题。倘若某种设备的色域与另一设备完全相同，或者色彩需要从色域较小的源设备传输到色域较大的目标设备上，则色彩的保真传输和转换的实现是较为容易的。但是，当色域较大的源设备表达的颜色需要转换到色域较小的目标设备上去时，必然有一部分"超色域"色彩需要进行特别的处理，才能在小色域设备上表达出来，为了解决超色域色彩转换的问题，ICC 提出了四种色域映射的方案：感知（Perceptual）意图的色域映射、饱和度（Saturation）意图的色域映射、相对色度（Relative Colorimetric）意图的色域映射、绝对色度（Absolute Colorimetric）意图的色域映射。

现简述其各自的基本含义：

（1）感知意图的色域映射　感知意图色域映射是将源色域以及色域中包括的所有颜色都等比例压缩映射到目标色域中，这是保持两色域间的色彩对应（映射）关系的一种压缩方法，又称比例压缩法。其优点是：色彩之间的相对位置关系（阶调层次）保持较好。但除了颜色空间中心部位颜色外，其他所有的颜色点压缩后都不可能完全按照原有的色度值准确再现，都要沿着压缩方向向中心移动（如图 7-10 所示）。这种方法适用于对阶调层次再现要求高，但并不要求色彩绝对准确复制的场合，如彩色连续调图像的复制。

如果将色域压缩的方法分为色域压缩和色域裁剪（色域裁剪指保持色域内的所有颜色不变，将在目标色域中无法表示的超色域颜色，统统压缩到目标色域边缘表示的方法）两大类，这四种方案中，只有感知意图色域映射属于压缩，其它三种均为对超色域进行裁剪的方法。

（2）饱和度意图的色域映射　饱和度意图色域映射方法是对色域内颜色保持不变，超出目标色域部分的颜色通过改变亮度甚至色相，将颜色压缩到目标色域的边缘界面上，尽量保证以颜色的饱和度还原为主要目标进行映射（如图 7-11 所示）。适用于对颜色色相、亮度和阶调再现要求不严格，而追求艳丽夺目的人工创意绘制图片、电子演示图片以及各类图表、图片等。

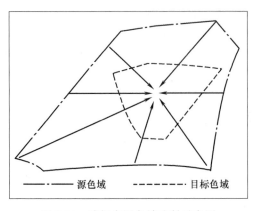

图 7-10　感知意图色域映射示意图

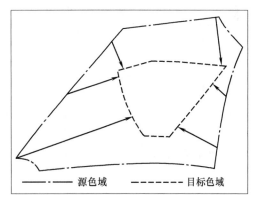

图 7-11　饱和度意图色域映射示意图

（3）相对色度意图的色域映射　相对色度意图色域映射是基于以白点为基准的颜色空间映射后的色域裁剪法。首先以白点为基准将源颜色空间向目标颜色空间映射，目标颜色空间的白点在印刷中设定为 D50。映射过程中，映射到目标色域内的颜色保持不变；映射后仍位于目标色域外的超色域颜色，以目标色域边界上与其色差值最小的颜色替代。这种方法的特点是只能保证白点映射后的色域内颜色相对准确再现，而色域外压缩路径上的不同颜色会被压缩成同一目标色，如图 7-12 所示。

饱和度意图的色域映射和相对色度意图的色域映射对超色域的颜色都使用了裁剪的方式进行压缩，但是两者的压缩路径不同。前者是保证饱和度最大的前提下，通过改变颜色的色相和亮度进行压缩；而后者是使用色域边界上距离被裁剪颜色最近路径的相关色替代被裁剪色，如图 7-13 所示。

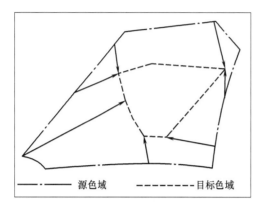

图 7-12　相对色度意图色域映射示意图

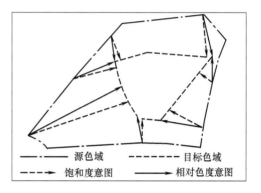

图 7-13　饱和度意图和相对色度意图
色域映射对比示意图

（4）绝对色度意图的色域映射　绝对色度意图色域映射的基本算法与相对色度意图相同，只是不进行白点的映射，而直接将源色域中超出目标色域的颜色压缩到目标色域界面上。源色域位于目标色域内的颜色准确再现，位于目标色域外的颜色，用目标色域边界上最接近的颜色表现。色域外压缩路径上的不同颜色会被压缩成同一目标色。

4. CMM（Color Management Module）

每个呈色设备或媒体的呈色特性可以用颜色空间表示，色彩在不同的设备和媒体之间传输，其实质是颜色信息数据在不同的颜色空间之间转换，例如若要将计算机显示屏上的一幅彩色图片准确地输出到数字印刷机的印品上，就必须准确地完成这幅图片中所有像素的颜色值从屏幕 RGB 值到色度值的转换，以及从色度值到数字印刷油墨 CMYK 值转换。而色彩特征文件仅仅提供了转换关系，操作系统中的色彩管理模块 CMM 根据特征文件提供的已知条件，完成该彩色图片中所有像素的屏幕设备值到色度值，以及色度值到数字印刷设备输出值的转换。色彩管理模块 CMM 也被称为颜色空间转换引擎。

5. ICC 色彩管理机理

标准颜色空间、色彩特征文件、色域映射以及 CMM 模块有时也被称为 ICC 色彩管理的基本要素。

由于设备值不能准确地标定颜色，在 ICC 色彩管理流程中，被处理的图像或页面文件配置相应的特征文件是进入 ICC 色彩管理的必要条件。例如用扫描仪 A 输入获得的图像文件或页面文件，一定要配置扫描仪 A 的特征文件才能准确地标定颜色。只要不更换该图像或页面文件的特征文件，对图像或页面文件所进行的色彩编辑处理都可以看成是在扫描仪 A 颜色空间中进行。

一旦要更换处理该图像或页面文件的设备，就必须通过颜色空间的转换计算，将该图像或页面文件的颜色数据转换到新的设备颜色空间。ICC 色彩管理方案不是直接进行两个设备颜色空间的转换，而是在源特征文件的支持下，将图像或页面文件利用 CMM 模块转换到标准颜色空间中完成色域映射，再在目标特征文件（即图像或页面文件颜色数据将要进入的设备的特征文件）的支持下，将完成色域映射的图像或页面文件转换到输出设备颜色空间。对于图像文件来说，进行了转换颜色空间的操作之后，其配置的特征文件也必须相应地由源特征文件改变为目标特征文件。由此可见，特征文件标志着图像或页面文件的设备颜色空间。例如，用扫描仪 A 输入的图像文件，要到显示器 B 上显示输出，需要进行从配置扫描仪 A 特征文件到配置显示器 B 特征文件的状态转换操作。

因此，在 ICC 色彩管理中，对色彩信息的处理，更换图像或页面文件的特征文件的实质等同于更换了处理图像或页面文件的设备颜色空间。例如，在 Photoshop 软件中处理彩色图像，配置不同的特征文件等同于在不同的设备颜色空间中处理该彩色图像。

二、ICC 色彩管理技术的实现

ICC 色彩管理技术的实现主要由三个过程组成：设备校准（Calibration）、特征描述（Characterization）、颜色转换（Conversion），由于这三个过程的第一个英文字母都是 C，所以也被简称为 3C 过程。

1. 设备校准过程

设备校准又称为设备定标，指将设备调校到最佳工作状态，设置科学的工作参数并正确操作设备。其另一层含义是以规范化标准化的方式固定印刷流程的所有相关工作参数。因为设备描述色彩的能力与自身的工作状态相关，只有把各设备都调校最佳的工作状态并稳定，才能进行下一步的特征描述。设备校准是特征描述的基础，只要保证设备的各项工作参数不变，符合该设备校准状况的色彩特征文件就可以反复使用，设备校准工作要定期进行。

（1）扫描仪和数码相机校准　对于扫描仪和数码相机设备，主要有 3 个参数影响它们的数据采集性能：照明光源、彩色滤色片、软件设置。在扫描仪中（除了非常低档的扫描仪外），照明光源一般比较稳定，滤色片通常使用 5 年左右才会有明显的变化，所以最大的影响因素是软件设置。软件操作中，通常要求关闭所有对白场、黑场或偏色校正的设置，关闭对扫描锐化的设置，因为这些设置会对色彩管理产生作用。将扫描的方法设置为"最大限度扫描"，利用扫描仪可以达到的最大颜色位数接收图像扫描数据。

数码相机校准中白平衡（基于相机白点，调节相机的 RGB 三个通道颜色平衡）操作是必须的，在 RGB 三通道平衡的基础上才能进行色彩管理的特征描述过程。

（2）显示器校准　显示器校准时首先要让显示器开机预热 10min 之后，处于稳定的工作状态才可进行。

根据显示器的显示性能高低以及对色彩显示精度要求，显示器校准分为 3 大类：

① 利用显示器自身按键进行校准。适用于低档显示器，其色彩显示精度要求不高，可以利用显示器自身的一些调节按键对显示器的色温、亮度、反差以及色彩进行一定的调节。

② 利用通用软件和目测方法进行校准。在对色彩显示精度要求不是特别高的情况下，可以利用一些免费的小软件结合目测判断的方法对显示器进行校准。这类常用的免费小软件有：Adobe Gamma（在 Windows 操作系统的控制面板中可以找到该软件）、Monitor

Calibration Wizar 等。这类软件的使用方法比较简单，打开软件后只需按照软件操作向导的指示一步一步进行，就可以获得一定的效果。这类软件通常可以调节显示器的色温、亮度、阶调、颜色平衡等，而且还可以允许通过选择适合显示器的色彩特征文件调节显示器的显示效果。

③ 利用专用色彩管理软件和测量仪器（如色度仪、分光光度仪）进行校准。色彩管理流程中的显示器校准通常是利用色彩管理软件中的显示器校准模块和专门的色度测量仪器配合实现。这类常用的软件有：ProfileMaker Professional、Monaco Profiler 等，测量仪器可以选用 X-Rite 公司生产的 Eye-One。由于显示器校正功能只需要这类软件中的一个子模块，所以在显示器校正完成之后，可以继续执行软件的生成特征文件功能，直接进入色彩管理的特征描述阶段。

与免费的通用软件相比较，专用色彩管理软件的显示器校正步骤略微复杂，首先要将测量仪器与计算机连接，并将测量仪器挂置于屏幕表面；然后启动软件，选择显示器校正模块的界面。按照软件的提示，其过程为：确认测量仪器已经连接好并放置在正确的位置—开始校准—调整白点—调整对比度—调整亮度—调整色彩平衡。在调整的过程中，测量仪器实时将测量的调整状况反馈给软件，并显示在软件界面上，以保证调整的准确度。

（3）直接输出设备校准　直接输出设备指与计算机直接相连，接受计算机的输出指令输出分色胶片、印版或印品的输出设备。直接输出设备通过"线性化"操作完成输出设备的校准。"线性化"操作指将输出设备实际输出值校准到与待输出图像的颜色值（即计算机输入给设备的控制值）一致的操作。在实际生产中，常常以图表表示输入和输出值的对应关系，横坐标是输入值，纵坐标是输出值，若输入与输出值的相互关系呈 45°的线性关系，则表明输出值与输入值一致，没有误差。因此直接输出设备的校准控制过程被简称为线性化操作。线性化是所有印刷直接输出设备校准的主要手段。如胶片输出设备，打印设备等。线性化的操作可以分为两大步：第一步是找到能满足输出最大动态范围的最大输出值，如胶片输出找到最佳曝光量；打印输出找到最大墨量，并在此基础上输出一张梯尺测控条；第二步是测量梯尺测控条，并利用测量数据反馈校正输入信号，从而保证输入输出的线性化。

线性化操作需要有专门的具有线性化功能的输出软件控制才能进行，一般印刷输出的专用输出软件都具有此项功能，现以 EFI Colorproof 软件控制喷墨打印机的进行线性化操作为例说明线性化的过程：

如图 7-14 所示是该软件的线性化操作的第一个对话框，从对话框左边的提示步骤可以看到线性化操作分 5 步进行。

① 设置（如图 7-14 所示）。在确保分光光度计、打印机都和电脑正确连接后，在软件界面中选择测量仪器，在这里以"Eye-one"为例，分别设置打印机的分辨率、颜色模式、墨水类别、打印模式、抖动模式（调频加网所用的算法类型），在打印介质栏中输入自定义的纸张名称。

② 总墨水限值（如图 7-15 所示）。首先近似地设置一个预设总墨水限值（300）进行测量样图的输出；点击界面中的【打印】按钮，打印机输出界面中的总墨水限值测试样图；利用连接在电脑上的分光光度计测试打印机输出的测试样图；根据测试值可以自动计算出准确的总墨水限值。

图 7-14 EFI Colorproof 的线性化操作界面（1）——【设置】界面

图 7-15 EFI Colorproof 的线性化操作界面（2）——【总墨水限量】界面

③ 单通道墨水限值（如图 7-16 所示）。在总墨水限值基础上，为了保证总体输出色彩的平衡，必须对单通道的最高墨水输出值进行限值。操作过程同于总墨水限值：点击界面中的【打印】按钮，打印机输出界面中的单通道墨水限值测试样图；利用连接在电脑上的分光光度计测试打印机输出的测试样图；根据测试值可以自动计算出准确的单通道墨水限值。

④ 线性化（如图 7-17 所示）。在总墨水限值和单通道墨水限值基础上，进行线性化

图 7-16　EFI Colorproof 线性化操作界面（3）——【每个通道的墨水限值】界面

操作。同样点击界面中的【打印】按钮，打印机输出界面中的线性化测试样图；利用连接在电脑上的分光光度计测试打印机输出的样图；根据测试值可以自动进行线性化校准。

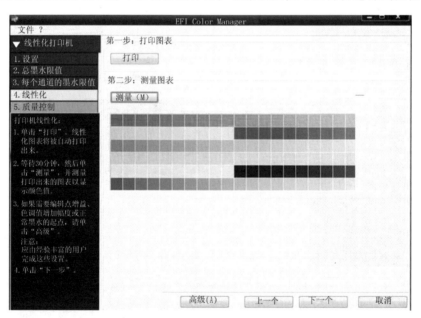

图 7-17　EFI Colorproof 线性化操作界面（4）——线性化界面

⑤ 质量控制（如图 7-18 所示）：最后输出质量控制测试样图并进行测试，利用测试值进一步控制输出值与输入值的对应关系。

（4）印刷机校准　印刷机也是输出设备，由于印刷机依靠压力将印版上的油墨转印到承印物上，转印的过程中不可避免地出现印刷网点扩大现象，所以印版上与印品上的网点

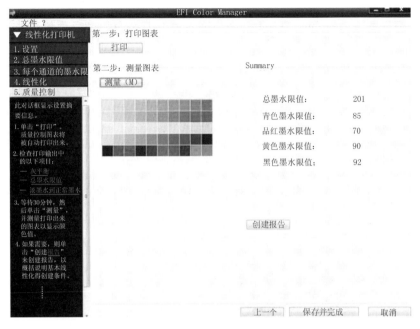

图 7-18　EFI Colorproof 线性化操作界面（5）——质量控制界面

阶调值不可能是线性关系。印刷机的基础校准比较复杂，通常由印刷机生产厂商实施。在印品生产的过程中，可以利用各种测控条（例如布鲁纳尔测控条、GATF 测控条等），配合专用的测量仪器（反射密度仪或反射分光光度计等）获得印刷机的校准控制信息，及时对印刷机的各种工作参数（例如压力、套准等）进行校准，将印刷机的印刷质量参数（例如实地密度值、相对反差值、网点扩大值、套准精度等）都调整到最佳值。

2. 特征描述过程

特征描述指在设备性能稳定的前提下制作设备的色彩特征文件。在对设备校准之后，就可以开始制作设备的特征文件。制作扫描仪特征文件的必需工具有：以特征色块组成的测试原图，常被称为色标或色靶；特征文件制作软件如 ProfileMaker、Monaco Profiler 等软件，本书以 ProfileMaker 软件（PM 软件）为例介绍特征描述过程。

（1）扫描仪特征化　制作扫描仪特征文件常用的色标为 IT8.7/2 反射或透射色标（依据扫描的原稿是反射或是透射而定），如图 7-19 所示（见彩色插页）。扫描仪的特征化步骤为：扫描获得色标的 TIFF 图像文件；在特征制作软件中设置创建特征文件的相关选项；创建扫描仪特征文件。

① 在待特征描述的扫描仪上，利用扫描软件的扫描功能，扫描获得所选色标的 TIFF 数字图像文件。注意扫描时采用 RGB 模式，不进行任何颜色调整与校正，等大扫描。

② 在 ProfileMaker 软件中进行创建特征

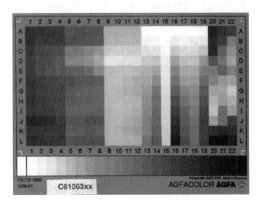

图 7-19　IT8.7/2 色标

文件的相关设置，如图 7-20 所示是特征制作软件 ProfileMaker 制作扫描仪特征文件的界面。首先在界面的【Reference Data】下拉菜单中选择扫描色标的色度值数据文件，该文件是后缀为 "txt" 的文本文件，是色标的附属文件，通常由色彩管理软件销售商提供。然后，在创建扫描仪特征文件界面的【Measurement Data】下拉菜单中选择扫描获得的色标 TIFF 数字图像文件，并完成其他的相关设置，例如设置特征文件的大小，特征文件的数据量越大，越能准确定义设备的特性；设置光源，在印刷中通常选用 D50 光源。

③ 创建特征文件，在第二步设置完成之后，点击【Calculate Profile】即可创建该扫描仪的特征文件。

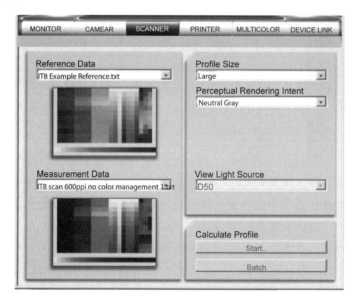

图 7-20　PM 软件中制作扫描仪特征文件界面

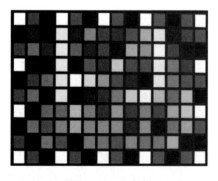

图 7-21　SG 色标

（2）数码相机特征化　如图 7-21 所示是用于制作数码相机特征文件的 SG 色标（见彩色插页）。与扫描仪的色标相比，其色块比较大，色块之间界限明显。数码相机的特征化步骤为：拍摄获得色标的图像文件；在特征制作软件中设置创建特征文件的相关选项；创建数码相机的特征文件。

① 在专门的标准光源下，利用待特征化的数码相机拍摄获得色标的数字图像文件。注意拍摄时关闭数码相机任何可以起校色作用的功能。

② 在 Profile Maker 软件中进行创建特征文件的相关设置，如图 7-22 所示是特征制作软件 ProfileMaker 制作数码相机特征文件的界面。首先在界面的【Reference Data】下拉菜单中选择 SG 色标的色度值数据文件，该文件是色标的附属文件，是后缀为 "txt" 的文本文件，通常由色彩管理软件销售商提供。然后，在创建数码相机特征文件界面的【Measurement Data】下拉菜单中选择拍摄获得的色标数字图像文件，并完成其他的相关设置，光源设置选用 D50 光源。

③ 创建特征文件，在第二步设置完成之后，点击【Calculate Profile】即可创建该扫描仪的特征文件。

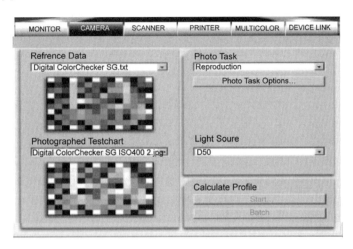

图 7-22 PM 软件中制作数码相机特征文件界面

（3）显示器特征化 选择 ProfileMaker 特征制作软件的【MONITOR】按钮可以弹出显示器特征化的界面。显示器特征化也需要有专门的色标，与扫描仪和数码相机不同的是，制作显示器特征文件的色标是电子文件色标，是由一组特征色块的 RGB 设备驱动值组成的"txt"文件。显示器特征化可以紧跟着显示器校准操作后进行。

① 在界面的【Reference Data】下拉菜单中选择色标的"txt"数据文件，如图 7-23所示；然后在【Measurement Data】下拉菜单中选择已经连接好的测试仪器。一旦选中了测试仪器，软件会自动进入测试状态：提醒操作者将测试仪器挂置于显示器的屏幕表面上准备测试；屏幕则自动逐个按 RGB 值可视化显示色标中的色块供挂置于显示器的屏幕表面上的测试仪器测试；直至所有色块显示完毕；提醒测试结束。

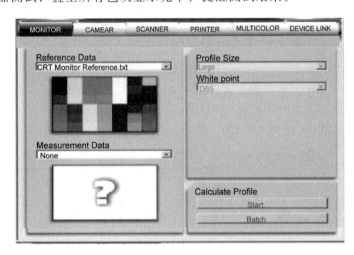

图 7-23 PM 软件制作显示器特征文件的界面

② 在 ProfileMaker 软件中进行创建特征文件的相关设置，光源设置通常选用 D65光源。

③ 创建特征文件，在第二步设置完成之后，点击【Calculate Profile】即可创建该显示器的特征文件。

（4）打印机特征化　与显示器进行特征化时使用的色标文件一样，打印机也是使用电子文件色标；不同的是打印机色标是由两个文件组成：一个是一组特征色块组成的CMYK 模式的 TIFF 图像文件，另一个是与 TIFF 图像文件相对应的特征色块 CMYK 值的"txt"文件。使用最多的是 ISOIT8.7/3（928 个色块），和欧洲色彩协会（ECI）研制的 ECI2002（1485 个色块）色标。打印机的特征化操作通常与打印机的线性化操作捆绑在一起进行，其基本过程是：打印供测量的色标；测量打印出来的色标；在特征文件创建软件中进行各种设置；生成打印设备特征文件。

① 利用有图像输出功能的软件（如 Photoshop），驱动待特征化的打印机，输出CMYK 模式的 TIFF 图像文件色标。注意不能作任何的分色设置和色彩管理设置，保证按照 TIFF 电子文件中特征色块本身的 CMYK 值输出。

② 对打印输出的色标进行测量，进入 ProfileMaker 特征制作软件，选择【PRINT-ER】按钮可以弹出打印机特征化的界面，如图 7-24 所示。在【Reference Data】下拉菜单中选择打印机色标的"txt"文件；然后在【Measurement Data】下拉菜单中选择已经连接好的测试仪器。一旦选中了测试仪器，软件会自动进入测试状态：提醒操作者准备测试。如果已经利用第三方软件或 ProfileMaker 软件中的测试模块完成了输出色标的测试，也可在【Measurement Data】下拉菜单中直接选择测试之后获得的"txt"测试数据文件。

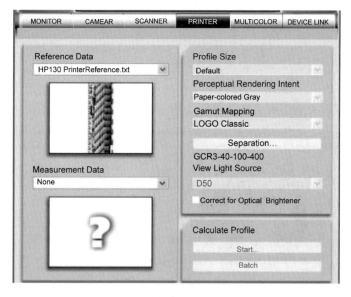

图 7-24　PM 软件制作打印机特征文件的界面

③ 在 ProfileMaker 软件中进行创建特征文件的相关设置。包括：a. 通过选择【特征文件大小】确定生成的特征文件精度。选择大尺寸的文件，可以生成高精度的文件。b. 通过对【感知意图】下拉菜单的选择，可以确定是否对打印输出用纸进行纸色的去除处理，选择中性灰不考虑进行纸色的去除，选择纸张灰进行纸色的去除。c. 通过选择【色域映射】的方法，可以确定是选择饱和度优先进行色域映射，还是阶调优先进行色域映

射，或两者并重考虑。d. 通过选择【分色设置】可以进入分色设置的对话框，如图 7-25 所示。在这个对话框中可以进行：GCR 还是 UCR 的黑版方式选择；黑版起始点的选择；最大黑版量（100%）和最大油墨叠印量（300 左右）的选择；以及调节黑版曲线的操作等。e. 光源设置通常选用 D50 光源。

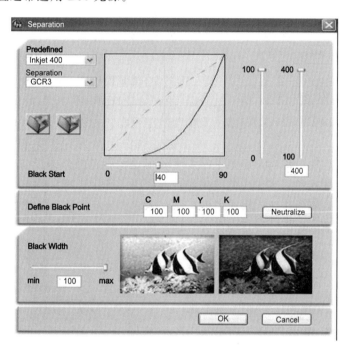

图 7-25　PM 软件中分色设置界面

④ 创建特征文件，在第三步设置完成之后，点击【Calculate Profile】即可创建该输出设备的特征文件。

通过打印机特征化的操作不难看出，打印输出设备的特征文件不仅与打印机本身的特性、打印用纸相关，而且与分色设置相关，也就是说，即便固定了打印输出设备、纸张、打印条件等，仅改变分色设置，也需要重新进行特征文件的生成。

3. 颜色转换过程

颜色转换指利用特征文件提供的设备值与色度值之间转换关系，CMM 模块完成彩色页面的设备值到色度值的转换或色度值到设备值的转换。

在印刷色彩复制过程中，色彩管理技术的作用如图 7-26 所示。图中虚线框中的过程为 ICC 色彩管理技术过程。如果没有 ICC 色彩管理技术，采用一对一的颜色空间匹配技术，即设备相关色彩转换方案，计算机显示器的 RGB 色彩信息直接转换为 CMYK 色彩信息，驱动印刷设备输出。使用 ICC 色彩管理技术后，首先利用输入特征文件提供的设备值到色度值的转换关系，CMM 实现原图色彩信息的设备值到标准颜色空间的色度值转换；然后在标准颜色空间中完成输入设备与输出设备之间的色域映射；最后再利用输出特征文件，CMM 完成色度值转换为 CMYK 输出设备值并输出。乍一看，好像多了一步过程，但是正如本章第二节"一、ICC 色彩管理的基本原理"所述，建立设备无关色彩转换方案，才能构建一个开放的色彩管理平台。

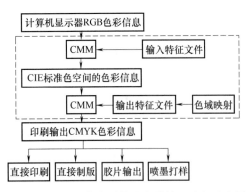

图 7-26　显示图像印刷输出色彩管理过程示意图

（1）颜色转换的基本操作　颜色转换通常由系统级的软件平台完成，在具有色彩管理功能的输出软件中（如 Photoshop、ColorProof 或 RIP 软件），配置有专门的界面可以调用系统中的 CMM 模块，完成颜色转换。如图 7-27 所示是 PhotoShop 图像处理软件中的一个色彩管理界面，"配置文件"指特征文件，【转换选项】中的"引擎"指 CMM 模块，可以选择不同厂商提供的不同的 CMM 软件模块，"意图"指色域映射方法的选择，通常提供四种 ICC 方案供选择。首先利用【源空间】"配置文件"（输入特征文件），CMM 模块将彩色图像的设备值转换为色度值，并利用"意图"中选择的方案完成色域映射，再利用【目标空间】"配置文件"，CMM 完成色度值到输出设备值的转换。由此可见，在实际图像处理或输出软件中只要在对应的色彩管理对话框中，准确地设置一系列参数，计算机软件就可以自动完成颜色转换的工作。

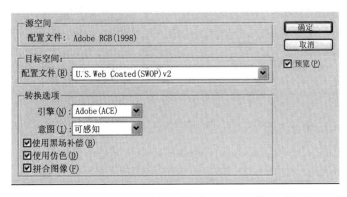

图 7-27　Photoshop 软件中【转换为配置文件】对话框

（2）颜色转换过程中特征文件的使用　从图 7-26 可以看出：CMM 是在特征文件的支持下，完成输入输出颜色空间的转换。图中将特征文件分为输入特征文件和输出特征文件，输入特征文件也称为源特征文件，需要提供设备值到色度值的转换关系；输出特征文件也称为目标特征文件，需要提供色度值到设备值的转换关系。一个设备的特征文件必须具备既可以提供设备值到色度值的转换关系，又可以提供色度值到设备值的转换关系功能。例如显示器，当其用于显示扫描输入图像时，是作为输出设备使用；而将显示图像打印输出时，显示器是输入设备，打印机是输出设备。另外，特征文件必须成对使用，ICC色彩管理机理可以用图 7-28 表示，在机理图中，标准颜色空间也被称为 Profile 连接空间（简称 PCS），因为同时应用两个 Profile 文件和标准颜色空间，才能完成源设备值到目标设备值的转换。图中，标准颜色空间位于输入 Profile 和输出 Profile 之间。

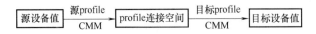

图 7-28　ICC 色彩管理机理

色彩管理人员可以通过 3 种方式获得特征文件：

① 客户自定义特征文件。通过特征描述过程，利用特征文件制作软件、测色仪器和色标，由用户自行创建的特征文件。

② 型号通用（Generic）特征文件。设备出厂时，由生产厂商提供的与这一型号配套的特征文件。生产厂商通常测试 20 台左右的同类型设备，提供一个平均值。型号通用特征文件与自定义相比精度要略欠一点。

③ 过程通用（Process）特征文件。操作系统（Windows 操作系统默认特征文件存储目录为 WINDOWS \ system32 \ spool \ drivers \ color）以及很多印前处理软件都提供与软件处理过程相关的特征文件，如显示器的 sRGB 特征文件，可以作为 PC 机显示器通用的特征文件。这对于终端用户来说，是一种非常便捷的色彩管理途径。但是通用的特征文件与前两种相比精度是最低的。

特征文件可以与页面文件捆绑在一起，也可以作为一个独立文件存在，在使用的过程中再调用。特征文件与页面文件相互的关系有如下 3 种方式：

① 标记（Tagging）。指将一个源特征文件与页面文件或页面对象永久的联系在一起的操作。标记之后，特征文件嵌入到页面文件之中，成为页面文件的一部分。

② 指定（Assigning）。指将一个特征文件指定给一个页面文件的操作，指定可以是暂时的，只有在保存时选择了将特征文件协同保存，该特征文件才嵌入到页面文件中，使该页面文件成为被"标记"了的页面文件。

③ 假定（Assuming）。是软件默认"指定"特征文件方式，在 Photoshop 中也被称为"工作空间"。当在印前软件中打开一个没有标记的文件，软件会自动将软件默认的特征文件指定给该文件，以便于对文件进行色彩处理。与"指定"操作不同的是：如果改变了软件默认的特征文件，所有打开的未标记的页面文件或图像对象都会以新的特征文件作为假定的特征文件。

三、ICC 色彩管理技术在 PhotoShop 软件中的应用

PhotoShop 和 Adobe 的其它软件 Indesign、Illustrator 都具有相类似的色彩管理功能。PhotoShop 软件中有多处菜单中有相关的色彩管理功能选项。主要的应用有：

1.【颜色设置】对话框

【编辑】菜单下【颜色设置】对话框中各种设置主要是针对新打开图像文件或新建图像文件的设置，如图 7-29 所示。该对话框主要由三个部分组成：【工作空间】、【色彩管理方案】和【转换选项】。

①【工作空间】的功能是确定 PhotoShop 软件默认"指定"的特征文件。【工作空间】部分有四个可选的下拉菜单，分别用于不同颜色模式的图像文件。如打开一幅 RGB 颜色模式的图像文件，第一个下拉菜单 RGB（R）起作用，在该下拉菜单中有一系列的特征文件供选择。

②【色彩管理方案】的功能是重新配置图像的特征文件。【色彩管理方案】部分有三个可选的下拉菜单，分别用于不同颜色模式的图像文件。每个下拉菜单中都有 3 个选项：【保留嵌入的配置文件】只有在图像文件已经标记的情况下起作用，该选项的功能是：在图像编辑处理的过程中，图像色彩一直保持标记源特征文件的状态和相关关系；[转换为

图 7-29   PhtoShop 软件中【颜色设置】对话框

工作中的 RGB］的功能是：原图像利用【转换选项】中选择 CMM 引擎和映射意图，从原图像标记的特征颜色空间转换为【工作空间】定义的颜色空间（若打开的是 CMYK 颜色模式的图像文件，则为转换为工作中的 CMYK）；【关闭】的功能是扔掉源特征文件，指定工作空间为图像处理过程中的特征文件。正因为【色彩管理方案】部分的功能是重新配置图像的特征文件，所以若选择了【配置文件不匹配】、【缺少配置文件】后的复选框，当打开一幅图像时会根据图像标记特征文件的状况进行提问，便于根据标记状况进行操作。

③【转换选项】的功能是确定用于颜色空间转换的 CMM 模块和转换意图。在【引擎】下拉菜单中通常提供两个系统级的 CMM 模块供选择：一个是 Adobe 的 ACE 模块；另一个是 Microsoft 的 ICM 模块。在【意图】下拉菜单中提供 ICC 的 4 种映射意图供选择。

2. 【指定配置文件】和【转换为配置文件】对话框

【图像】/【模式】菜单下【指定配置文件】和【转换为配置文件】的功能都是为输入图像重新配置特征文件，两者的区别是：指定配置文件是不考虑输入图像原有配置文件的状态（输入图像可能有 3 种状况：①嵌入的源特征文件；②临时指定的特征文件；③临时假定的特征文件），扔掉原来与图像发生关系的特征文件，直接指定一个新的特征文件给输入图像。因此，操作者一定要了解该输入图像的早先处理状态，才能准确地指定一个新的与其相符合的特征文件。倘若是随意指定，会使图像的颜色发生不可想象的变化。【转换为配置文件】由于利用映射的关系转换到一个新的配置文件颜色空间（参见色域映射部分），所以图像的颜色一般不会发生较大的不可想象的变化。在界面的设置上也可以看出，倘若是转换为配置文件，界面必须提供选择转换意图的下拉菜单。指定配置文件就没有这样的下拉菜单。

3.【校样设置】对话框

【视图】菜单下【校样设置】的功能是提供屏幕软打样时候的色彩管理功能，如图7-30所示。在【配置文件】下拉菜单中，提供了一系列印刷输出的特征文件供选择。

图 7-30　PhtoShop 中【校样设置】对话框

校样即软打样，是利用屏幕模拟印刷输出的色彩，因此，源特征文件是印刷输出特征文件；目标特征文件是显示器的特征文件。源特征文件即对话框中选择的 CMYK 特性文件［图 7-30 中为处理 CMYK-U.S，Web Coated（SWOP）v2］，显示器的特性文件在【屏幕属性/设置/高级/色彩管理】的面板中添加或选择。实际上在软打样的操作中色彩信息要经历两次转换：第一次是从图像文件的颜色空间（或者是工作空间）转换到模拟的CMYK 印刷输出空间；第二次是从模拟的 CMYK 印刷输出空间转换到显示器的 RGB 颜色空间，屏幕打样输出。

4.【打印预览】对话框

【打印预览】框如图 7-31 所示，由【源空间】和【打印空间】两部分组成。【源空间】中有两选一的单选框：【文档】或【校样】，供操作者选择是将文档的特征文件还是将校样设置中设置的印刷输出特征文件作为源特征文件（参见 3.【校样设置】对话框），从图7-31的界面中也可以看出，【文档】后面是文档图像文件的特征文件，已经确定。【校样】后面的特征文件也已经确定，操作者只需在两个选项中选中一个即可。在【打印空间】中提供了可以选择目标特征文件的下拉菜单框，以及映射意图的选择。【源空间】和【打印空间】两部分的组合选择结果可以有如下四种：

图 7-31　Photoshop 中【打印预览】对话框

① 将图像文件中的颜色数据直接送给打印驱动。在【源空间】中选择【文档】，在【打印空间】的【配置文件】下拉菜单中选择【与源相同】，执行的是将文档中的颜色数值

直接送给打印机，注意的是：对于 CMYK 打印输出的打印设备，应该事先将图像文件转换到 CMYK 颜色空间。

② 同时发送图像文件中的颜色数值和描述该图像文件的特性文件给打印驱动。在【源空间】中选择【文档】，在【打印空间】的【配置文件】下拉菜单中选择【打印机色彩管理】，执行的是将源图像文件和其配置的特征文件一并发给打印机，由打印机完成从源图像到打印目标颜色空间的转换，并打印输出。

③ 将图像文件中的颜色数值转换到打印输出颜色空间之后，再送给打印机驱动。在【源空间】中选择【文档】，在【打印空间】的【配置文件】下拉菜单中选择网点面积扩大率，执行的是利用源特征文件和【配置文件】下拉菜单中选择的分色特征文件，将文档直接转换为 CMYK 分色文件，再送给打印机输出。

④ 将图像文件中的颜色数值转换到校样设置对话框中设置的颜色空间中，然后再转换这些数值到打印机颜色空间。以便打印出一个模拟校样设置的硬拷贝输出。

在【源空间】中选择【校样】，在【打印空间】的【配置文件】下拉菜单中选择打印机特征文件，此时源颜色空间是【校样设置】中选择的印刷设备特征文件，目标颜色空间是打印机的特征文件，打印输出的是打样追印刷的印品。

四、ICC 色彩管理流程的建立

由于色彩信息在复制的过程中必须经由不同颜色设备处理，在各类颜色设备间传输转换，必然会有所损失，色彩管理通过色彩管理机制的建立，保证色彩信息的损失降为最小。所以，色彩管理不是仅仅针对一幅图像进行的色彩校正（针对原图的色彩处理已经在第四章中做了详细介绍），而是针对全流程的色彩信息传输和正确再现。

1. 印前流程中色彩管理的步骤

可以将数字印前的色彩管理流程归纳为以下三步：

（1）定义颜色　定义颜色也称为标定颜色，指为图像文件配置特征文件。在印前流程中会有两种情况：

① 获取彩色图像文件的设备有嵌入特性文件的功能。例如，一些高档扫描仪，可以在扫描之后，将该扫描仪的型号通用型特征文件，或自定义的扫描仪特征文件（参见扫描仪特征化部分），通过保存的方式嵌入图像文件。

② 获取彩色图像文件的设备没有嵌入特性文件的功能，那就必须在后续的图像处理软件中为图像标记特性文件。例如在 PhotoShop 软件中，可以使用指定配置文件的功能，为其指定一个符合图像编辑的特征文件（可以是 PhotoShop 原有的过程通用型特征文件，如 Adobe RGB、sRGB 等，也可以是自定义的特征文件）。

（2）归一化颜色　归一化颜色指将待组合在一个页面中的图像图形对象的特征文件统一。由于原稿图像来自不同的图像采集设备，定义颜色过程自然会标记不同的特征文件。而在印刷过程中要进行组版和拼大版的操作，输出时最佳的颜色管理方式是一个输出页面仅配置一个源特征文件。所以，在定义颜色之后的处理过程中，最好归一化颜色空间。

选择归一化颜色空间通常需要考虑：①由于对输入的图像、图形文件要进行色彩的编辑，所以归一化的颜色空间色域要比较大，色彩均匀性要好。②可以利用图像、图形编辑软件的默认工作空间配置文件作为归一化的颜色空间，例如都使用 Adobe RGB、sRGB

等，并使这一设置标准化。③可以选择某一个 RGB 颜色空间作为归一化的颜色空间，也可以选择某一个 CMYK 颜色空间。注意的是：使用 CMYK 颜色空间作为归一化颜色空间，必须已经确认了该图像文件是使用哪种 CMYK 颜色空间做输出，直接归一化到确认的输出 CMYK 颜色空间。④从定义颜色空间转换到归一化颜色空间一定要使用图像处理软件中的【转换为配置文件】的操作（参见【指定配置文件】和【转换为配置文件】对话框）。

（3）颜色转换　颜色转换指将颜色从归一化的颜色空间转换到输出设备颜色空间。其实在归一化颜色空间的过程中已经有颜色空间的转换。这里特指最后输出的转换，有两种情况：

① 针对唯一设备输出，可以有两种选择：一是尽早的转到输出设备颜色空间，这样的优点是编辑的过程是在最终输出设备的颜色空间中进行，颜色编辑效果直接；二是已经对 RIP 的分色效果很有把握，则可以选择在 RGB 颜色空间中编辑，最后再转换到输出的颜色空间中。但是在编辑时是无法直接看到输出的颜色效果。

② 向多种输出设备输出。此时倘若已经对各种输出设备的色彩转换结果心中有数，可以在 RGB 颜色空间中编辑。倘若对有的输出设备的输出结果心中无数，就必须转换到输出颜色空间中，所见即所得地进行颜色编辑。强调的是：若要获得高质量的输出图像，一般需要在输出颜色空间中进行一些编辑。颜色空间的转换只能完成整个颜色空间的整体转换，进入了最终输出空间之后，可以对某些单个的页面元素进行专门的颜色编辑，这样可以获得更好的效果，例如，对红花进行饱和度处理，使其更红。

2. 色彩管理流程应用实例

以一张图像的色彩信息传输为例，说明色彩管理流程的实施和作用。

① 捕获图像。使用柯达 DC460 相机捕获了一幅图像。由于 DC460 相机没有型号通用的特性文件，所以在后面的操作中必须为这幅图像指定一个能够正确描述 DC460 相机拍摄状况的特征文件。

② 定义颜色。利用专门制作特性文件的 ProfileMaker 软件为 DC460 相机制作特征文件，并命名该特征文件为 DC460Profile，然后在 PhotoShop 软件中将这个特性文件指定给图像文件。

③ 选择归一化特征文件。DC460Profile 特征文件的颜色空间不是一个比较均匀的颜色空间，不适合进行图像颜色编辑，决定使用通用型特征文件 ProPhoto RGB 作为编辑图像的工作空间。利用 PhotoShop 中转换到特征文件的功能，选择感知再现意图，将图像从 DC460Profile 特征文件转换到 ProPhoto RGB 颜色空间。由于使用了【转换到特性文件】的功能，该图像的 LAB 值几乎不变，但是 RGB 值变了。

④ 模拟输出效果。假设在这个流程中一开始就准备用 CD102 印刷机输出该图像，而且也已经为 CD102 印刷机制作了特征文件。这时就可以利用 PhotoShop 软件中的【视图】/【校样设置】对话框模拟输出效果，进行软打样。若通过屏幕的软打样显示感觉图像的色彩还不够理想，可以在预览的状态下进行色彩编辑。

⑤ 转换到输出空间。利用 PhotoShop 中转换到特征文件的功能，选择感知再现意图，将图像从 ProPhoto RGB 颜色空间转换到最终输出的 CD102 颜色空间中。转换之后还可以在转换后的文件中做进一步的编辑，直到认为最佳后才进行输出。输出时注意选择与开始定义相同的输出方式输出，即 CD102 印刷机输出。

第三节　WCS 色彩管理技术

随着色彩管理技术的推广应用，以及当前跨媒体颜色传输需求的日益增加，ICC 管理技术也暴露出一些不足，主要体现在：①ICC 色彩管理标准确定的 CIEXYZ 或 CIELAB 标准颜色空间不是理想的色貌模型，应该寻找更优秀的色貌模型取代之；②特征文件的格式应该更为开放，并更适合网络形势下的色彩管理；③色彩管理的机制也应该更开放和灵活。为此，Microsoft 公司于 2005 年推出了 Microsoft® Windows® Color System（简称 WCS 系统），新一代的色彩管理系统。

一、CIEXYZ 色度系统的局限性

CIE 色度系统表示颜色的前提是首先确定观察颜色的三个基本要素：照明体、色源和观察者。当这三者都确定以后，对某种颜色的表示就可以是唯一的。例如在 CIE D65 照明体下（确定照明体），某一个反射色（确定色源）在 2°（或 10°）标准观察者（确定观察者）系统中的三刺激值是唯一的。这样做的优点是使得颜色的表示严格而确定，并且便于和颜色的仪器测量相联系，但也存在着一个很大的局限，即它表示的颜色属于孔色（感觉色）范畴，在特定的实验条件下才能获得。在孔色观察条件下，人眼只看到由确定光源照射下的小孔中的色光，不受周围环境亮度和颜色的影响，属于非相关色范畴。可是通常人们观察颜色都不是在孔色条件下，在日常生活中人们不仅常在不同的光源下观察颜色，而且受背景色、环境等观察条件的影响，所以大多数情况下人眼对颜色的感知属于相关色的范畴。对于三刺激值测量值相同的色样，在不同的观察条件下，人眼感觉其颜色是不同的，所以 CIEXYZ 色度系统并不能真正描述人眼在实际观察条件下对颜色的感觉。

二、色貌模型的基本概念

色貌模型是指能够给出将颜色刺激的物理量和观察条件变换为颜色的相关直觉属性的数学模型或数学表达式，也就是说，色貌模型可以将一种观察条件下的三刺激值变换到知觉颜色属性值，能够对明度、彩度和色相等色貌属性进行预测的颜色空间模型。色貌模型不仅能预测不同环境下的颜色再现，而且自身应该具有很好的颜色均匀性。

1. 色貌属性

色貌属性用来描述颜色的视觉感受。在 CIE 色貌系统中，通常用六种色貌属性对物体在不同照明环境及背景条件下的颜色属性进行定量描述，即视明度（Brightness）、明度（Lightness）、视彩度（Colorfulness）、彩度（Chroma）、色相（Hue）和饱和度（Saturation）。其中视明度、视彩度和色相是绝对量，明度、彩度、饱和度和色相是相对量，即色相是绝对量也是相对量。

（1）视明度　视明度是人眼视觉系统对颜色刺激所感知到的绝对亮度，是视觉亮度感知的绝对量。需要注意的是，视明度和光度学中的亮度（Luminance）不同，视明度是用来描述人眼在复杂环境下对颜色明暗视觉的感知，而亮度主要用来描述颜色刺激所发出的光谱辐射能量经人眼光视效能函数调制后的亮度感觉，其单位为 cd/m^2。

（2）明度　明度是人眼视觉系统对颜色刺激感知的亮度相对于对周围白场所感知到亮度的相对值，是视觉亮度感知的相对量，可以表示为：

$$明度 = \frac{视明度}{白场视明度}$$

举例说明视明度和明度的差异，把一张报纸和一张办公标准白纸放在一起，在室内观看时，报纸有点发灰，白纸是白色的，当把它们放在夏日阳光充足的室外观看时，报纸仍然比白纸暗一些，仍然发灰。实际在室外，从报纸反射光的数量是室内时白纸反射光的数量的约 100 倍，两种情况下，两种纸反射光的数量的相对值没有变，即它们的明度都没有变，报纸的明度比白纸低，所以看上去比白纸暗。孟塞尔系统中的明度值 V 以及 CIELAB 系统中的 L * 分量都是表示明度的分量。

（3）视彩度　视彩度是人眼视觉系统对颜色刺激在某一色调上所感知到的绝对彩色信息强度，是一彩色信息感知的绝对量。

（4）彩度　彩度是人眼视觉系统对颜色刺激在某一色调上所感知到的绝对彩色信息强度相对于周围白场绝对亮度的彩色信息感知量，是一彩色信息感知的相对量，即

$$彩度 = \frac{视彩度}{白场视明度}$$

（5）饱和度　饱和度是人眼视觉系统对颜色刺激的视彩度相对于其视明度的视觉感知，是一彩色信息感知的相对量，其可以分别表示为

$$饱和度 = \frac{视彩度}{视明度}$$

$$饱和度 = \frac{视彩度/白场视明度}{视明度/白场视明度} = \frac{彩度}{明度}$$

（6）色相　色相是颜色的基本相貌，它是颜色彼此区别的最主要的特征，它表示颜色质的区别。是人眼视觉系统对颜色刺激属于红、绿、黄、蓝或其中两种混合色的视觉感知属性，色相一般用色相环来表示。

2. 色貌属性值

色貌属性值是在基于测量的 CIEXYZ 三刺激值基础上，增加相应的环境变量影响参数计算获得的。同一组 CIEXYZ 三刺激值，在不同的环境条件下，计算获得的色貌属性值是不同的。色貌模型包括正向和反向两个计算模型。根据三刺激值和观察条件，计算色貌属性值的过程称为正向计算模型；反之，根据色貌属性值和观察条件计算三刺激值的过程称为反向计算模型。

三、WCS 色彩管理

Microsoft 公司的 Vista 操作系统平台上的 WCS（Windows Color System，WCS）是一种基于色貌模型作为 PCS 颜色空间的色彩管理平台。它的主要特点有：利用 CIEC-AM02 色貌模型作为 PCS 连接空间；采用可扩展的适用于网络应用的 XML 语言格式作为特征文件格式，使得特征文件易于编辑、检验、理解和第三方扩展；WCS 色彩管理系统兼容 ICC 色彩管理系统，ICC 色彩管理系统的特征文件可以在 WCS 色彩管理系统继续使用。WCS 系统在色域映射前、后过程中加入色貌变化，并且以模块化的方式完成色彩管理，使用者可以根据实际需求产生相应的文件，并将其嵌入到 WCS 颜色管理系统中，以实现所需的颜色再现特征。

如图 7-32 所示是 WCS 的基本原理示意图，最上面一排排列出 WCS 特征化要生成的文件。WCS 要制作 3 个特征文件：

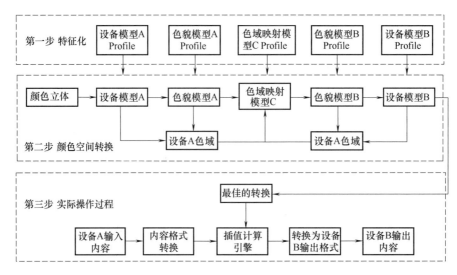

图 7-32　WCS 的基本原理示意图

① WCS 的设备模型文件，该文件等同于 ICC 色彩管理中的设备特征文件。

② WCS 的色貌模型文件，由于 WCS 是基于色貌模型作为 PCS 颜色空间的色彩管理平台，利用设备特征文件将设备值转换到色度值之后，还必须利用色貌模型文件中提供的转换关系将 CIE 色度值转换到色貌模型颜色空间。

③ WCS 中的色域映射模型文件，完成输入设备和输出设备颜色空间映射的计算。在 ICC 色彩管理机制中，也必须完成在标准颜色空间中的色域映射步骤。但不同的是，ICC 没有专门的色域映射特征文件，ICC 色域映射的计算已经隐含在 ICC 特征文件中。ICC 规定了 4 种映射意图，一个完整的 ICC 特征文件中需要同时包含这四种映射意图的设备值与色度值的转换关系。这样的色彩管理机制不仅造成色彩特征文件数据量的增大，而且除了使用规定的 4 种 ICC 映射算法外，很难增加其他新的映射算法。WCS 将色域映射模型文件独立出来，为扩展新的映射算法奠定了基础。

图 7-32 的第二排是 WCS 颜色空间转换的示意图，图中的输入设备为 A，输出设备为 B。从图中可以看出，第一步利用输入设备 A 的模型文件，将图像或页面文件的 A 设备值转换到色度值颜色空间；第二步利用色貌模型文件将色度值转换到色貌模型颜色空间；第三步利用色域映射模型文件完成输入设备 A 色域与输出设备 B 的色域映射；第四步利用色貌模型文件，将映射后的图像或页面文件的颜色数据转换到色度值颜色空间；第五步利用输出设备 B 的模型文件将转换到色度值的图像或页面文件转换到输出设备 B 的颜色空间，完成输出。

如图 7-32 所示的第三排是 WCS 色彩管理的实际操作过程示意图。不难看出，其色彩转换的操作过程与 ICC 几乎相同，只要配置相应的特征文件选择合适的映射意图，就可以完成颜色空间的转换。

第四节　色彩管理系统发展概述

色彩管理系统从被提出到目前为止，有基于 CIE 色度的色彩管系统、基于 CIE 色貌的色彩管理系统、仍处于研究阶段的基于光谱的色彩管理系统以及将光谱和色貌结合起来的混色色彩管理系统。

1. 基于 CIE 色度系统的色彩管理系统

20 世纪 90 年代中期 ICC 提出的色彩管理系统，建立在 CIE 色度系统的基础上，以设备无关色空间 CIEXYZ（或 CIELAB）作为设备连接空间，在 CIE 色度系统中，如果两个颜色的色度值相同，说明这两个颜色是匹配的。建立在 CIE 色度系统基础上的色彩管理系统的目的是，尽可能达到复制图像与原稿图像之间的色度值相匹配。如本章第三节（一、CIEXYZ 色度系统的局限性）所述，因为人眼视觉系统观看原稿图像和复制图像的环境都不是测量三刺激值的环境，CIEXYZ 色度系统并不能真正描述人眼在实际观察条件下对颜色的感觉。因此 CIEXYZ 色度系统的局限性导致建立在 CIE 色度系统的色彩管理系统无法满足实际生产的需求。

2. 基于 CIECAM02 色貌模型的色彩管理系统

2004 年，CIE TC8-01 推出了 CIECAM02 色貌模型，并推荐其作为工业应用的色貌模型。2005 年，微软公司和佳能公司将颜色复制方面的研究成果及当时色彩管理系统结合起来，开发了用于 Windows Vista 操作系统的视窗色彩管理系统（Windows Color System，WCS），WCS 系统选择 CIECAM02 色貌模型作为 PCS，并很好的兼容了传统的基于色度的色彩管理系统。该系统顾及了环境对颜色的视觉影响，一定程度上提高了色彩管理系统的准确度。CIECAM02 模型是基于色块的色貌现象研发而成的，虽然可以有效解决色块的环境影响问题，但对于图像这种复杂的颜色刺激，基于 CIECAM02 的色彩管理系统无法准确实现预测，而且 CIECAM02 模型的计算非常复杂，不利于实际应用。

3. 基于 iCAM 图像色貌模型的色彩管理系统

基于 iCAM 的色彩管理系统选用 iCAM 代替 CIECAM02 作为 PCS。iCAM 兼容了 CIECAM02 的优点，能预测图像色貌，IPT 对立色空间的色相均匀性优于 CIECAM02 的，能满足色域映射的要求；iCAM 模型对图像色差的计算符合人眼的感受，可用于图像复制效果的客观评价。因此用 iCAM 作为 PCS 能够满足图像复制的要求。

4. 基于光谱的色彩管理系统

光谱是物体固有的物理属性，独立于外界观察环境，包括光源、观察者、周围环境等因素；若能实现复制光谱与原光谱之间的光谱匹配，则可实现在任意观察环境和光源下颜色匹配。针对一些需要将物体色的本来属性复制出来的实际应用，基于色度和基于色貌的色彩管理系统是无法胜任的。研究者提出了基于光谱的色彩管理系统，来解决物体色固有特性的复制。

由于光谱数据是多维数据（一般测量得到的是 31 维数据），在其传递和再现时，存在数据冗余、计算量大、存储空间大等方面的问题，因此原始光谱数据不适合直接进行光谱图像的复制处理，需要首先对其进行降维处理。一个完整的基于光谱的色彩管理系统包括以下步骤和模块：①获取多光谱图像（通过图像采集设备采集到图像，然后用光谱反射率重建算法获得源图像的多光谱图像）；②选择光谱设备无关连接空间（ICS，Interim Connection Space），并对多光谱图像进行降维处理（选定降维技术，通过光谱反射率降维技术对多光谱图像进行降维处理，且根据不同的降维技术形成不同的 ICS）；③ 在 ICS 里对目标设备光谱域进行描述；④光谱域映射。选用映射算法将降维后的多光谱图像映射到目标设备光谱域范围内；⑤目标设备反向光谱特征化模型，计算出映射后图像对应的设备值，在目标设备上再现复制图像。

可见，基于光谱的色彩管理系统和基于色度（/色貌）的色彩管理系统，其框架结构是相同的，不同的是采用的具体技术以及处理和传输的数据类型。

5. 基于色貌和基于光谱的色彩管理系统的比较

分析比较上述基于光谱的色彩管理系统和基于色貌的色彩管理系统的内容可知，这两类系统是针对不同的应用环境开发的。当源图像和复制图像始终在相同的光照环境中呈现，但光照环境可能有多种变化时，需要采用基于光谱的色彩管理系统，需要尽可能的将源图像颜色的固有物理属性复制出来，即采用光谱复制，降低同色异谱现象，来保持源图像和复制图像同时处于某光照环境中视觉感受的一致性；当源图像和复制图像在不同的环境下被观看时，比如一幅打印图像和其对应的显示图像，分别在室内光照环境和暗室环境下被观看，则需要采用基于色貌的色彩管理系统，来确保原图像和复制图像的视觉感受相同。

6. 混合色彩管理系统

也有研究者提出了混色色彩管理系统的理念，将基于光谱的色彩管理系统和基于色度的色彩管理系统有机的结合起来，实现不同需求下颜色的高保真跨媒体复现。

习　题

1. 印刷过程中影响色彩信息准确传输再现的因素有哪些？这些影响因素如何分类？

2. 在印刷过程中色彩管理是怎样保证色彩信息的准确传输？

3. 什么是色彩特征文件？它的主要作用是什么？

4. 一个图像文件原配置特征文件为 sRGB，若直接扔掉 sRGB 特征文件，强行指定 ProPhoto RGB 特征文件为标记特征文件，该图像的颜色是否会发生变化？为什么？

5. 第 4 问中的强行指定 ProPhoto RGB 特征文件为标记特征文件的操作，若改换成利用转换为 ProPhoto RGB 特征文件为标记特征文件操作，该图像的颜色是否会发生变化？与 4 问中的变化结果是否一样？为什么？

6. 什么是色域映射？在 ICC 色彩管理中为什么要进行色域映射？

7. ICC 规定了几种色域映射的方法？它们的映射机理是什么？

8. ICC 色彩管理机理是什么？ICC 色彩管理技术的实现过程有哪几步？

9. 直接输出设备为什么要进行线性化操作？EFI Colorproof 软件控制数码打印机线性化操作分几步进行？每步的作用是什么？

10. 色彩管理操作人员可以通过哪些途径获得设备的特征文件？

11. 以一张图像的色彩信息传输为例，说明色彩管理流程的实施和作用。

12. 试设计两种不同的图像复制应用场景，分别利用基于色貌的和基于光谱的色彩管理系统，实现彩色图像的复制。

参 考 文 献

[1] 刘真，蒋继旺，金杨. 印刷色彩学 [M]. 北京：化学工业出版社，2007.

[2] Bruce Fraser Chris Murphy Fred Bunting . Real World Color Management/色彩管理 [M]. 北京：

电子工业出版社，2005.

［3］　刘浩学. 色彩管理技术的应用与发展［J］. 北京印刷学院学报，2006.

［4］　刘武辉，胡更生，王琪著. 印刷色彩学［M］. 北京：化学工业出版社，2004.

［5］　White Paper：Windows Color System：The Next Generation Color Management System. http：// www. microsoft. com/whdc/device/display/color/default. mspx. September 2005.

［6］　M. Bourgoin. The Windows Color system-Evolution in the Microsoft Color Management Ecosystem. Proceedings of Thirteenth Color Imaging Conference . 2005.

［7］　Mitchell Rosen . New Windows Color Management System. Proceedings of the 1st International Conference on Graphic Communications（Ⅱ）. 2006.

［8］　蔡圣燕. 基于 iCAM 和实时颜色转换方式对 ICC 色彩管理机制的改进［D］. 郑州：解放军信息工程大学，2006.

［9］　Fairchild M D. Color Appearance Models［M］. JOHN WILEY & SONS，INC，2013.

［10］　廖宁放，石俊生，吴文敏. 数字图文图像颜色管理系统概论［M］. 北京理工大学出版社，2009.

［11］　胡威捷，汤顺青，朱正芳. 现代颜色技术原理及应用［M］. 北京：北京理工大学出版社，2007.

［12］　罗雪梅. 图像再现色外观技术研究［M］. 西安电子科技大学，2012.

［13］　王海文. 多光谱颜色复制的关键技术研究［D］. 广州：华南理工大学，2012.

［14］　张显斗，王强，杨根福，等. 光谱颜色管理系统关键技术综述［J］. 中国印刷与包装研究，2013：10-17.

［15］　何颂华. 面向颜色复制的光谱降维模型研究［D］. 南京：南京林业大学，2013.

第八章 数字印前工作流程

在印前流程中，不仅印刷产品的图文内容以数字数据的形式处理、传输，而且随着计算机集成管理技术的发展，印刷生产过程的管理控制也逐步数字化、自动化、智能化。

第一节 印前流程的全数字化

印前流程的全数字化包括印刷内容的数字化处理和印前流程的数字化管理。

一、印前流程的基本概念

印刷过程中，需要完成的印刷产品通常称为活件；完成印刷产品的全过程称为工艺流程或流程；流程是由工序组成。参见第一章的图 1-5 计算机技术引入印刷后的印刷流程图，可以看出，组成印刷流程的工序较多，除最后一道工序上机印刷输出外，其余均归属印前流程。

印刷属于流程工业领域，在流程工业中对完成同一工序的技术方法可以有多种选择。和其它工艺流程相似，印刷工业具有以下特点：印刷的产品多种多样，几乎每个活件的最终产品都不相同，不同印刷产品的生产工艺流程可能是不一样的。而且，完成同一种产品可以根据各企业或公司的不同设备、不同的人员技术状况等设计不同的工艺流程。

印刷数字化流程是由印刷内容的数字化处理和印刷流程的数字化管理两个部分组成，前者是用数字化的方式描述印刷产品的页面内容，即印刷图文信息数字化；后者是用数字化的方式描述印刷产品的制作过程，即印刷流程数字化，当然印刷流程数字化离不开印刷图文信息数字化，印刷图文信息数字化是印刷流程数字化的基础。

二、印刷内容的数字化处理

和其他流程工业的数字化生产发展历程一样，印刷的数字化进程首先从印刷内容的数字化处理开始，即从图文页面信息的数字化输入、处理和输出开始，每个工序可以利用不同的软硬件组合设备完成，其阶段性产品都是数字产品，这些数字产品以文件的形式可以用各种计算机存储设备，如光盘、优盘存储备用或相互交流；可以通过网络传输交流，可以在各流程中交叉使用，形成数据共享，最终根据用户的需求输出印刷品。下面分别介绍印刷流程中的主要阶段性数字产品及文件格式：

图像文件和它的文件格式：图像文件是图像输入或经印前处理之后，仅仅包含图像信息的阶段成果。该格式的文件是以像素点为单位描述图像，它由一个像素点阵组成，点阵中的每个值代表原始图像中的一个像素点。印刷流程中常用的图像文件格式有：TIFF、BMP 和 JPEG 格式等，使用较多的是 TIFF 格式。

文本文件格式：用于存储输入或经印前处理的文本信息。印刷流程中常用的文本文件格式有：DOC、RTF 和 TXT 格式等。

矢量文件格式：也称为面向对象的描述文件格式。该格式对页面上的文字、图形和图像采用不同的表示方式，文字使用编码来表示，图形使用一系列特征点的坐标位置集来表示，图像用像素阵列来表示。每个对象都是自成一体的实体，除具有坐标值外，还具有颜色、形状、轮廓、大小和位置等属性值。可以对单个对象进行编辑处理，而不会影响图形中的其他对象。印刷流程中常用的图形文件格式有 AI 格式、PS（PostScript）、EPS、PDF 等。PDF 格式是数字化工作流程中的通用页面描述文件格式。AI 格式是印前图形处理软件 Illustrator 的文件格式，所以，也常常被称为图形文件格式。

RIP 后的文件格式：用于存储经 RIP 处理后的文件格式。该格式以设备的输出像素点阵描述印刷页面的图文。印刷流程中常用的是 One Bit Tiff 格式。以激光照排机为例，该格式的信息对应的是印刷胶片曝光和不曝光的指令，所以一经转换成该格式，文件的容量非常大。

印刷流程中的阶段性数字产品的格式如图 8-1 所示。

值得一提的是：若采用普通打印机少量打印的输出方式，无论是单独的文本数据、图形数据或图像数据无需组版和拼版，都可以直接输出为纸媒体。而印刷通常专指通过图文组版、拼版，输出过程中使用 RIP 处理，利用专门的印刷设备，输出高质量、大批量的纸媒体输出方式。

三、印前流程的数字化管理

印刷图文信息的数字化处理是印刷流程数字化的第一步，它给印刷领域带来的变革

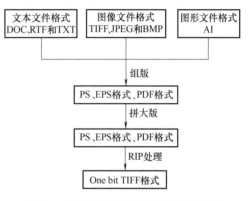

图 8-1　印刷流程中常用的数字文件格式

是显而易见的。起初的数字化是在传统印刷流程的每个工序基础上单独发展的，所以它无法实现整个流程中的数据共享，更无法对印前工艺流程进行流程设计和数字化控制。随着计算机集成制造 CIM（Computer Integrated Manufacturing）以及决策资源管理系统 MIS（Management Information System）的概念引入印刷流程，印刷流程的数字化管理逐步发展起来。由于流程的管理覆盖印刷的全流程，涉及到流程中所有的软硬件设备的管理，这就需要有一个国际性的流程管理的标准文件格式，凡是接受这个标准的公司企业生产的印刷软硬件设备，都可以参与统一的印刷流程管理。由国际出版印刷领域的许多知名厂商成立的 CIP3（International Cooperation for Integration of Prepress、Press and Postpress）合作组织于 1995 年制定了第一个统一的流程管理文件格式——PPF（Print Production Format）格式，PPF 格式是基于 PS 语言的一种文件格式。与 PS 语言一样，若采用 ASCII 字符写出源代码的方式，可以直接用文本编辑器打开和修改，但是该方式生成的文件较大。若采用二进制数写出源代码的方式，生成的文件小，便于处理。

PPF 格式的文件可以描述的内容主要有：低分辨率页面图像数据（预视图，用于计算印刷机各墨区墨量），阶调传递曲线数据（用于估算网点扩大），定位、十字线资料（套准），颜色及密度信息，折页及裁切信息，配帖、装订、三面修边等后加工信息等。采用 CIP3/PPF 印刷生产格式文件管理的数字化流程如图 8-2 所示，能接受并生成该文件格式

的软件组件模块，从印前图文处理开始就将图文组版与拼大版过程中的所有套准、裁切和折页信息、颜色和密度信息提取并存储。颜色和密度信息可以提供给后续的印刷过程，作为油墨给墨量大小的控制；套准、裁切和折页信息可以提供给印后加工过程，作为折页和装订控制等。PPF 文件格式是印刷流程管理的第一个国际标准格式，它对印刷流程的数字化管理起到了不可磨灭的作用，但是它也有如下的局限性：

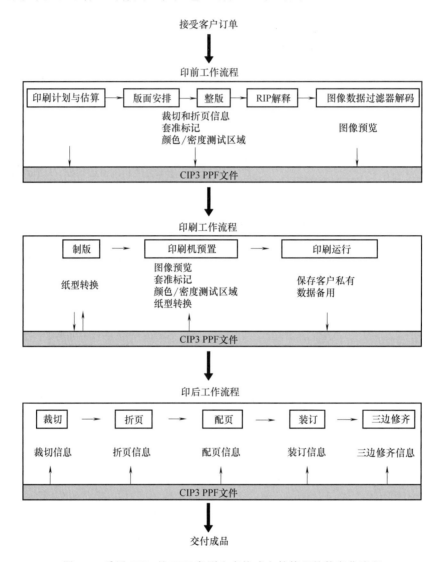

图 8-2　采用 CIP3 的 PPF 印刷生产格式文件管理的数字化流程

　　① PPF 文件格式是一种基于 PS 语言的文件格式，PS 语言是一种页面描述语言，它主要用于描述流程中生成的与页面相关的各类数据（参见第五章中 PS 语言部分）。例如：通过版面图文的分布决定供墨量数据、低分辨率图像数据（预视资料）、阶调传递曲线数据、定位、十字线资料（套准）等。PPF 文件格式不适合作为控制流程自动运行的文件格式。

　　② 由于①中所述的原因，尽管 PPF 文件格式描述的内容可以涵盖了印前、印刷和印

后的全流程，实际使用最普及的仅仅是利用印前版面图文控制印刷过程给墨量大小的这一功能。

③ PPF 文件格式仅仅局限于生产流程的信息描述，它不能描述管理信息，如印刷活件的提交、报价、客户资料、计划、统计、进度、作业状态、作业追踪、发票结算、文件传送等信息。这在流程管理中也是非常重要的。

2000 年 2 月，Adobe、爱克发、海德堡与曼罗兰四大公司公布了新的用于印刷作业流程管理文件的格式——JDF（Job Definition Format）格式，CIP3 合作组织接受了该格式，并将组织更名为 CIP4（International Cooperation for the Integration of Processes in Prepress、Press and Postpress）。JDF 格式比 PPF 格式的使用要广泛得多，很多印刷公司都推出了基于 JDF 格式的流程管理软件，例如方正公司推出了方正畅流（Elec Roc）流程软件；海德堡公司推出了印通印易得（Prinect Printready）流程软件；网屏公司推出了汇智（Trueflow net）流程软件；克里奥公司推出了印能捷（Printergy）流程软件；爱克发公司推出了 ApogeeX 等。这些软件都可以对印刷的全流程进行设计、管理、控制，而 JDF 格式是这些软件通用的标准格式。下面以海德堡公司的 Printready 流程软件为例，介绍流程软件的主要功能。

（1）流程软件的主要功能　如图 8-3 所示是 Printready 的主要功能图，常用流程软件的起点是从组版软件输出的阶段性产品——单页页面文件开始。通常组版软件将待出版的页面文件存储成 PS、EPS 或 PDF 格式；导入流程软件的页面文件首先通过规范化器将其统一转换为软件可以接受的 PDF 格式。图 8-3 中的右边一列是流程软件内置的一系列功能模块（引擎），左边一列是需要专门购买的外部软件功能模块。

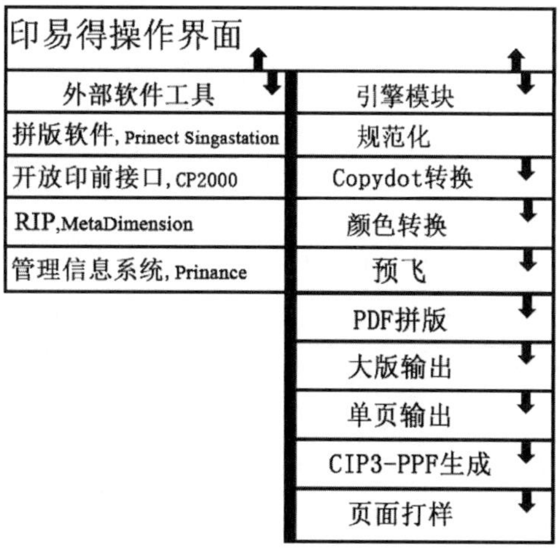

作为印前流程控制软件，Printready 是由一系列功能模块组成的。Printready 软件在购置时带有一些必要的内置模块，还有一些功能模块是必须另行购买后才能安装调用的（如陷印模块），一旦安装之后，可与内置模块一样在软件中直接调用。每接受一个活件，技术人员可以根据活件的需求，设计印刷流程，并在软件中选择相应的功能模块，自动完成对该活件的处理。Printready 中各主要模块的功能如下：

① 规范化（Qualify）。对各种格式的输入文件进行格式转换，生成符合一定标准的 PDF 文档。

② Copydot 转换。所谓 Copydot，即网

印易得操作界面	
外部软件工具	引擎模块
拼版软件, Prinect Singastation	规范化
开放印前接口, CP2000	Copydot 转换
RIP, MetaDimension	颜色转换
管理信息系统, Prinance	预飞
	PDF 拼版
	大版输出
	单页输出
	CIP3-PPF 生成
	页面打样

图 8-3　Printready 的主要功能模块
和外部软件工具

点拷贝扫描技术。目前一些高精度的印版或胶片扫描仪都具有网点拷贝功能，可以生成印版或胶片的网点拷贝图。Printready 中的 Copydot 转换模块可以对 EPS 或 PDF 格式的网点拷贝图进行重新采样或去网处理，还可以将单色调的 Copydot 分色图进行合并，以便在 Printready 软件中进行进一步的颜色和陷印处理。

③ 颜色转换（Color Conversion）。在 PDF 格式的输入文件中进行色彩转换设置。

④ 预飞（Preflight）。原意是飞机起飞之前对飞机进行检查，这里指在输出之前对文件进行检查，以保证其能输出符合印刷标准和质量要求的图文胶片或印版。

⑤ 陷印（Trapping）。在 PDF 格式的输入文件中进行补露白设置。

⑥ PDF 拼版（PDF Imposer）。将输入文档页面列表中的 PDF 页面按照事先做好的版式（版式的制作是外部拼大版软件 Prinect Signastation 中完成的）进行灌文（灌文指将输入的图文信息按照事先做好的版式分配到每个页面上的过程），以生成大版 PDF 文档。

⑦ 大版输出（Imposition Output）。该模块实际上是 Printready 软件的 RIP 引擎，即 Prinect MetaDimension 软件，主要功能是对 PDF 大版文件进行栅格化和输出设置。

⑧ 单页输出（Page Output）。其功能与大版输出模块大致相同，不同点是该模块仅用于 PDF 单页输出。如果使用的是单页尺寸的小幅面输出设备或没有进行大版版式的设计，那么可以使用该模块定义一个简单版式并控制输出。

⑨ CIP3-PPF 文件生成（CIP3Generation）。在 RIP 输出过程中生成 CIP3-PPF 格式的印张预览图文件，用于提取印刷机的墨量预置信息。

⑩ 页面打样（Page Proof）。主要用于数字彩色打样中的颜色转换。

Printready 支持一系列可与之相连的外部工具软件。配合这些外部软件，Printready 可以获得更加强大的功能。与 Printready 软件一样，这些外部工具软件也都是 Prinect（印通）数字化工作流程系统下的软件，其功能大致如下：

① 数字拼版软件（Signastation）。用于作业的版式设计，使用该软件设计的拼大版版式可以保存为 JDF 格式文件，该文件可提供给 Printready 软件中的拼版模块使用。

② 开放印前接口（CP2000）。是连接印前和印刷，印前和印后的中介软件，该软件能够读取印前流程输出模块生成的 PPF 格式文件，从中提取印刷机的墨量预置信息；还能够读取 JDF 格式的拼版版式文件，从中提取印后裁切机、折页机、装订机所需的参数信息。

③ RIP 软件（MetaDimension）。专业级输出软件，也可作为 Printready 软件的输出引擎模块。

④ 管理信息系统（Prinance）。该软件是位于 Printready 生产流程软件之上的管理信息系统，通过 JDF 文件或 JMF（Job Message Format：作业消息格式）文件实现与 Printready 的交互，主要负责作业管理、客户管理、资源管理、状态监控以及成本核算等。

（2）流程软件的运行模式　Printready 流程软件是以组件的形式运行，即流程中的各功能模块以软件组件的形式运行，被称为引擎。每个组件完成流程中一个工序或一个独立的任务，这些组件可以独立安装、存在并单独使用，甚至需要分别购置。流程软件都有一个运行的主界面，各功能组件一经安装，便可以在主界面中找到相应的软件操作界面，在流程软件的主界面中进行调用和管理。如拼大版软件、满天星（Metadimension）RIP 软件等。

（3）利用流程软件设计印刷流程　流程软件中有专门的图形用户界面可以方便直观地进行印刷流程的设计。在该界面中，各工艺过程以图标的形式表示，如图 8-4 所示。在双击图标打开的界面中，可以编辑更改所对应的工艺过程参数。根据待完成的活件要求，在操作界面上通过拖拽连接线连接不同的工艺过程图标，以设计活件的整个工艺流程（如图 8-4 所示），完成工艺流程的设计后，只要导入该活件的页面内容文件，流程软件便会自动调用负责各工序的软件功能模块，按照设置的参数和设计的流程完成全部操作，输出最终产品。

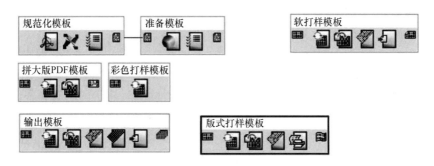

图 8-4 Printready 中的模板和工艺流程

图 8-4 为海德堡 Printready 软件设计的一套工艺流程，包含 7 个工艺过程模板，其中规范化模板 1 个，印前准备模板 1 个，拼版模板 1 个，打样模板 3 个，输出模板 1 个。从图中可以看出，每个工艺过程模板中都有一排小图标，代表该工艺过程包含的若干个小生产工序，例如输出模板中可能包括有色彩转换、线性化校正、加网和 CIP3 等工序。图8-4 中所示的所有工艺过程模板组合在一起就可以完成从源文件输入到 CTP 版材输出的整个印前流程。

按照 Printready 软件的流程设计结果，输入的源文件被依次送到各个功能模块中处理。例如，根据图 8-4 中的设计，Printready 会根据规范化模板中的相应设置进行处理，将源文件通过规范化转换成标准 PDF 文件。由于在规范化模板和印前准备模板之间有连线，所以生成的 PDF 文件被自动送入印前准备模板，并根据模板中的设置，对 PDF 文件进行色彩转换、预飞等处理，以生成符合所需流程标准的 PDF 文件。因为印前准备模板后没有连线，技术人员可以用手动交互的方式调用 SignaStation 拼版软件进行拼版，生成拼大版的版式；也可以添加一个已拼好的版式，然后将版式文件提交给 PDF 拼大版模板，该模板可以根据提交的版式文件将经过前面处理的 PDF 文件分配到版式页面中。接着同样可以根据需要用手动交互的方式操作，将拼大版后的 PDF 文件提交给不同的打样模板，可以选择进行屏幕软打样或版式打样，或选择输出模板输出，或软件驱动直接制版设备输出印版。

第二节 数字印前流程集成控制技术

伴随着印前流程集成控制技术的发展，各大公司都推出了数字化工作流程软件，对印刷的全流程进行设计、管理、控制，如柯达（原克里奥）公司的印能捷（Prinergy）、海德堡公司的印易得（Printready）、网屏公司的汇智（TrueFlow）、中国方正公司的方正畅流等。下面就以德国海德堡公司的印易得（Printready）软件为例介绍常用数字化工作流程软件的功能。

一、数字化工作流程软件的基本功能、特点

数字化工作流程软件的主要作用是将印刷工艺过程进行整合，完成从下单（下达施工

单）到成品的全过程。因此，数字化工作流程软件的基本功能包括：印刷作业（即印刷活件）的创建与管理、印刷工作流程的设计、印刷作业的处理、印刷作业状态监控等。

由于印刷数字化工作流程软件包括了印刷作业的管理、各工艺过程环节的处理等，是一个复杂的系统，因此数字化工作流程软件具有以下共同特点：

（1）采用客户端/服务器（C/S）的架构方式　数字化工作流程包括了从管理到生产，从印前到印后的众多功能，而对应于印刷厂就包含了多个车间，例如印前车间、拼版车间、印刷车间等，与传统工艺中的施工单一样，数字化工作流程中的工单和资源也需要在各个部门之间流动和共享，因此，数字化工作流程采用了客户端/服务器的架构方式，通过网络，各部门的客户端电脑连接到服务器电脑上，具体的软件界面操作由客户端完成，而实际的作业处理和资源的存储管理则都是由服务器完成，这样便实现了资源的共享和网络化协作。随着数字印刷的发展和计算机技术的提高，现在也出现了采用浏览器/服务器（B/S）架构的数字化工作流程软件。如图 8-5 所示介绍了印刷数字化生产流程系统的体系结构。

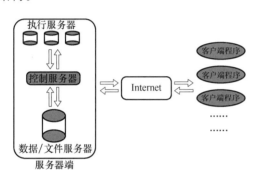

图 8-5　印刷数字化生产流程系统的体系结构

（2）采用组件式结构　印刷工艺过程中的每一个生产工序，在数字化工作流程中都以一个引擎或服务模块的形式来提供功能，这些引擎或服务模块既可以单独运行，也可以作为数字化工作流程软件中的组件，集成在总体结构中。印刷厂可以根据实际需要选择适当的组件组成一个完整的流程。

（3）以作业为单位对作业进行管理和操作　在印刷数字化工作流程中，活件被称为作业，以作业为基础进行管理的准则贯穿始终，作业是数字化工作流程中的基本管理单位。与实际印刷中一样，每一笔业务都可以创建一个或多个作业，在作业中进行具体的操作和处理。

（4）以模板为基础对流程进行设计　在实际上产中，不同的作业可能会配置不同的生产工艺流程，例如是否需要拼大版、是否需要色彩打样、使用什么设备进行输出等。在数字化工作流程中，可以用一组模板来描述一个作业是如何处理的，为其设计专属的工作流程。模板描述了该处理步骤所要完成的任务和完成时所要设置的工艺参数。

二、印易得数字化工作流程总体结构

印易得被设计成一种模块化（组件化），可扩展，且为 C/S 架构的印前工作流程管理系统。印易得的图形用户界面（Printready Cockpit）是管理和控制作业处理的核心，可以被看作是客户端软件，而各功能引擎如 PDF 规范化器（Normalizer）、陷印处理器（Trapper）等都被安装在服务器电脑上，当一个新引擎安装后，安装软件会将它注册到印易得服务器中，成为一个"Windows 服务程序"。除了可作为印易得内部组件的引擎外，用户也可以将 Prinect Signastation 这样的外部拼版软件并入印易得流程。

印易得系统的模块化结构允许引擎和用户界面运行在网络互联的不同计算机上，安装引擎的计算机可作为服务器。在安装过程中，Printready Cockpit 被默认安装在一个服务器上，当然也可以将 Cockpit 软件安装在网络中多个不同的计算机上。印易得的各个引擎没有自己的操作界面，它们的操作和设置都需要通过 Cockpit 进行。在 Cockpit 程序界面中，可以直接访问在服务器上的所有引擎、资源和活件，也可以直接访问服务器的文件系统。通过给 Cockpit 的用户分配不同的许可，能够根据不同的需要为这个 Cockpit 程序配置不同的功能。

在开启印易得服务器的前提下，双击客户端电脑桌面上的 Printready Cockpit 图标。在出现的【登录到服务器】对话框（如图 8-6 所示）中选择客户端要连接的服务器，输入用户名和密码，单击【确定】按钮进入印易得系统。按照功能划分，印易得流程软件在总体结构上可以分为以下四个部分：作业管理器、队列管理器、资源管理器、作业处理面板。

Prinect Printready Cockpit: Login
用户名:
Administrator
密 码:
域 名:
配置路径:
\\SIGNA\PTConfig\SysConfig
OK
Cancel

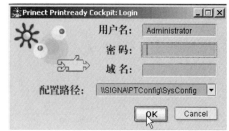

图 8-6　印易得系统的【登录到服务器】对话框

（1）作业管理器（Job Administrator）　是启动 Cockpit 客户端程序后出现的第一个界面，如图 8-7 所示，作业管理器用于管理所有作业和作业组。其中最小的操作单位为印刷作业（活件）。在作业管理器的作业列表中，可以看到作业的名称，编号，创建日期，优先级，处理状态以及客户信息等内容，用户还可以创建作业、删除作业、打开作业以及创建作业组对作业进行归类。双击作业列表中的某个作业图标即可打开该作业的处理面板，进行作业的详细处理。

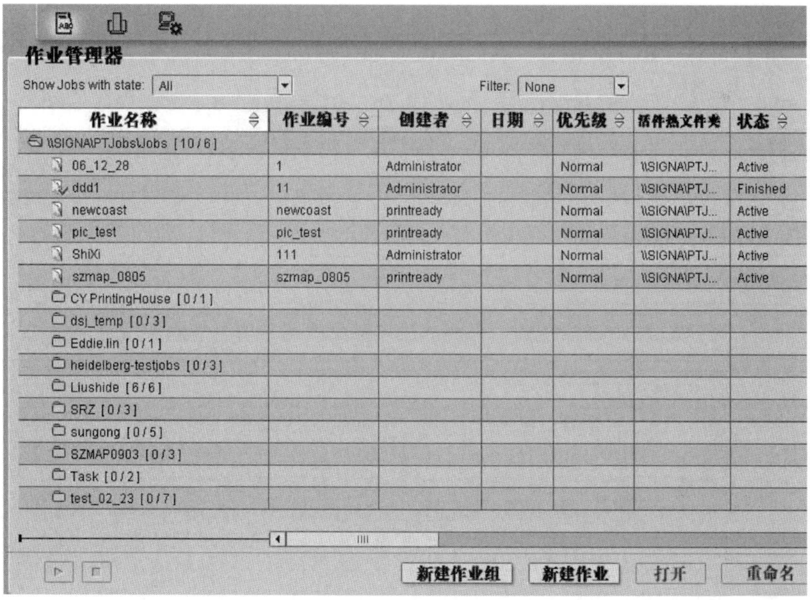

作业管理器
Show Jobs with state: All
Filter: None
作业名称
作业编号
创建者
日期
优先级
活件热文件夹
状态
\\SIGNA\PTJobs\Jobs [10/6]
06_12_28　1　Administrator　Normal　\\SIGNA\PTJ...　Active
ddd1　11　Administrator　Normal　\\SIGNA\PTJ...　Finished
newcoast　newcoast　printready　Normal　\\SIGNA\PTJ...　Active
pic_test　pic_test　printready　Normal　\\SIGNA\PTJ...　Active
ShiXi　111　Administrator　Normal　\\SIGNA\PTJ...　Active
szmap_0805　szmap_0805　printready　Normal　\\SIGNA\PTJ...　Active
CY PrintingHouse [0/1]
dsj_temp [0/3]
Eddie.lin [0/1]
heidelberg-testjobs [0/3]
Liushide [6/6]
SRZ [0/3]
sungong [0/5]
SZMAP0903 [0/3]
Task [0/2]
test_02_23 [0/7]
新建作业组
新建作业
打开
重命名

图 8-7　印易得系统的【作业管理器】

（2）队列管理器（Queue Administrator）　印易得中的队列是指安装在印易得服务器端的所有可用引擎以及它们的作业处理序列。印易得的队列管理器如图 8-8 所示，从图中列表可以看到每个引擎都拥有自己的处理队列。在队列管理器中用户可以查看每个引擎的名称，安装在网络中哪台计算机中，引擎的处理队列，当前队列状态，当前作业数量等信息。还可以在队列管理器下方的面板中（如图 8-8 所示）查看或更改某个引擎队列的优先级，监控或更改某个引擎队列的作业处理状态。

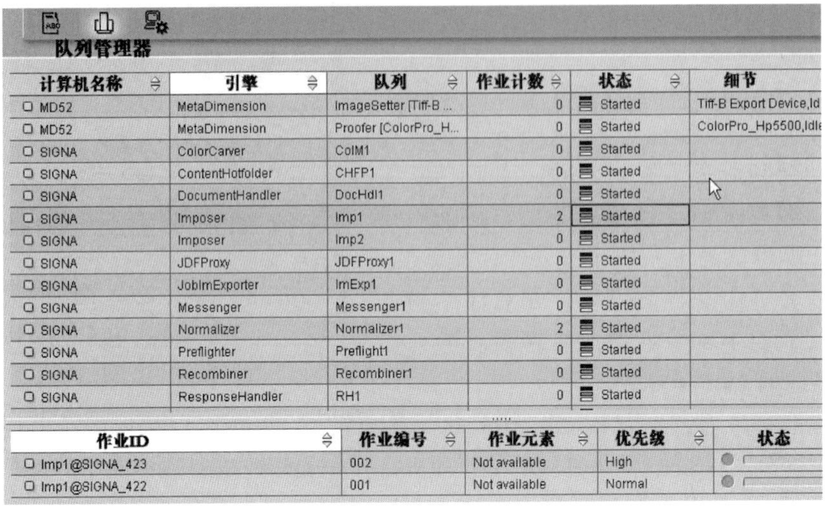

计算机名称	引擎	队列	作业计数	状态	细节
MD52	MetaDimension	ImageSetter [Tiff-B ...	0	Started	Tiff-B Export Device,Id
MD52	MetaDimension	Proofer [ColorPro_H...	0	Started	ColorPro_Hp5500,Idl
SIGNA	ColorCarver	ColM1	0	Started	
SIGNA	ContentHotfolder	CHFP1	0	Started	
SIGNA	DocumentHandler	DocHdl1	0	Started	
SIGNA	Imposer	Imp1	2	Started	
SIGNA	Imposer	Imp2	0	Started	
SIGNA	JDFProxy	JDFProxy1	0	Started	
SIGNA	JobImExporter	ImExp1	0	Started	
SIGNA	Messenger	Messenger1	0	Started	
SIGNA	Normalizer	Normalizer1	2	Started	
SIGNA	Preflighter	Preflight1	0	Started	
SIGNA	Recombiner	Recombiner1	0	Started	
SIGNA	ResponseHandler	RH1	0	Started	

作业ID	作业编号	作业元素	优先级	状态
Imp1@SIGNA_423	002	Not available	High	
Imp1@SIGNA_422	001	Not available	Normal	

图 8-8　印易得系统的【队列管理器】

（3）资源管理器（Resource Administrator）　资源管理器主要用于创建和管理活件所必需的一系列资源。其中，【模版】标签页用于创建和管理印易得流程的工艺参数模板，包括组模板和序列模板（如图 8-9 所示）。序列模板对应的是数字化工作流程中各工艺过

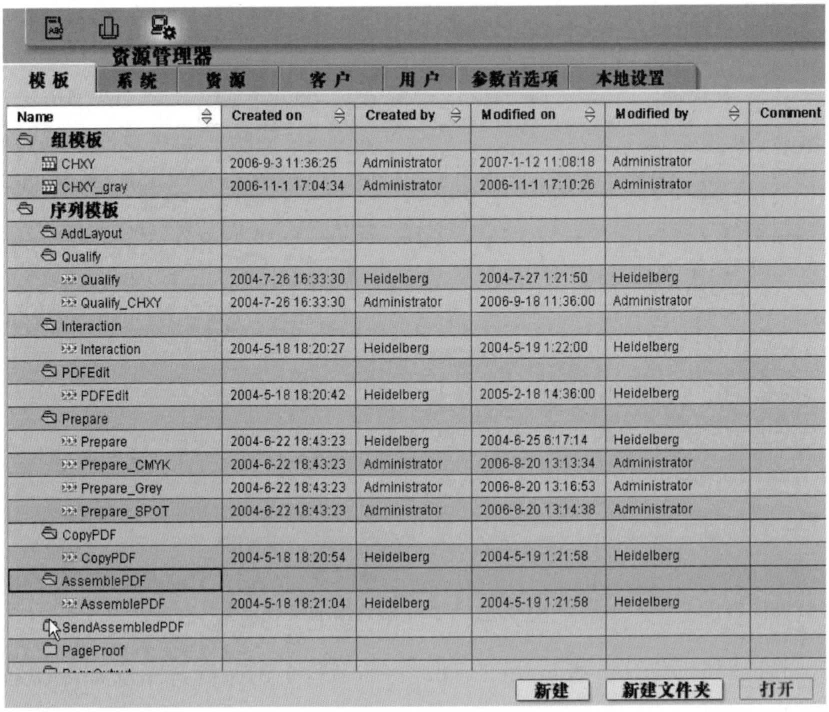

Name	Created on	Created by	Modified on	Modified by	Comment
组模板					
CHXY	2006-9-3 11:36:25	Administrator	2007-1-12 11:08:18	Administrator	
CHXY_gray	2006-11-1 17:04:34	Administrator	2006-11-1 17:10:26	Administrator	
序列模板					
AddLayout					
Qualify					
Qualify	2004-7-26 16:33:30	Heidelberg	2004-7-27 1:21:50	Heidelberg	
Qualify_CHXY	2004-7-26 16:33:30	Administrator	2006-9-18 11:36:00	Administrator	
Interaction					
Interaction	2004-5-18 18:20:27	Heidelberg	2004-5-19 1:22:00	Heidelberg	
PDFEdit					
PDFEdit	2004-5-18 18:20:42	Heidelberg	2005-2-18 14:36:00	Heidelberg	
Prepare					
Prepare	2004-6-22 18:43:23	Heidelberg	2004-6-25 6:17:14	Heidelberg	
Prepare_CMYK	2004-6-22 18:43:23	Administrator	2006-8-20 13:13:34	Administrator	
Prepare_Grey	2004-6-22 18:43:23	Administrator	2006-8-20 13:16:53	Administrator	
Prepare_SPOT	2004-6-22 18:43:23	Administrator	2006-8-20 13:14:38	Administrator	
CopyPDF					
CopyPDF	2004-5-18 18:20:54	Heidelberg	2004-5-19 1:21:58	Heidelberg	
AssemblePDF					
AssemblePDF	2004-5-18 18:21:04	Heidelberg	2004-5-19 1:21:58	Heidelberg	
SendAssembledPDF					
PageProof					

图 8-9　印易得系统的【资源管理器】

程的参数模板，如规范化、印前准备、拼版、输出等工艺过程，它们是印易得模板管理中能够拆分的最小单元。而组模板是由一系列序列模板按照流程规律排列形成的流程模板，通过其参数设置指示印易得完成作业生产流程各工艺环节的处理。【系统】标签页主要用于查看和编辑处理引擎的相关信息。【资源】标签页主要用于管理专色表、ICC 颜色特性文件，预飞概览文件和印刷材料等系统全局资源。【客户】标签页用于创建和管理客户相关数据，而【用户】标签页则用于创建和管理印易得系统的用户，并为不同用户分配特定的功能权限。

　　（4）作业处理面板　　如图 8-7 所示的作业管理器中双击某个作业，或鼠标左键选中某个作业后，点击【打开】按钮，就会打开该作业的处理面板，如图 8-10 所示。作业处理面板主要用于印刷活件的具体处理，该面板下共有六个标签页，即【产品描述】、【处理】、【作业设置】、【元素】、【历史】和【文件】。

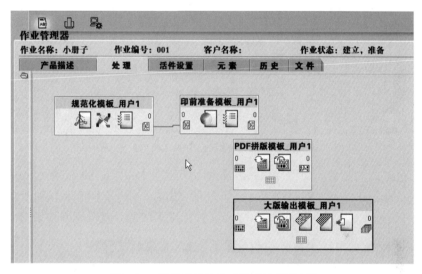

图 8-10　印易得系统的【作业处理面板】

　　【产品描述】标签页允许客户为一个印刷活件定义不同的产品部分，每个产品部分可能需要定义不同的客户信息，配置不同的活件元素，也可能采用不同的印前处理工艺。举例：印刷一本书籍的彩色封面和黑白内页可能需要采用不同印前和印刷工艺。或者是一本书籍的中英文版，需要配置不同的内容页面，如图 8-11 所示。

　　【处理】标签页显示了新建活件时已经为该活件指定的工艺过程模板，如图 8-10 所示，用户可以双击某个模板图标打开该模板的参数面板，设置具体的工艺参数。用户还可以在此标签页中将两个能够自动连续完成的工艺过程模板的图标用黑线连接起来，如图 8-10 中的"规范化模板"和"印前准备模板"。用户还可以更改模板配置，包括增添新的模板和删除已有模板。【活件设置】标签页包含三个可以展开的设置面板，如图 8-12 所示。【属性】设置面板用于查看和编辑活件的一些属性（包括活件处理期限，处理优先级，印刷份数和计划页面数量等）；【颜色】设置面板用于设置活件中的专色定义和处理方式，如图 8-13 所示。【印刷材料】标签页主要用于定义活件印刷所用的纸张型号信息。

　　【元素】标签页用于添加活件处理所需使用的元素。在活件的整个处理流程中，这些元素既可以看作是下一工艺过程的处理源，也可以看作是前一工艺过程的处理结果。【元

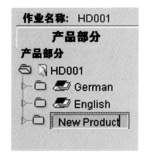

图 8-11　活件产品部分　　　　图 8-12　【作业处理面板】中的【活件设置】标签页

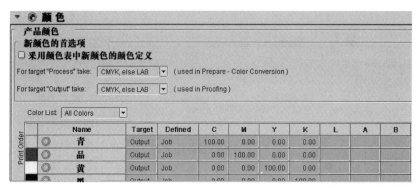

图 8-13　【活件设置】标签页中的【颜色】设置面板

素】标签页包括以下元素：文档（Documents）、页面（Pages）、页面列表（Page Lists）、版式（Layouts）、分色版（Separations）和印张（Sheets），每个元素分别对应一个标签页，如图 8-14 所示。从某种角度来说，【元素】标签页中的元素分别对应着印易得流程所

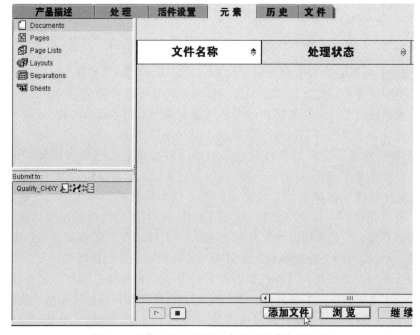

图 8-14　【作业处理面板】中的【元素】标签页

涵盖的各个印前工艺过程，如图 8-15 所示。用户对活件的处理操作实际上是在这个标签页中进行的。如果说【作业处理面板】是印易得流程操作界面的核心，那么【元素】标签页就是核心的核心。

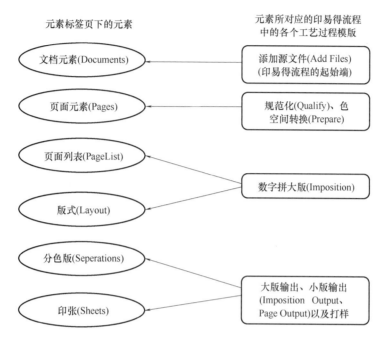

图 8-15　对应印易得流程中各工艺过程的元素

【历史】标签页记录了印易得系统中所有作业的当前处理状态和属性，如图 8-16 所示。如果在活件处理过程中出现了错误，那么【历史】标签项会显示详细的错误消息，以指导和帮助用户如何修改工作流程参数，以便流程能够正确运行。【历史】标签页的另一用处就是记录了操作中所有步骤的执行情况，这些信息也可用于印刷活件的成本核算。最后一个【文件】标签页用于查看活件在流程中各处理阶段所生成的文件信息，例如经过

作业名称：小册子　作业编号：001　客户名称：　作业状态：运行中

产品描述　处理　活件设置　元素　历史　文件

操作	操作对象	状态	开始时间	结束时间	执行者
Created	brochure	Completed	2007-1-14 8:00:03	2007-1-14 8:00:03	CIP4 JDF Writ
Created	brochure	Completed	2007-1-14 8:00:03	2007-1-14 8:00:03	Administrator
Created	Prepare	Completed	2007-1-14 8:00:04	2007-1-14 8:00:04	Administrator
Created	ImposePDF	Completed	2007-1-14 8:00:04	2007-1-14 8:00:04	Administrator
Created		Completed	2007-1-14 8:00:04	2007-1-14 8:00:04	Administrator
Created	Qualify_CHXY	Completed	2007-1-14 8:00:04	2007-1-14 8:00:04	Administrator
Modified	Prepare	Completed	2007-1-14 8:00:45	2007-1-14 8:00:45	Administrator
Qualify_CHXY	brochure.pdf	Completed	2007-1-14 8:01:09	2007-1-14 8:02:04	Normalizer1@
Prepare	brochure.pdf	Completed	2007-1-14 8:02:07	2007-1-14 8:02:17	ColM1@SIGN
Modified	ImposePDF	Completed	2007-1-14 8:07:12	2007-1-14 8:07:12	Administrator
ImposePDF	brochure_FB 002_B...	Completed	2007-1-14 8:07:22	2007-1-14 8:07:33	Imp2@SIGNA
ImposePDF	brochure_FB 001_F...	Completed	2007-1-14 8:07:22	2007-1-14 8:07:27	Imp1@SIGNA
ImposePDF	brochure_FB 003_F...	Completed	2007-1-14 8:07:28	2007-1-14 8:07:35	Imp1@SIGNA
Modified		Completed	2007-1-14 8:10:20	2007-1-14 8:10:20	Administrator

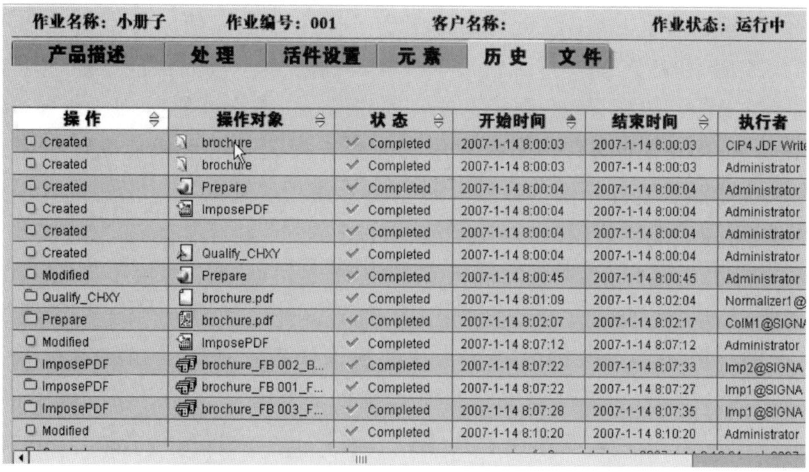

图 8-16　【作业处理面板】中的【历史】标签页

PDF 拼版处理后产生的大版 PDF 文件，经过输出模块处理后产生的 1 位 TIFF 格式（加网后）的页面文件等。

三、典型的数字化工作流程

典型的数字化工作流程是通过用户交互的方式运行，即通过用户手动操作软件的方式完成活件处理，因此也称之为交互式工作流程，其操作步骤如下：

（1）新建作业　在图 8-7 所示的【作业管理器】中点击【新建作业】按钮，打开【创建活件】对话框，如图 8-17 左图所示。在该对话框中可以键入活件的名称、编号、客户信息、交货日期、优先级、页面数量等一系列信息。需要注意的是，通过点击【选择模板】按钮，在打开【选择添加模板】对话框（如图 8-17 右边所示）中，用户可以为活件指定各工艺过程的参数模板（已在【资源管理器】中创建，又称为序列模板）。

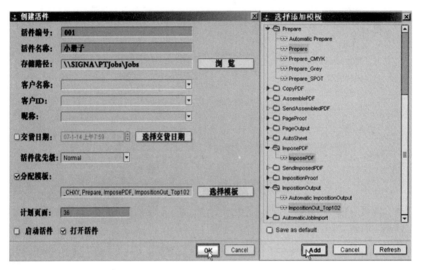

图 8-17　【创建活件】对话框和【选择添加模板】对话框

（2）活件流程设计　在【创建活件】对话框中完成必要设置后，点击【OK】按钮即可进入【作业处理面板】。这里假定为活件指定了四个参数模板，分别是"PDF 规范化"、"印前准备"、"PDF 拼版"和"拼版输出"模板，由这四个参数模板组成一个典型的交互式工作流程。在图 8-10 所示的【作业处理面板】的【处理】标签页中，用户可以将"PDF 规范化"和"印前准备"两个模板用直线段连接起来，形成连续运行模式。用户还可以双击其中的模板图标打开模板设置面板以更改模板参数配置，当然也可以在此增添新的模板或删除已有模板。

如图 8-18 所示为【PDF 规范化模板】的参数设置面板，面板中共有【热文件夹】、【PDF 规范化】等 7 个设置组。当然，除了基本配置外，用户还可以购置额外的功能模块，如网点拷贝转换（Copydot 转换），为该模板增添新的功能。如果勾选了每个设置组前端的方形选项框，就激活了该设置组的控制参数，否则该设置组在流程中将不起作用。默认情况下，【PDF 规范化】、【预飞】和【目的地】三个设置组为必选设置组。点击设置组最前端的三角形图标，可以展开该设置组的参数面板供用户进行设置。每个设置组的功能如下：

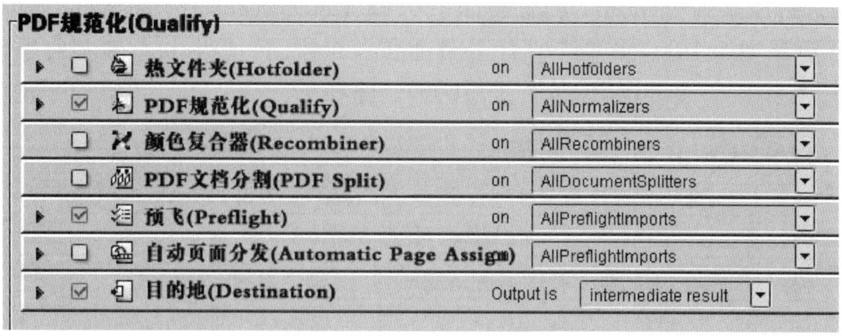

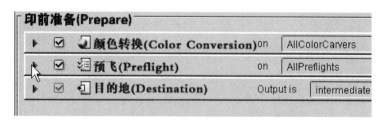

图 8-18　【PDF 规范化模板】的参数设置面板

①【热文件夹】设置组。主要用于全自动化工作流程，详见"全自动化工作流程部分"。

②【PDF 规范化】设置组。PDF 格式转换时的相关参数设置，包括 PDF 格式标准、PDF 页面尺寸、字体嵌入设置、图像压缩编码等。

③【颜色复合器】。将分色文档（或专色文档）合并为复合文档，以便能够对文档进行陷印和颜色管理。

④【PDF 文档分割】。将一个多页 PDF 文档分割为多个单页 PDF 文件，仅用于某些特殊用途。

⑤【预飞】。在输出前对 PDF 文件的各项特性进行检查，检查项包括：嵌入字库、图形属性（线宽，线条平直度等）、图像分辨率、图像尺寸、颜色空间和专色等。

⑥【自动页面分发】。主要用于全自动化工作流程，详见"全自动化工作流程部分"。

⑦【目的地】。用于设置规范化后的标准 PDF 文件的存储路径。

如图 8-19 所示为【印前准备模板】的参数设置面板，包括【颜色转换】、【预飞】和【目的地】三个设置组。【颜色转换】设置组列出了 PDF 文件中各种对象颜色转换设置，这里的【预飞】设置组则与【PDF 规范化模板】中【预飞】设置组相同，【目的地】设置组中设置了预飞报告文件的存储路径。另外，如果用户购置了"陷印模块"，这里还应包括【陷印】设置组。

图 8-19　【印前准备模板】的参数设置面板

如图 8-20 所示为【PDF 拼版模板】的参数设置面板，包括了【只接受许可文件】、【标记替换】、【PDF 拼版】和【目的地】四个设置组，其中后三个为必选设置组。【只接受许可文件】设置组与印易得系统的【打样】模板配合使用，其下无设置参数，如果勾选该选项，那么该模板只处理经过用户打样审核的文件。【标记替换】设置组用于在拼大版过程中创建低分辨率拼版图像，替换高分辨率图像，移除陷印和打样色（ProofColor）等

功能；【PDF 拼版】设置组用于设置拼版后大版文件的规格，例如印张正反面同属一个
PDF 文件、分属两个 PDF 文件或所有书帖都在一个 PDF 文件中；与之前类似，这里的
【目的地】设置组用于设置大版 PDF 文件的存储路径。

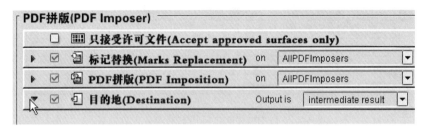

图 8-20 【PDF 拼版模板】的参数设置面板

如图 8-21 所示为【拼版输出模板】的参数设置面板，包括了【只接受许可文件】等
11 个设置组。【只接受许可文件】和【标记替换】设置组与之前类似；【拼版】、【渲染】
和【加网】都是必选设置组，【拼版】设置组用于输出时简单的版式设计，如版面旋转、
缩放、剪切、打孔方案等设置；【渲染】设置组用于设置输出设备，成像材料和印刷介质；
【加网】设置组用于设置一系列加网参数，如加网系统、分辨率、加网频率、加网角度、
网点形状、专色加网等参数。【校正】设置组用于加载线性化和网点扩大曲线；【PPF 印
张预览图生成】设置组用于印刷墨区预置文件的相关设置，如文件格式标准（CIP4/
CIP3），印张预览图分辨率，文件规格（多文件或单文件），图像压缩编码，页面方向等；
【文件输出】设置组用于设置输出文件的具体格式，如加网后的 1 位 TIFF 格式；【成像设
置】设置组用于设置输出设备（直接制版机或照排机）的成像参数，如介质裁切（用于胶
片），居中曝光，阴图或阳图曝光，打孔方案等；【印张预览缩略图】设置组用于非墨区预
置用途的印张预览缩略图的设置；【目的地】设置组用于设置该输出模板所生成的一系列
文件的存储路径，如图 8-22 所示。其中，【拼版输出到文件（Imposition Output to File）】
设置项用于设置加网输出后大版 1 位 TIFF 文件的存储路径，【CIP3 印张预览图（CIP3
Sheet Previews）】用于设置 PPF 格式墨区预置文件的存储路径，【印张预览图（Sheet
Previews）】用于设置拼版后大版 PDF 文件的预览图。

图 8-21 【拼板输出模板】的参数设置面板

【原始参考图像（Original Reference Images）】用于存储加网前的连续调高分辨率大
版图像。

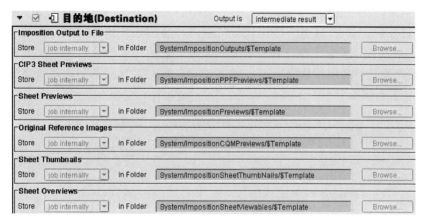

图 8-22 【拼板输出模板】的【目的地】参数设置面板

【印张缩略图（Sheet Thumbnails）】用于存储流程软件中使用的印张缩略图。

【印张预视图（Sheet Overviews）】用于存储加网后的印张预视图。

（3）活件处理 完成活件的流程设计后，进入【作业处理面板】的【元素】标签页，用户需要在这里完成对活件的处理，具体步骤如下：

① 添加源文件。在如图 8-14 所示的【元素】标签页，首先需要在【文档（Document)】标签页中点击下方的【添加文件】按钮，为活件添加源文件"brochure.pdf"。

② PDF 规范化和印前准备。完成源文档的添加后，该页面文件将自动经过"PDF 规范化"和"印前准备"模板的处理。如图 8-23 所示，在作业处理时，可以在【文档】标签页下方的面板中监控到当前作业的处理状态。

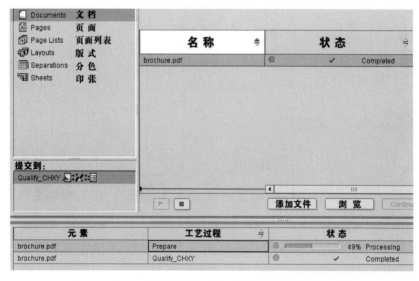

图 8-23 "PDF 规范化"和"印前准备"模板的处理过程

③ 拼版处理。完成"PDF 规范化"和"印前准备"后，下一步就需要对 PDF 格式的页面文件进行拼大版处理。在【页面】标签页中的空白区域右键鼠标，选择"创建版式"快捷菜单项，打开如图 8-24 所示的【创建版式】对话框，填写"版式名称"和"页面列

表名称"等信息，也可通过"指定序列"按钮为规范化后的 PDF 页面指定"PDF 拼版"模板。完成设置后，点击"OK"按钮，即可进入印易得系统的外部拼版软件 Prinect Signastation 的版式设计界面，在该软件中完成大版版式的详细设计（参见第五章第三节内容），并将最终设计好的版式输出为 JDF 格式文件，这时将自动返回印易得系统中该活件的【页面列表】标签页。

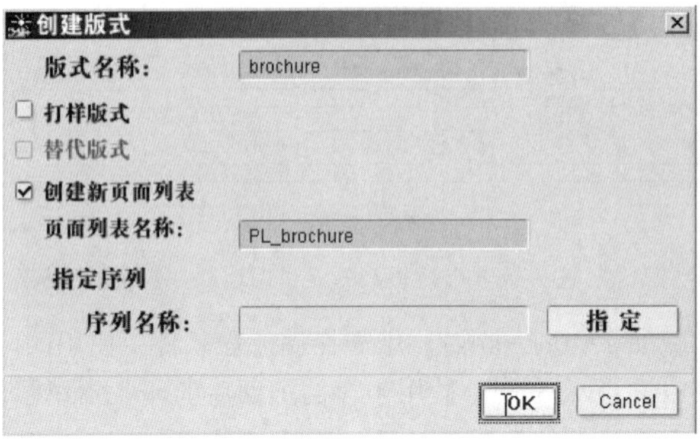

图 8-24　【创建版式】对话框

在如图 8-25 所示的【页面列表】标签页中，可以看到已经生成页面列表，它是由一系列单个页面排列而成的列表，其页面顺序与大版样式上的数字顺序相对应。下一步需要将规范化后的未指派 PDF 单页（36 页）指派给页面列表中的所有空白位置。可以选中所有未指派的 PDF 单页图标，然后通过鼠标将其拖拽到页面列表中第一页的空白位置，这样系统将会自动按页面顺序将所有 PDF 单页指派给页面列表中的 36 个空位。

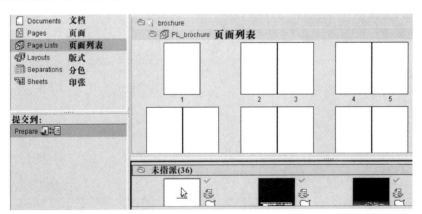

图 8-25　【页面列表】标签页

完成页面列表的指派后，实际上只是将 PDF 单页作为占位符分配给了大版上的单页位置，要想真正完成拼版，还需要进行灌文处理，即将真正的 PDF 单页文件（而非占位符）按照一定顺序指派到大版上的预留位置。灌文可以通过这种快捷方式完成：即鼠标选中页面列表图标"brochure"，然后将其拖拽到左下方【提交到】面板中的 PDF 拼版模板（PDF Imposer），如图 8-26 所示。该模块会按照指派后的页面列表进行大版文件的拼制，并生成大版 PDF 文件。

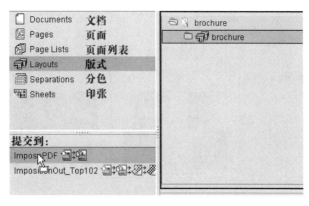

图 8-26　将页面列表提交给 PDF 拼版模块

④ 大版输出。完成拼版后，在生成大版 PDF 文件的同时，在【版式】标签页中"brochure"图标的下方会出现 3 个书帖图标（sig001～sig003），如图 8-27 所示。下一步就需要对拼版生成的大版 PDF 文件进行栅格化处理（加网）并输出。具体操作可以通过这种快捷方式完成：鼠标依次选中每个书帖图标，然后将其拖拽到左下方【提交到】面板中的大版输出模板图标（ImpositionOut），此时在下方的监控面板中可以看到印张正反面每个色版的输出进度。输出过程完成后，在【印张】标签页中可以看到输出后每一书帖的缩略图，如图 8-28 所示。另外，【提交到】面板中的所有图标都会消失，表明这已经是活件处理流程的最后一个步骤。至此，一个典型的交互式数字化工作流程完成了，用户也可以到系统指定文件夹中查找流程中生成的一系列文件。

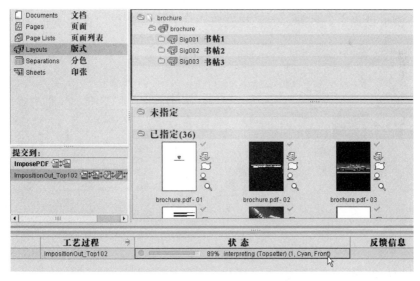

图 8-27　将书帖提交给大版输出模块

四、自动化工作流程案例

与交互式数字化工作流程相对应的是自动化工作流程。在数字化工作流程软件中，自动化流程都是利用热文件夹来实现的，即将页面源文件放入流程的热文件夹内后，对文件

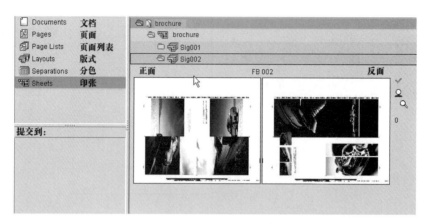

图 8-28　输出过程完成后的【印张】标签页

的后续处理将按照之前为活件分配的处理模板自动进行处理，整个流程无需人为干预。同样以上一个生产流程为例，在不考虑打样的基础上，可以为其设计自动化流程，过程如下：

（1）创建热文件夹　热文件夹是一个作业的特定文件夹，当源文件被拖入热文件夹时，热文件夹将自动执行处理。印易得流程的热文件夹设置包含于 PDF 规范化模板中，如图 8-18 所示，用户需要勾选【热文件夹（Hotfolder）】设置组前端的选项框，以启动热文件夹功能。

（2）设计工作流程　在流程设计方面，为自动化工作流程分配的模板与交互式工作流程有所不同，如图 8-29 所示。其中，"添加版式"模板主要用于为拼大板处理提供必要的版式文件，该版式文件为 JDF 格式，由 Prinect Signastation 软件生成，并将其加载到图 8-30 所示的模板设置中。另外，为实现全流程的自动化，以"自动印张（AutoSheet）"

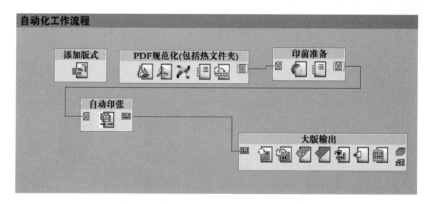

图 8-29　自动化工作流程中的处理模板

图 8-30　【添加版式】模板的参数设置

模板取代交互式流程中的"PDF 拼版"模板,这两个模板功能相同,只是前者无需人为干预,自动完成拼版操作。

最后,为了能够自动将 PDF 单页指派给页面列表,还需要启动 PDF 规范化模板中的"自动页面分发"功能,如图 8-31。在【自动页面分发】设置面板中,需要选择页面指派的规则,最简单的方法是在【规则】列表框中选择"无页码"选项,然后在【页面列表】框中输入页面列表的名称,这个名称必须与图 8-30 所示的【添加版式】面版中的页面列表名称一致,【起始页】文本框中的数字代表 PDF 单页第 1 页所对应的页面列表中的页面位置。所有设置完成后,系统才能按照页面指派规则自动将 PDF 单页指派给页面列表中的指定位置,从而确保"自动印张"模板能够自动准确地完成拼版操作。

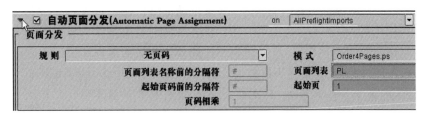

图 8-31 【自动页面分发】设置组

(3)活件自动处理 所有模板配置完毕后,用户可以将【PDF 规范化】、【印前准备】、【自动印张】和【大版输出】四个模板依照顺序用线段连接起来,形成自动化流程,然后就可以把源文件放入指定的热文件夹中,启动活件的处理。

第三节 印前数字流程的数据格式

正如本章一开始所描述的:"印刷数字化工作流程是由印刷内容的数字化处理和印刷流程的数字化管理两个部分组成,前者是用数字化的方式描述印刷产品的页面内容,即印刷图文信息数字化;后者是用数字化的方式描述印刷产品的制作过程,即印刷流程数字化。"那么,对于流程的数字化,也必须有相应的数据格式对其进行描述。目前国际上描述印刷数字化流程的通用格式有:PPF 格式和 JDF 格式。

一、PPF 文件格式

PPF(Print Production Format)是 CIP3(International Cooperation for the Integration of Prepress、Press and Post-press)组织在 1995 年发布的一种与设备无关的作业描述标准格式,PPF 文件格式采用的是 PostScript 语言作为编码基础。PostScript 语言是一种页面描述语言(参见第五章第三节),所以,在当前的数字化工作流程应用中,PPF 文件主要被用于存储印刷机的墨区预置信息(墨区预置信息是一种与页面相关的信息描述)。当前几乎所有主流的数字化工作流程系统都支持 PPF 格式标准。

1. PPF 简介

PPF 格式的文件可以描述的内容有:①作业基本信息;②低分辨率页面图像数据,用于预览,也可用于计算和预置印刷机各墨区的给墨量;③阶调传递曲线(印版线性化曲线、网点扩大补偿曲线),用于计算印刷机给墨量;④裁切数据,用于自动控制裁切设备;

⑤折页数据，用于自动控制折页设备；⑥印刷质量测控条，用于印刷质量（颜色和密度）检测和控制；⑦套准标记；⑧印后相关数据，用于控制配贴和装订设备；⑨私有数据，用于存储厂商或客户相关数据。

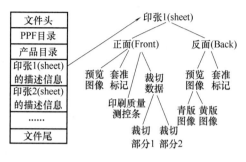

图 8-32　PPF 文件的基本结构

PPF 以印张（sheet）为基本单元来组织印刷作业数据。如图 8-32 所示为 PPF 文件的基本结构，详细信息请参考 CIP3-PPF 规范文档。

2. PPF 文件案例

下面是一个只包含印张正面信息的 PPF 文件的部分代码，该文件主要用于估算印刷机各墨区的给墨量。为方便读者理解，每条代码语句的后面都标注了该条语句的作用。

```
%! PS-Adobe-3.0    //文件头信息，该文件为 Adobe PostScript 编码；
%%CIP3-File Version 3.0    //文件头信息，文件格式的版本号；
%ÔÒ Ç Ë
CIP3BeginSheet    //印张数据开始标识符；
(Sheet structure of CIP3 example) CIP3Comment //注释信息；
/CIP3AdmJobName (TestJob) def    //作业基本信息：作业名称；
/CIP3AdmMake (Prepress Company) def    //作业基本信息：设备名称；
/CIP3AdmSoftware (The Imposition Program) def    //作业基本信息：创建该文件使用的软件；
/CIP3AdmCreationTime (Thu Jan 28 12:25:12 1998) def    //作业基本信息：文件创建时间；
/CIP3AdmArtist (Stefan Daun) def    //作业基本信息：创建者；
/CIP3AdmCopyright (Copyright by Fraunhofer-IGD, 1995) def    //作业基本信息：版权信息；
/CIP3AdmPrintVolume 120000 def    //作业基本信息：印刷份数；
/CIP3AdmPaperGrammage 130 def    //作业基本信息：纸张克重；
(Transfer data is valid for both front and back) CIP3Comment
/CIP3TransferFilmCurveData [ 0.0 0.0 0.2 0.3 0.35 0.5 0.5 0.65 0.7 0.8 1.0 1.0 ] def    // copy-to-film 阶调传递曲线，用于印刷机墨量计算；
/CIP3TransferPlateCurveData [ 0.0 0.0 0.3 0.25 0.475 0.4 0.6 0.525 0.75 0.7 1.0 1.0 ] def // copy-to-plate 阶调传递曲线，用于印刷机墨量计算；
CIP3BeginFront    //印张正面描述信息；
/CIP3AdmSeparationNames [(Cyan) (Magenta) (Yellow) (Black)] def    //印张正面分色版名称；
CIP3BeginPreviewImage    //预览图像；
/CIP3PreviewImageWidth 2000 def    //预览图像宽度；
/CIP3PreviewImageHeight 1400 def    //预览图像高度；
```

```
/CIP3PreviewImageBitsPerComp 8 def            //预览图像位深度；
/CIP3PreviewImageResolution [ 50.8 50.8 ] def    //预览图像分辨率；
/CIP3PreviewImageEncoding /ASCIIHexDecode def    //预览图像编码；
/CIP3PreviewImageCompression /DCTDecode def      //预览图像压缩方式；
CIP3PreviewImage            //图像二进制数据，用于预览和印刷机墨量计算；
...<image data>
CIP3EndPreviewImage
CIP3EndFront                //印张正面尾标识符；
CIP3EndSheet                //印张尾标识符；
%%CIP3EndOfFile             //文件尾标识符；
```

3. PPF 文件的应用

需要注意的是，PPF 文件存储的仅是栅格化（RIP）后的印张预览图，而非直接提供印刷机各墨区的墨键数据，需要通过专门的功能插件（或模块），由印张预览图计算得到印刷机各墨区的墨键数据，然后将其通过存储卡或网络方式传输给印刷机的 CIP3 接口，指导印刷机自动完成墨键的预置，由此可以得出 PPF 文件的应用方案如图 8-33 所示。首先由数字化工作流程中的某些功能模块，如拼版、栅格化输出等模块生成包含有印后折页、裁切标记和印张预览图的 PPF 文件，然后再由专用接口软件读取该 PPF 文件中的有用信息，并计算出印刷和印后设备所需的墨键、折页或裁切参数，并通过设备专用 CIP3 接口传输给设备。

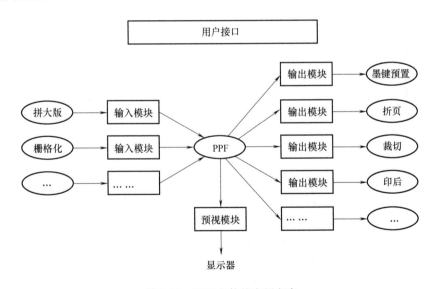

图 8-33　PPF 文件的应用方案

二、JDF 文件格式

JDF（Job Definition Format）是由 CIP4 组织（International Cooperation for Integration of Processes in Prepress、Press and Post-press）于 2001 年 4 月发布的，用于数字化工作流程中的作业描述及交换的开放式文件格式。

1. JDF 简介

JDF 是基于可扩展标记语言 XML（eXtensible Markup Language）的一种文件格式。XML 是万维网联盟（W3C，World Wide Web Consortium）制定的一种通用格式，其使用的范围远大于 PS 语言。而且 XML 是可扩展标记语言，其标记的内容可以根据需求扩展，所以，与基于 PS 页面描述语言的 PPF 格式相比，基于 XML 语言的 JDF 格式可以描述的内容更为广泛。

印刷数字化工作流程中的 JDF 格式可以描述的内容主要包括以下几方面：

（1）PPF 文件所包含的所有信息　包括印前的色彩管理描述、补漏白、拼大版、数字打样信息；印刷中的油墨量的控制、颜色质量控制、套准控制参数；印后的裁切、折叠和装订信息等。

（2）非技术性管理信息　如活件管理及流程安排信息，活件跟踪及反馈信息等。这部分信息用于保证准时、高效的组织生产。

（3）商务信息及客户意见　包括电子商务系统及客户的联系信息等。这部分信息用于将客户意见反映到生产中，同时也便于客户监督生产。

2. JDF 文件案例

下面是一个完整的 JDF 文件的部分源代码，该文件由海德堡 PrintReady 印前流程软件生成，为方便读者理解，每条代码语句的后面都标注了该条语句的作用。

```
<JDF Activation = "Held" DescriptiveName = "brochure" HDM:FormatVersion
= "1.1" HDM:GlobalJobStatus = "Active" ID = "I20070114080003" JobID = "brochu
re" Status = "Waiting" Type = "Product" Version = "1.2">   //xml 文件的根元素,描
述该 JDF 文件的基本信息;
    <AuditPool>                    //xml 文件的 AuditPool 节点,描述了作业的整个执
行周期的历史信息,这些信息可用于生产过程的即时监督和印刷故障的即时解决;
    <Created AgentName = "CIP4 JDF Writer Java" Author = "Administrator"
TimeStamp = "2007-01-14T00:00:03 + 00:00" ref = "I200 70114080003"/>     //描述
了创建一个作业执行过程的基本信息;
    <Modified AgentName = "CIP4 JDF Writer Java" Author = "Administrator"
TimeStamp = "2007-01-14T00:00:45 + 00:00" rRefs = "L ink04156_000124"/>     //
描述了修改一个作业执行过程的基本信息
    ......</AuditPool>
    <NodeInfo JobPriority = "50" NaturalLang = "zh"/>     //描述了作业的优
先级;
    <ResourcePool>         //描述了该作业执行过程中所需的资源;
    ......             //包含实体资源(如内容页面文件)和非实体资源(如生产过程
控制参数);
    <ScreeningParams Class = "Parameter" HDM:ObjectScreeningPolicy = "Ignor
e" ID = "Link96647359_000475" IgnoreSourceFile = "true" Locked = "false" Sta tus
= "Available">         //"ScreeningParams"元素描述了加网过程的控制参数;
    <ScreenSelector AngleMap = "Magenta" Frequency = "150.0" ScreeningFami
```

```
ly = "IS Classic" ScreeningType = "AM" Separation = "All" SourceObjects = "All"
SpotFunction = "Smooth Elliptical"/>        //加网参数：加网频率,加网算法,网点形
状等;
    <ScreenSelector AngleMap = "Cyan" HDM:DisplayAngle = "165.0" Separation
= "Cyan" SourceObjects = "All"/>        //各色版加网角度;
    <ScreenSelector AngleMap = "Magenta" HDM:DisplayAngle = "45.0" Separat
ion = "Magenta" SourceObjects = "All"/>
    <ScreenSelector AngleMap = "Yellow" HDM:DisplayAngle = "0.0" Separation
= "Yellow" SourceObjects = "All"/>
    <ScreenSelector AngleMap = "Black" HDM:DisplayAngle = "105.0" Separati
on = "Black" SourceObjects = "All"/>
    </ScreeningParams>...</ResourcePool>
    <ResourceLinkPool>...</ResourceLinkPool>
    //资源链接元素,用于查找所需资源在该 JDF 文件中的具体位置;
    <pt:Job pt:CreationDate = "1168732803453"
    pt:ModificationDate = "1168739404156"
    pt:Status = "Stopped">......</pt:Job>
    //描述了作业的一般信息;
    <CustomerInfo CustomerID = "" CustomerJobName = "brochure" CustomerOr-
derID = ""><Comment....../></CustomerInfo>
    //描述了客户管理(包括作业状态的跟踪和反馈)相关信息;
    <JDF DescriptiveName = "Qualify_CHXY" HDM:SequenceID = "Qua0" HDM:
SequenceType = "Qualify" ID = "Link04109_000095" JobPartID = "Qua0" Status = "
Waiting" Type = "ProcessGroup">...</JDF>
    //描述了"PDF 规范化"生产过程的信息;
    ......                //描述了其它各个生产过程的信息;
    </JDF>                //根元素结束符,指示文件结尾;
```

3. JMF 文件格式

印刷数字化工作流程的本质是运用数字技术和网络技术将相互之间孤立的生产和管理环节整合起来,从而实现印刷生产和管理过程的集成控制。为了使印刷生产流程能够高速高效地运行,生产单元和管理信息系统、以及生产单元与生产单元之间需要一个完善的动态消息交互机制。为此,CIP4 组织发布了 JMF (Job Messaging Format) 作业消息格式,该格式作为 JDF 标准中的一个组成部分,为实现数字化工作流程中各个单元模块的交互通信提供了强大的支持。JMF 文件格式也是基于 XML 可扩展标记语言,并采用 FTP、HTTP 以及 MIME 作为消息文件的传输协议。

JMF 标准包含 5 类消息单元,用于定义数字化工作流程所使用的所有标准消息类型,这 5 类消息单元分别是询问 (Query)、命令 (Command)、响应 (Response)、确认收悉 (Acknowledge)、以及信号 (Signal) 消息单元。这 5 类消息单元的作用和特点如表 8-1

所示。

表 8-1　　　　　　印刷数字化工作流程中 5 类消息单元的作用和特点

消息单元名称	消息单元作用	特　　点
询问（Query）	主要用于询问接收端生产单元的运行状态、从接收端检索有用信息	双向消息类型，为 HTTP 请求体、不改变接收端运行状态
命令（Command）	主要用于向流程中生产执行模块发送操作指令	双向消息类型，为 HTTP 请求体、会改变接收端设备的运行状态
信号（Signal）	主要用于向指定接收端即时广播印刷作业状态的变化	单向消息类型，主要使用 FTP 协议进行传输，也支持 HTTP 协议（HTTP 请求体）
响应（Response）	主要用于对"询问"消息或"命令"消息作出响应	双向消息类型，为 HTTP 响应体
确认收悉消息（Acknowledge）	主要用于向"命令"消息的发送端报告作业已经成功完成	双向消息类型，为 HTTP 请求体

习　　题

1. 依照先后顺序，用框图的方式排列出印刷流程中常用的数字文件格式。

2. 什么是 PPF 格式？PPF 格式文件可描述的主要内容有哪些？PPF 格式在印刷中的作用是什么？

3. 以海德堡公司的印易得为例，阐述数字化工作流程的主要功能。

4. 数字化工作流程具有的共同特点有哪些？

5. 什么是数字化工作流程中的模板？模板的主要功能是什么？印易得流程中的组模板和序列模板有什么区别？

6. 典型的交互式数字化工作流程分为哪几个主要步骤？每一步的作用是什么？

7. 详细解释印易得流程【作业处理面板】中【元素】标签页的作用。

8. 在印易得流程中，如何创建一个典型的自动化工作流程，它与创建交互式流程的区别在哪里？

9. 什么是 JMF 格式？

参 考 文 献

［1］ JDF Specification Revision 1. 4［S］. CIP4 Organization. 2009.

［2］ 刘真，朱明. 印刷数字化工作流程描述格式 JDF［J］. 印刷技术，2008（10）：18-19.

［3］ 张扬，王民，李小富等. 作业通讯格式 JMF 在数字化工作流程中的作用［J］. 包装工程，2006，27（6）：160-162.

［4］ 刘真，朱明. JDF 和全数字化印刷［J］. 中国印刷与包装研究，2009（1）：47-52.

［5］ 张志刚，陈亚军. JDF 工作流程的系统模型与集成［J］. 包装工程，2008，29（3）：210-212.

［6］ 周世生，罗如柏. 印刷数字化与 JDF 技术［M］. 北京：印刷工业出版社，2008.

［7］ 姚海根. 数字化工作流程的发展和应用现状［J］. 今日印刷，2009（1）：9-13.

［8］ 缪炜. 印刷数字化工作流程及其应用［J］. 今日印刷，2009（1）：48.

［9］ 张其民，李勃昕. 数字化工作流程应用模式分析［J］. 数码印刷，2008（2）：44-46.

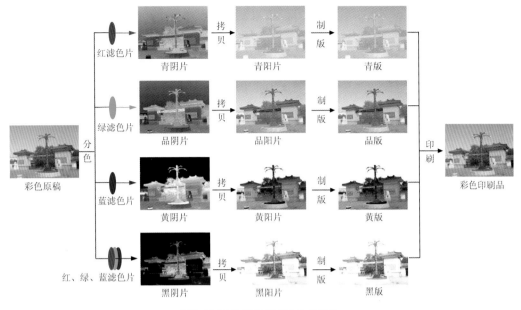

图1-7 彩色图像的复制工艺图

图1-10 图形原图

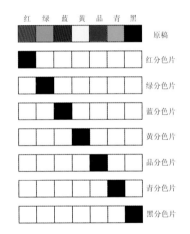

图3-10 专色印刷的分色过程示意图

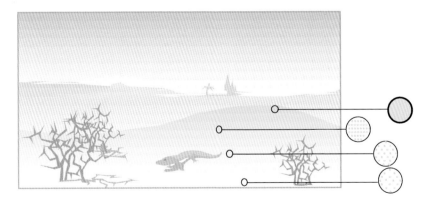

图3-11 专色印刷中的单色表示方法

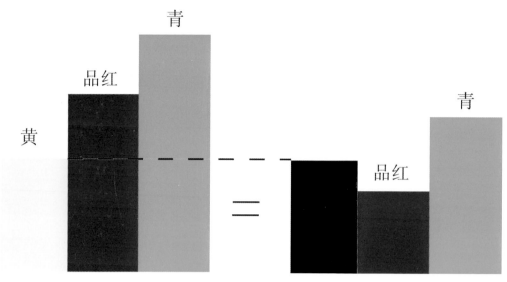

图4-28 以黑墨取代黄、品红、青叠印而成的中性灰色

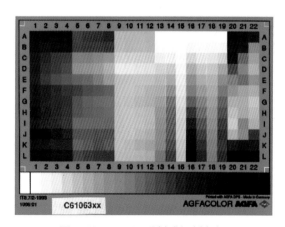

图7-19 IT8.7/2 反射或投射色标

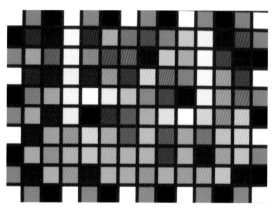

图7-21 SG色标